HEYNE BÜCHER

D1923406

SCIENCE FICTION

Herausgegeben
von Wolfgang Jeschke

Von John Brunner erschienen in der Reihe
HEYNE SCIENCE FICTION & FANTASY:

Spion aus der Zukunft · 06/3137, auch ↗ 06/4360
Bürger der Galaxis · 06/3203, auch ↗ 06/1004
Die Zeitsonde · 06/3234, auch ↗ 06/1003
Die Pioniere von Sigma Draconis · 06/3238, auch ↗ 06/1001
Im Zeichen des Mars · 06/3268, erneut: 06/3930
Geheimagentin der Erde · 06/3286, auch ↗ 06/1012
Ein Stern kehrt zurück · 06/3293, auch ↗ 06/1009
Durchstieg ins Irgendwann · 06/3427
Die dunklen Jahre · 06/3565, auch ↗ 06/4439
Der ganze Mensch · 06/3609
Schafe blicken auf · 06/3617
Der Schockwellenreiter · 06/3667
Die Plätze der Stadt · 06/3688
Morgenwelt · 06/3750
Doppelgänger · 06/3850
Reisender in Schwarz · 06/3884
Treibsand · 06/3902
Der Infinitiv von Go · 06/3964
Mehr Dinge zwischen Himmel und Erde · 06/3982
Warnung an die Welt · 06/4007
Das Menschenspiel · 06/4056
Von diesem Tage an · 06/4125
Der Schmelztiegel der Zeit · 06/4226
Träumende Erde · 06/4227
Zeiten ohne Zahl · 06/4238
Fremde Konstellationen · 06/4239
Die Gezeiten der Zeit · 06/4430
Das öde Land · 06/4479
Schnittstelle · 06/4665
Kinder des Donners · 06/4683

in der BIBLIOTHEK DER SCIENCE FICTION LITERATUR:

Der Schockwellenreiter · 06/78

JOHN BRUNNER

SCHNITTSTELLE

Roman

Deutsche Erstausgabe

Aus dem Englischen übersetzt von
Roland Fleissner

Science Fiction

WILHELM HEYNE VERLAG
MÜNCHEN

HEYNE SCIENCE FICTION & FANTASY
Band 06/4665

Titel der englischen Originalausgabe
THE SHIFT KEY
Deutsche Übersetzung von Roland Fleissner
Das Umschlagbild schuf Michael Hasted

Redaktion: Wolfgang Jeschke

Printed in Germany 1990
Umschlaggestaltung: Atelier Ingrid Schütz, München
Satz: Schaber, Wels
Druck und Bindung: Elsnerdruck, Berlin

ISBN 3-453-03932-7

1. Kapitel

Victor Draycock bemerkte beim Erwachen einen Geschmack von Erregung im Mund.

Die Nacht war unruhig gewesen. *Er* war unruhig gewesen. Trotz der wirbelnden Nebelschwaden, die sich im Tal des River Chap ballten, hatte er nicht umhin gekonnt, einen Mitternachtsspaziergang zu unternehmen, um sich zu entspannen. Später dann, im Schlaf, schien allerdings sein Unterbewußtes Überstunden gemacht zu haben. Es hätte nämlich höchst exakt die besten Formulierungsmöglichkeiten vorkalkuliert, die er in einem Artikel anbringen könnte, mit dem er während der letzten zwei Monate schwanger gegangen war und dessen Veröffentlichung im *Chapminster Chronicle* ihm so gut wie zugesichert war.

In der Ortschaft Weyharrow Goodsir, in der er mit seiner Frau, Carol, und dem sechsjährigen Sohn, Tommy, lebte, loderte nämlich ein heftiger Streit bezüglich der zwei Sorten von ›Besuchern‹, die sich von dem Ort angezogen fühlten, besonders während der Sommermonate. Da gab es die betuchten Touristen, die auf die pittoreske Umgebung und die hübschen Feldsteinhäuser abfuhren; ihnen begegnete man seitens der lokalen tonangebenden Oberschicht mit einer Art knurrend-knirschender Billigung, weil diese Gattung Fremde kaum je irgendwie störend auffiel: Sie fotografierten, gaben die angemessenen Laute der Bewunderung von sich und speisten klaglos und teuer ihren Lunch oder ihr Dinner im *Bridge Hotel*, dessen Eigner zufällig auch Vorstand des Kirchengemeinderates war. Und dann gab es da diese anderen Touristen. Meist waren sie unter dreißig, überwiegend recht schäbige Gestalten, und sie zog es aus völlig anderen Gründen an den Ort. Bei diesem Typus bestand die erhöhte Gefahr, daß seine Vertreter mit nacktem Oberkörper und nackten Füßen auf dem Begrenzungsmäuerchen des zu dem gegenüberliegenden Pub gehörigen Parkplatzes hockten. Für diese Leute hatte das Establishment überhaupt nichts übrig; einige der jüngeren Leute im Dorf allerdings empfanden sie als willkommene Abwechslung gegenüber einem allgemein recht trostlos öden Dasein und fanden sie ›richtig‹. Das tat auch Victor, der es sich zur stolzen Pflicht gemacht hatte, sich auf die Seite der Jugend zu stellen, was ihn bei den eifervollen Vertreterinnen der ›Weyharrow Society‹ äußerst unpopulär machte, besonders als er jenen anderen Typ von Besuchern als ›Pilger‹ zu bezeichnen gewagt hatte.

Der geplante Artikel sollte eben diesen Damen der feineren Dorfgesellschaft eine Ohrfeige versetzen, sie auf glühenden Kohlen rösten und sie alles in allem zu Boden schmettern.

Und urplötzlich sah er das Ganze fertig vor sich, wie wenn er es in einem Traum gelesen hätte und sich nun Wort für Wort daran erinnerte.

Er warf einen Blick auf die Uhr neben seinem Bett. Er hatte noch über eine Stunde Zeit bis zur gewohnten Routine des Weckens/Waschens/Anziehens/Fütterns von Klein-Tommy, um ihn schließlich auf den Schulweg zu expedieren. Aber die Helligkeit vor den Schlafzimmervorhängen deutete darauf hin, daß die nächtlichen Nebel sich aufgelöst hatten und ein für Oktober seltener klarer Morgen ihn erwartete. Eine solche gute Gelegenheit durfte man nicht verpassen.

Carol neben ihm schlief noch friedlich weiter. Behutsam, um sie nicht zu stören, schob er seine Knochengestalt aus dem Bett, machte einen Abstecher in das danebenliegende Bad, um zu pinkeln — aus Furcht, Tommy zu wecken, bediente er die Wasserspülung nicht —, sich die Zähne zu putzen und die glatten schwarzen Haare zu kämmen, dann brühte er sich einen Humpen Pulverkaffee. Noch in Schlafanzug und Bademantel balancierte er den Kaffee vorsichtig die Kippleiter hinauf, die vom oberen Treppenabsatz zu seinem Kabuff unterm Dach führte, wo der Gegenstand seiner stolzen Freude residierte: sein Computer-cum-Textprocessor ... vorläufig noch ein, zwei Jahre lang in Sicherheit vor dem Forschungsdrang seines Sohnes (wie lang noch, bis der Junge groß genug sein würde, den baumelnden Seilgriff zu erreichen und die Kippleiter herunterzuholen?).

Die Maschine, die da auf einer Werkbank ruhte, die er sich selbst aus Resten zusammengezimmert hatte, begeisterte ihn. Sie war erst knapp drei Monate in seinem Besitz, doch die Bedienung hatte sich tatsächlich als so einfach erwiesen, wie der Verkäufer es ihm versichert hatte, und die Arbeit mit ihr war ihm fast sogleich zur zweiten Natur geworden. Seine alte Schreibmaschine, der er im Vorübergehen einen verächtlichen Blick zuwarf, stand herum und sammelte Staub an, da er immer wieder vergaß, einen Plastiksack heraufzubringen und sie zu verpacken.

Ihr Nachfolger hingegen war liebevoll mit einem halbierten alten Bettlaken abgedeckt und geschützt. Victor faltete das Tuch, schaltete an, legte die benötigten Floppies ein und begann, vor glühender Inspiration fast berstend, auf die Tasten einzuhämmern.

UNZÄHLIGE MENSCHEN {*BEGANN ER*}, DIE WESTENGLAND NOCH NIE BESUCHTEN, KENNEN DEN NAMEN WEYHARROW GOODSIR, JENES HISTORISCHEN DORFES ZU BEIDEN SEITEN DES RIVER CHAP, ZWISCHEN CHAPMINSTER UND HATTERBRIDGE, WENIGE MEILEN SÜDLICH VON TRIMBORNE GELEGEN.

ZWEIFELLOS IST ES DEN MEISTEN BEKANNT, WEIL DER ORT IN SO VIELEN VERÖFFENTLICHUNGEN DES BRITISCHEN FREMDENVERKEHRSAMTES EINE HERVORRAGENDE ROLLE SPIELTE. ES IST EINE KLASSISCHE DORFANLAGE

MIT EINEM DREIECKIGEN DORFANGER IN DER MITTE. AN DER EINEN SEITE STEHEN DIE KIRCHE, DAS PFARRHAUS UND DAS RATHAUS; AN DER ZWEITEN LIEGT EINE HÄUSERZEILE, DER DIE GRUNDSCHULE IHREN AKZENT VERLEIHT; AUF DER DRITTEN SEITE WEITERE HÄUSER, VON DENEN EINIGE ZU LADENGESCHÄFTEN UMGEBAUT WURDEN, UND AN DEREN ENDE DIE TANKSTELLE LIEGT, DEREN ZAPFSÄULEN UND REPARATURWERKSTATT DIE ORTSANSÄSSIGEN GEGENÜBER IHREN BESUCHERN AUF BESICHTIGUNGSGÄNGEN GEWÖHNLICH DAMIT ENTSCHULDIGEN, DASS SIE ZWAR OPTISCH EIN BISSCHEN STÖREND WIRKTEN, ABER MAN EBEN NICHT UMHIN KÖNNE, DEM FORTSCHRITT SEINEN PREIS ZU ENTRICHTEN. ES MAG ALS BEZEICHNEND GELTEN, FÜR DEN IN WEYHARROW HERRSCHENDEN GEIST, DASS DIE EINWOHNER DIES MIT FAST GENAU DEN GLEICHEN WORTEN SEIT 1926 SAGEN, ALS DIE TANKSTELLE ERRICHTET WURDE...

AUF EINER ERHEBUNG MIT BLICK AUF DAS TAL DES CHAP - UND DAMIT UM BRUCHTEILE FRÜHER IN DEN GENUSS DER MORGENSONNE GELANGEND ALS DIE DARUNTERLIEGENDEN HÄUSER - PRANGT WEYHARROW COURT: EIN AUS STEINEN ERBAUTES GUTSHAUS, DESSEN URSPRÜNGE BIS INS 14. JAHRHUNDERT ZURÜCKREICHEN, DAS JEDOCH IM LAUFE DER ZEITEN STARK MODERNISIERT UND MIT ANBAUTEN VERSEHEN WURDE.

AUCH VON DEM FRECHEN AUFTAUCHEN EINER TANKSTELLE ABGESEHEN, ÜBERWACHTE DAS HERRENHAUS ZAHLREICHE VERÄNDERUNGEN DRUNTEN IM DORF. ACKERLAND, DAS EINSTMALS AN DEN DORFWASEN STIESS, IST LANGE SCHON ERSCHLOSSEN UND ÜBERBAUT; AN DIE STELLE DER ALTEN FURT TRAT EINE BRÜCKE - DIE INZWISCHEN UNTER EINER VERKEHRSBELASTUNG ÄCHZT UND BEBT, FÜR DIE SIE NICHT GEDACHT WAR -, DANK DERER ZWISCHEN DEN ZWEI WELTKRIEGEN AM GEGENÜBERLIEGENDEN FLUSSUFER DAS "NEUDORF" MIT SEINEN STILWIDRIGEN BACKSTEINHÄUSERN AUS DEM BODEN SCHOSS; UND NATÜRLICH WURDEN AUCH DIE AUWÄLDER, DIE SICH EHEDEM AN DEN FLUSS-

UFERN ERSTRECKTEN, HÖCHST GEWINNBRINGEND IM AUFTRAG DER GUTSBESITZER ABGEHOLZT: DER FAMILIE GOODSIR, DER NOCH HEUTE ETWA DIE HÄLFTE DES GRUND UND BODENS IM BEZIRK GEHÖRT, EINSCHLIESSLICH EINES GUTTEILS DER BEBAUTEN FLÄCHE.

ANGESICHTS DES DORFNAMENS VERMUTEN WOHL DIE MEISTEN MENSCHEN, DER LANDSTRICH MÜSSE SEIT UNVORDENKLICH LANGER ZEIT IM BESITZ DIESER FAMILIE GEWESEN SEIN – ODER DOCH WENIGSTENS SEIT DER NORMANNISCHEN EROBERUNG 1066, DER WIR SO VIELE ÄHNLICHE ORTSNAMEN VERDANKEN (BEISPIELSWEISE NORTON FITZWARREN UND DIE WEITER WESTLICH ZU FINDENDEN FITZPAINES).

DEM IST JEDOCH NICHT SO. DIE "UNVORDENKLICH LANGE" ZEIT REICHT IN DIESEM FALL NICHT WEITER ZURÜCK ALS BIS IN DIE GRÜNDERJAHRE EINER FREIMAURERLOGE.

Die kleine Bosheit ließ Victor stolzgeschwellt innehalten, um sie und einen Schluck Kaffee richtig zu genießen. Er ging den Absatz davor noch einmal durch, korrigierte ›im Besitz‹ zu ›Domäne‹, ohne daß er dafür die Gebrauchsanweisung hätte zurateziehen müssen, und tippte weiter.

GEWISS, DER ORT WEYHARROW ERHEBT SICH AN EINEM HÖCHST ALTEHRWÜRDIGEN PLATZ. DIE FURT WAR EIN WICHTIGER ÜBERGANG, DEN SOWOHL DIE LEGIONÄRE ROMS WIE DIE ALTSÄCHSISCHEN WANDERHÄNDLER BENUTZTEN, UND ALS SIE SCHLIESSLICH DURCH BRÜCKENBAUTEN ABGELÖST WURDE (EINE HÖLZERNE IM 15., EINE AUS STEIN IM 17. JAHRHUNDERT), ERFOLGTE DIE FINANZIERUNG DURCH DIE MAUTABGABEN, DIE MAN VON DEN MARKTAUFTREIBERN ERHOB, DIE RINDER, SCHAFE UND SOGAR GÄNSE ÜBER LAND NACH LONDON BEFÖRDERTEN.

EBENSO ENTSPRICHT ES HISTORISCHER WAHRHEIT, DASS DER LANDSTRICH EHEDEM BESTANDTEIL EINES ERBLEHENS WAR, DAS WILHELM DER EROBERER EINEM SEINER

GEFOLGSLEUTE ÜBERGAB. SEIN NAME LAUTETE ALLERDINGS KEINESWEGS GOODSIR. WILL MAN EINER VERWITTERTEN INSCHRIFT IN HATTERBRIDGE GLAUBEN SCHENKEN, DANN HIESS DER MANN ODO DE BEYZE, ABER ER STARB LEIDER, EHE DAS *DOMESDAY BOOK* 1085/86 MIT DEN GRUNDBESITZTITELN ZUSAMMENGESTELLT WAR.

AUS IRGENDWELCHEN GRÜNDEN WAR ODO JEDENFALLS EIFRIG BESTREBT, DIESEN WINKEL SEINES BESITZES TUNLICHST ZU MEIDEN. EIN GRUND MAG GEWESEN SEIN, DASS DER FLUSS ZUGLEICH AUCH DIE BESITZGRENZE BILDETE UND DASS SEIN JENSEITIGER NACHBAR EIN MÄCHTIGER "RIVALE" WAR; DER GRUND MAG ABER AUCH, WIE WIR SEHEN WERDEN, SEHR VIEL SUBTILER GEWESEN SEIN. NACH SEINEM ABLEBEN GING JEDENFALLS DER BESITZ IN ANDERE HÄNDE ÜBER, UND DARAN ÄNDERTE SICH IM VERLAUF DER FOLGENDEN FÜNF-, SECHSHUNDERT JAHRE WENIG; ES GAB IMMER NEUE BESITZER.

Victor trank wieder einen Schluck Kaffee und verbesserte ›Besitz‹ in ›Grundbesitz‹.

IM ACHTZEHNTEN JAHRHUNDERT WAR IN WEYHARROW WENIG SPEKTAKULÄRES ZU BESICHTIGEN, AUSSER DER KIRCHE, DEM HERRENHAUS (DEM HEUTIGEN "COURT"), EINER HANDVOLL LEHMVERPUTZTER FACHWERKKATEN, EIN PAAR VERSTREUTEN BAUERNHÖFEN, DEREN BEWOHNER IN WEITEM UMKREIS SICH DES RUFES VON AUSSCHWEIFENDEM UND GOTTESLÄSTERLICHEM LEBEN ERFREUTEN.

EIN WEITERES WICHTIGES UND AUGENFÄLLIGES GEBÄUDE DICHT NEBEN DER FURT WÄRE ZU ERWÄHNEN - NEIN, NICHT DAS "BRIDGE HOTEL" NEUEREN DATUMS, SONDERN DER DORFKRUG, DER FRÜHER "SLAKING HOUSE" HIESS ... WEIL MAN DORT, NAHELIEGENDERWEISE SEINEN DURST "LÖSCHEN" KONNTE (MANCHE ALLERDINGS BEHAUPTEN, DER NAME SEI AUF DAS LÖSCHEN VON KALK ZURÜCKZUFÜHREN).

DIESES LOKAL WAR WEIT UND BREIT NICHT NUR ALS EIN

WIRTSHAUS BEKANNT, SONDERN GALT ALS TREFFPUNKT FUR ALLES MÖGLICHE GESINDEL. KONTERBANDE, SCHMUGGELWARE, WURDE DORT ABGESETZT; RÄUBER UND WEGELAGERER SUCHTEN BEI GENERATIONEN VON BESTECHLICHEN WIRTEN ASYL UND UNTERSCHLUPF, DIE GERN BEREIT WAREN, SIE GEGEN BARE MÜNZE ZU VERSTECKEN IN DEN DAMALS NOCH DICHTEN WÄLDERN ZU FÜHREN, UND VIELE DER BAUERN AUS DER GEGEND BOTEN IHNEN UNTERSCHLUPF IN IHREN SCHEUERN ODER VERKAUFTEN IHNEN PFERDE, UM IHRE FLUCHT ZU BESCHLEUNIGEN.

SO ROMANTISCH DIES UNS HEUTE VORKOMMEN MAG, DER REVEREND MATTHEW GOODSIR AUS NORTHUMBERLAND SAH ES JEDENFALLS MIT GANZ ANDEREN AUGEN, ALS ER – DANK EINES KINDERLOS VERSCHIEDENEN ENTFERNTEN COUSINS – DEN BESITZTITEL ERBTE.

ER WAR EIN BEGEISTERTER ANHÄNGER JOHN WESLEYS UND DER METHODISTEN; MAN HATTE IHN TATSÄCHLICH ALS HÄRETIKER IN SEINER GEMEINDE IN NORTHUMERLAND VON DER KANZEL GESTEINIGT, UND SEIN PATRONATSHERR HATTE IHM DEN LEBENSUNTERHALT ABGEWÜRGT. ER SAH IN DER ZUFÄLLIGEN ÜBEREINSTIMMUNG ZWISCHEN SEINEM NAMEN UND DEM ANHÄNGSEL, DAS SICH INZWISCHEN WEYHARROW BEIGEFÜGT HATTE, EINEN FINGERZEIG GOTTES, ZOG IN DAS GUTSHAUS – DAS ER ALS TEILRUINE VORFAND UND RESTAURIERTE – UND MACHTE SICH ANS WERK, UM DER SITTENLOSIGKEIT DER IHM SO UNERWARTET IN OBHUT GEGEBENEN SCHÄFCHEN MIT DEM REINIGENDEN GLAUBENSFEUER ZU BEGEGNEN.

EIN HINDERNIS STELLTE SICH JEDOCH SOGLEICH SEINEN EDLEN ABSICHTEN IN DEN WEG.

DENN NATÜRLICH WOLLTE ER SOFORT DIESE BRUTSTÄTTE DES LASTERS, DAS SLAKING HOUSE, SCHLIESSEN LASSEN. ABER DER DAMALIGE INHABER, EIN GEWISSER JACOB FIDGER (EIN NAME, DEM MAN IM ÜBRIGEN NOCH HEUTE IM DORF BEGEGNET), VERPASSTE IHM EINE ABFUHR – UND NOCH DAZU OHNE ÜBLE FOLGEN FÜR SICH SELBST. DENN ER BESASS UND GENOSS ALS NAHEZU EINZIGER MENSCH IM DI-

STRIKT DAS GRUNDEIGENTUMSRECHT AN DEM FLECK, AUF DEM SEINE KNEIPE STAND. IRGENDWANN IM VERLAUF DES DAVORLIEGENDEN JAHRHUNDERTS HATTE DER GUTSHERR GELD BENÖTIGT, UM SEINEN ÄLTESTEN SOHN AUSZUSTAFFIEREN, DER AN DEN HOF GEHEN SOLLTE, UND DER WIRT HATTE DAS GELD GEGEN DEN BESITZTITEL ZUR VERFÜGUNG GESTELLT.

"ICH SAG EUCH WAS, JUNKER", SAGTE DER KNEIPENWIRT FIDGER (HEISST ES IN DER LEGENDE). "ICH WILL EUCH UND EUREN METHODERERN AUF HALBEM WEG ENTGEGENKOMMEN. ICH WERDE DAS WIRTSHAUSSCHILD ÄNDERN. ANSTATT *DURSTDESTILLE* NENN ICH MICH HALT KÜNFTIG *HOCHZEIT ZU KANA!*"

"DAS IST GOTTESLÄSTERUNG!" SCHNAUBTE DER EHRENWERTE GOODSIR. ABER ER KONNTE NICHTS DAGEGEN TUN, UND DIE GANZE GEGEND HIELT SICH DEN BAUCH VOR LACHEN ÜBER IHN.

WAHRSCHEINLICH WÄRE EHRWÜRDEN NOCH SCHOCKIERTER GEWESEN, WENN IHM EINIGE FAKTEN BEKANNT GEWESEN WÄREN, DIE DIE MODERNE WISSENSCHAFT INZWISCHEN AN DEN TAG GEFÖRDERT HAT.

Auf der Oberfläche des halbleeren Kaffeebechers bildeten sich graue Schlieren. Victor beachtete sie nicht. Er war in Fahrt gekommen, und der Text strömte aus ihm heraus, so daß er kaum mit dem Eintippen nachkam.

BESONDERS GEGRÄMT HÄTTE ER SICH WOHL, HÄTTE ER ERFAHREN, DASS DIE ZUFÄLLIGE NAMENSGLEICHHEIT MIT DEM ORT WEYHARROW IN KEINERLEI ZUSAMMENHANG STAND ZU DEM VERWANDTSCHAFTSBEZUG, DER IHM DIE ERBSCHAFT BRACHTE. ABER ES IST WAHRSCHEINLICH, DASS ER INS GRAB FUHR, OHNE JE ERFAHREN ZU HABEN, DASS IM WEST COUNTRY BRITANNIENS DIE BEZEICHNUNG "GOODSIR" IN KEINER SINNVERWANDTSCHAFT ZU DEM "GOODSIRE" ODER "GUDSIRE" ("PATE" ODER "GROSSVATER")

STEHT, WOVON SICH SEIN EIGENES NORDENGLISCHES PATRONYM HERLEITETE, SONDERN VIELMEHR EINE VARIANTE DES EUPHEMISTISCHEN "GOODMAN" IST, WOMIT DER "TEUFEL" GEMEINT WAR. MAN FINDET NOCH IMMER "GOODSIR'S FIELD" ODER "GOODSIR'S ACKER" ALS FLURBEZEICHNUNGEN, WOMIT ANGEDEUTET WIRD, DASS DER BODEN DERMASSEN KARG UND ARMSELIG SEI, DASS HÖCHSTENS DER TEUFEL SICH DAVON ERNÄHREN KÖNNTE.

UND WAS GESCHEHEN WÄRE, WENN EHRWÜRDEN DIE WAHRE BEDEUTUNG VON "WEYHARROW" ZUR KENNTNIS GEKOMMEN WÄRE ... ES ÜBERSTEIGT UNSER VORSTELLUNGSVERMÖGEN.

DER ADLIGE GEISTLICHE HERR GEFIEL SICH IN DER ROLLE DES DILETTIERENDEN ALTERTUMSFORSCHERS – DES ARCHÄOLOGEN, WIE WIR HEUTE SAGEN WÜRDEN. ALLERDINGS GING ER WIE DIE MEISTEN SEINER ZEITGENOSSEN SEINEN FORSCHUNGEN NICHT *IN SITU* UND DURCH GRABUNGEN NACH, SONDERN RITT SEIN STECKENPFERD LIEBER NUR ANHAND VON BÜCHERN. (EINE LEISTUNG ALLERDINGS SEI IHM HOCH ANGERECHNET: ER BEGRÜNDETE DIE BEDEUTENDE BIBLIOTHEK VON WEYHARROW COURT, DIE ÜBER LANGE ZEIT EIN WALLFAHRTSORT FUR HISTORIKER WAR, DER NUN JEDOCH LEIDER VON SEITEN DER JETZIGEN BESITZER DIE ZERSTÜCKELUNG DROHT. EINE DERART UNBEZAHLBARE SAMMLUNG VERDIENTE EIN BESSERES SCHICKSAL, ALS DASS SIE AUS SCHNÖDER GEWINNSUCHT NACH ÜBERSEE VERHÖKERT WERDE.)

ZWEIFELLOS WAR DEM ALTEN MATTHEW BEWUSST, DASS DIE GEGEND MIT HISTORISCHEN ÜBERRESTEN REICH GESEGNET IST. WAS ER JEDOCH MIT SICHERHEIT NICHT WUSSTE – WIE DURCH EINEN ERHALTEN GEBLIEBENEN BRIEF NACHWEISBAR –, WAR DIE GENAUE BEDEUTUNG DES ORTSNAMENS.

"WEY" ODER "WYE" FINDET SICH ÜBER GANZ SÜDENGLAND VERBREITET ALS HÄUFIGER NAMENSBESTANDTEIL UND BEDEUTET OFT, WENN NICHT STETS "HEIDENGOTT ODER GÖTZENBILD".

UND "HARROW" BEDEUTET "STÄTTE DES HEIDENTEMPELS"...

Victor fiel sein Kaffee ein, er trank einen Schluck, merkte, daß er kalt war und widerlich schmeckte, stellte den Humpen beiseite und tippte mit fliegenden Fingern weiter.

MITGLIEDER DER WEYHARROW SOCIETY RÜHMEN SICH UNABLÄSSIG, WIE SEHR IHNEN "DIE PFLEGE DER ÖRTLICHEN ÜBERLIEFERUNGEN AM HERZEN LIEGE" - ABER SIE PROTESTIEREN LAUTSTARK GEGEN DIE SCHAREN JUNGER MENSCHEN, DIE SEIT ETLICHEN SOMMERN AUS GANZ BRITANNIEN, JA SOGAR VOM KONTINENT IN DAS DORF STRÖMEN... VIELE DAVON ZU FUSS WIE DIE PILGER IN ALTEN ZEITEN.

MAG MAN AUCH NICHT EINVERSTANDEN SEIN MIT IHREM GEREDE VON DER "MACHT DES DRACHENS" UND MIT DEN ZEILEN IHRER "LAYS", TATSACHE BLEIBT, DASS DIESE LEUTE ES SIND, DIE WIRKLICH DIE LOKALTRADITIONEN WAHREN - ÜBERLIEFERUNGEN, DIE WEIT UBER DIE TAGE DER GOODSIRS HINAUS IN DIE VERGANGENHEIT ZURÜCKREICHEN. SIE KOMMEN NACH WEYHARROW - AUF DER SUCHE NACH DEN MYSTISCHEN MÄCHTEN, DIE UNSERE LANGVERGESSENEN VORFAHREN DAZU VERANLASSTEN, WEYHARROW ALS STÄTTE FUR EINEN TEMPEL ZU WÄHLEN, DER EINER GOTTHEIT ALS WOHNSITZ DIENTE, DEREN RUHM BIS HEUTE NOCH IM NAMEN DES DORFES FORTLEBT. SIE, DIESE PILGER, SIND TRADITIONSWAHRER - UND NICHT DIE ORTSANSÄSSIGEN, DIE SICH EINBILDEN, DIE GESCHICHTE NEHME MIT EHRWÜRDEN MATTHEW IHREN ANFANG...

»Vic! *Vic!*«

Carol, und sie brüllte vom Treppenabsatz zu ihm herauf.

»Vic, weißt du nicht, wie spät es ist? Tommy kommt zu spät in die Schule — und du auch!«

»Bin schon da!« antwortete Victor mit einem Seufzer.

Er hätte so gern noch sein Argument festgehalten, daß Odo, als der eifrige Christ, der er war, sich vermutlich eben wegen der heidnischen Zusammenhänge von Weyharrow ferngehalten haben müsse, aber es spielte eigentlich keine Rolle. Sein Text war gut, wenn auch eine Spur zu lang, und das wußte er. Und obwohl er nicht Zeit gehabt hatte, ihn auszudrucken oder auch nur eine Reservekopie zu machen, der Text würde auf dem Disc sicher sein.

»VIC!«

»Komm ja schon!« rief er noch einmal und tippte ›Store‹ und ›Shut-down‹ ein, wie er dies nun schon unzählige Male getan hatte. Der Schirm wurde schwarz, er griff zum Hauptschalter.

Und erstarrte.

Die VDU-Sichtanzeige leuchtete erneut auf und bot die freundliche Information:

TEXT GETILGT.

Was?

Aber er hatte doch — er wußte es ganz genau — exakt die selben Funktionstasten wie immer bedient!

Er saß mit offenem Mund da und sah sich mit der Notwendigkeit konfrontiert, seinen ganzen Text von Anfang bis Schluß rekonstruieren zu müssen ... und noch während er sich das überlegte, wurde seine Inspiration trübe und verdampfte wie Tau in der Morgensonne, wurde so nichtig wie ein vergessener Traum, war fort wie die Worte, die er seiner Maschine anvertraut hatte.

Von drunten kam Tommys Stimme, der aus vollen Lungen brüllte, und ein neuer, diesmal verzweifelter Hilfeschrei von Carol. Langsam entwand Victor sich dem Würgegriff ungläubiger Lähmung, stand auf und näherte sich der Leiter. *Aber ich weiß, ich hab die richtigen Eingaben gemacht! Ich weiß es ganz bestimmt!*

Abgesehen von der jahreszeitlich unüblichen strahlenden Sonne hatte der Tag in Weyharrow Goodsir weitgehend recht normal begonnen: mit krähenden Hähnen, bellenden Hunden und dem Begleitgedröhne von Traktoren.

Was Victor Draycock widerfahren war, bot nur den ersten von vielen Hinweisen darauf, daß der Tag ganz anders enden sollte.

2. Kapitel

Stick — sein Name lautete Simon Bember, aber alle hatten ihn schon so lange Stick genannt, daß er selbst vergessen hatte, aus welchem Grund — gähnte, rieb sich die Augen und merkte, daß er auf der Wohnzimmercouch schlief. Nach einer Weile entschied er, daß das nicht stimmte. Tatsächlich nämlich lag er wach auf der Wohnzimmercouch, und ihn fror, weil das Fenster offenstand. Er schaute auf seine Uhr. Sie war stehengeblieben. Aber das Hi-Fi war eingeschaltet — war es die ganze Nacht lang gewesen, seit er über seinem ziemlich abgespielten Exemplar von Terry Rileys *In C* eingeschlafen war. Er schaltete auf Radio um und drehte so lange am Knopf, bis er auf einen Sender stieß, der laufende Zeitangaben brachte.

Noch früh, dem Himmel sei Dank. Sheila war nie in besonders angenehmer Laune, wenn er verschlafen hatte.

Er schwang die Beine auf den Boden, gähnte gewaltig und fuhr sich mit den Fingern durch das gelbbraune Bartgestrüpp und die Mähne. Daß er in Jeans und T-Shirt geschlafen hatte, tat diesen weiter keinen Abbruch. Aber die sahen außerdem sowieso nie anders aus, als hätte er in ihnen geschlafen.

Wie gewöhnlich standen sämtliche Türen in der Wohnung offen. Immer noch gähnend, als ob die Schädeldecke sich von seinem Kopf lösen und davonfliegen wollte, ging er zum Klo, vorbei am Schlafzimmer, in dem Sheila noch schlief. Während der Nacht hatte sie die Zudecke weggeschoben und lag nun nackt bis zu den Hüften da, und die langen schwarzen Haare breiteten sich strähnig über ihrem bleichen Rücken. Er blies ihr einen Kuß zu. Er mochte Sheila Surrean gern, mit der er jetzt schon fast ein halbes Jahr zusammenlebte — er hatte es in dem Augenblick gewußt, als er den handgeschriebenen Namen gelesen hatte, den sie an die Tür ihrer Wohnung am Fluß geklebt hatte, über einem ehemaligen Bootslager, inzwischen zu Mietgaragen umgewandelt. Da stand *Wearystale*.

»Weil unprofitabel?« hatte er zögernd gefragt. Begegnet war er ihr an jenem Abend in der ›Hochzeit‹, und sie hatte sich zwar von ihm heimbegleiten lassen, aber er hatte allerhöchstens mit einem Kuß und ein bißchen Fummeln an ihrer Haustür gerechnet. Schließlich war Weyharrow ja nur ein Dorf, in dem er auf dem langen Weg von London, dem er entkommen wollte, zufällig gelandet war.

»Keiner in dem verdammten Nest hat das bisher kapiert!« lautete ihre Antwort. »Komm rein!«

Er war geblieben ...

Was eine ganze Reihe alter und junger Einheimischer beträchtlich wurmte.

Und er hatte darüber hinaus auch noch einen Job gefunden, glücklicherweise einen, um den sie ihn nicht beneideten. Es mochte ja nicht jedermanns Sache sein, den Dorfanger und den Friedhof zu warten, Laub zusammenzurechen, Hecken zu trimmen, allgemein aufzuräumen und Ordnung zu halten, doch für Stick war der Job wie maßgeschneidert, besonders da er dadurch Zugang zu einem Fleck Erde erhielt, auf dem bis zu seiner Entfernung im Jahre 1946 das alte Kriegerdenkmal gestanden hatte und um den sich seither niemand mehr gekümmert hatte. Zwar war er kein großartiger Gärtner, aber ein Gewächs verstand er sehr gut zu ziehen, und es gedieh dort prächtig.

Außerdem hatte er einige Barrieren niedergebrochen. Bestimmte jüngere Männer, verheiratete oder noch ohne Joch, denen Sheila in die Augen gestochen war, redeten inzwischen höflich mit ihm.

Und die Ernte in diesem Jahr — das hatte sich in der

letzten Nacht erwiesen — war wirklich ganz außergewöhnlich ...

Sheilas Zimmer — nun auch dem seinen — gegenüber lag das Zimmer ihrer Kinder, die in Zwillingskojen schliefen. Es war an der Zeit, sie zu wecken.

Ach nein, sollten sie noch eine Minute warten, während er sich in dem winzigen Bad neben der gleichfalls beengten Küche der Lösung eines dringenden Problems widmete.

Nachdem dies erledigt war, strebte er dem elektrischen Wasserkessel zu und rief über die Schulter: »Sam! Hilary! Zeit zum Aufstehn!«

Wasser lief, der Stecker saß in der Dose ... Es rührte sich nichts.

»Hilary! Sam! Habt ihr mich denn nicht gehört?«

Die Teekanne war ausgespült, die Teeblätter hineingelöffelt, noch immer nichts. Also war es an der Zeit, daß man sich die Rolle des strengen Nicht-Vaters zulegte. Er marschierte in das Kinderzimmer, stampf-stampf, so laut man das in Socken eben kann, und zog beiden die Zudecken fort.

Sie waren acht und zehn und schliefen in alten T-Shirts, die vom häufigen Waschen ausgeleiert waren. Blinzelnd starrte er auf die Kinder nieder.

Die Namen hatte er richtig hingekriegt — am Kopfende der zwei Kojen standen, mit Malstiften geschrieben, die Namen HILARY und SAM. Allerdings war bei letzterem eine Fußnote angebracht, an die er sich nicht erinnern konnte: »BITTE NICH ANTHA RANSCHREIBEN DAS MAG ICH NICH.«

Komisch! Ich hätte schwören können, daß Sheilas Sprößlinge Jungs sind.

Ach, was soll's? Er hatte Mädchen schon immer lieber gemocht.

Nachdem er sich vergewissert hatte, daß sie auch wirklich wach waren, ging er wieder in die Küche, gerade rechtzeitig, ehe der Kessel sprudelte, und suchte

Milch und Getreideflocken und Schüsseln und Löffel zusammen.

Wenn einer Gras von der Qualität geraucht hat, wie er es in diesem Jahr gezogen hatte, konnte man nie wissen, wo man danach seinen Kopf hatte.

Reverend Patrick Phibson trat in die Sakristei von St. Matthew's und schickte sich an, das Chorhemd für den Frühgottesdienst überzustreifen. Seine Augen schmerzten, sein Bauch rumpelte; er war bis Mitternacht damit beschäftigt gewesen, Mrs. Lapsey Trost zu spenden, die — nicht zum ersten Mal — überzeugt war, sie stehe an der Schwelle des Todes, die aber dennoch erst auf sein nachdrückliches Drängen hin den Arzt rufen ließ. Er hatte das Abendessen übersprungen, und das Sandwich, das er nach seiner Heimkunft hinuntergewürgt hatte, lag ihm noch schwer im Magen.

Wie gewohnt, bedachte er die Kirche mit einem scheelen Blick. Vom ersten Tag seiner Übernahme dieser Pfründe, die seine letzte sein würde, ehe er in den Ruhestand trat, hatte er die Empfindung gehabt, daß an jedwedem derartigen Bauwerk, und sei es von noch so respektablem Alter, ein Makel klebe, wenn es nur wegen der Eitelkeit eines Pfründeninhabers und Patronatsherrn umbenannt worden war. Genau dies aber war in Weyharrow geschehen. Ehe nämlich Matthew Goodsir hier auftauchte und der Kirche seinen Taufnamen aufzwang, war diese — man könnte fast sagen ›ökumenisch‹ und — höchst vernünftig in einer Zeit aus religiöser Intoleranz entstandener Kriege — ›Allen Heiligen‹ geweiht gewesen.

Allerdings, wie Phibson sich stets, wenn auch mit einem Seufzer, einzugestehen gezwungen war, gab es auch Zeiten, in denen man Unterschiede machen mußte zwischen Heiligen und ›Heiligen‹, also jenen Ketzern und Häretikern, die überzeugt waren, daß mit ihrer Aufnahme in die Gemeinschaft der Auserwählten all ihr

Tun und Trachten zwangsläufig richtig sein müsse, da sie ja von jedem Anflug eines Sündenmakels dauergereinigt seien …

Zu einem Gutteil datierte dieser Kirchenbau weit über die Zeit der Großen Pestepidemien der Neuzeit zurück bis zu den Tagen des ›Schwarzen Todes‹, also Epochen, in denen solcherlei Vorstellungen wucherten. Andere Bauteile, insbesondere die Krypta, waren nach Behauptungen mancher noch weit älter — demzufolge Reste nicht etwa eines christlichen, sondern eines heidnischen zentralen Heiligen Ortes …

Genug! Genug davon! Wenn er sich damit noch sehr viel länger beschäftigte, würde er ja vielleicht sogar noch diesem gräßlichen Victor Draycock beipflichten, der behauptete, daß die schmutzige sittenlose Meute, die in jüngerer Zeit allsommerlich über Weyharrow hereinbrach, aus den Erben einer religiösen Tradition bestünde, deren Wurzeln weit tiefer als die seines eigenen Glaubens zurückreichten …

Schluß!

Vorschriftsmäßig ausstaffiert und nachdem er in einem reinen Reflex die vorgeschriebenen Gebete heruntergemurmelt hatte, wurde Mr. Phibson bewußt, daß seit dem Morgenläuten vom Turm eine mehr als ausreichende Spanne Zeit verstrichen war. Er holte tief Luft und stieß die Sakristeitür auf.

Wie gewöhnlich war zu dieser Stunde, um halb acht Uhr, die Schar der Andächtigen verschwindend klein: sieben Personen, fünf davon Weiber, davon eine seine Haushälterin. An Wochentagen war auch kein Organist da. Um wieviel eindrucksvoller sein Auftritt doch hätte sein können, wenn er von einem rauschenden Orgelsolo begleitet gewesen wäre …

Jedoch, wie immer, es war ein Gottesdienst für den Allmächtigen. Er arrangierte seine Gesichtszüge zu der dem Anlaß gemäßen seligen Heiterkeit und trat nach vorn, um die üblichen tröstlichen Formeln zu sprechen, die — wie er seit Jahren wußte — jeden Tag das herkömmliche Glaubensritual eröffneten.

»Ich, Patrick, Diener des Vaters, entbiete euch Willkommen in Seinem Heiligen Namen und in dem der Mutter und dem des Kindes!«

Mit der Sicherheit des Routiniers, der das gleiche Ritual unzählige Male vollzogen hat, wandte er dem Altar den Rücken zu (hatte da jemand herumhantiert? Soweit er sich auf seine Kenntnis des Kalenders verlassen konnte, sah es da nicht so aus, wie es sein sollte, aber er hatte auch kaum einen flüchtigen Blick darauf geworfen, und schließlich mußte man in aller Demut ja die Möglichkeit in Betracht ziehen, daß man sich irren könne) und breitete die Arme aus.

»Kommt her zu mir und umarmt mich, wie einst die Mutter ihr Heiliges Kind umarmte! Laßt uns den Friedenskuß tauschen, wie die Apostel es taten, und den Odem unseres unsterblichen Vaters von Mund zu Mund weitergeben!«

Plötzlich erkannte er, daß auf sämtlichen ihm zugewandten Gesichtern ein und derselbe verkrampfte Ausdruck starren Entsetzens lag.

Hatte sich die Ketzerei schon wieder in Weyharrow breitgemacht? Die Trinität Er-Sie-Es verhüte es!

Er versuchte es erneut, diesmal mit etwas mehr salbungsvollem Öl im Ton. Im Durchschnitt mußten die Zuhörer fünfzig oder sechzig Jahre alt sein, aber natürlich tritt ja in diesem Alter oft schlagartig ein Frustrationsgefühl auf — wie er selbst dies nur allzu deutlich erfahren hatte, als Maud starb.

»Geliebte, ich weiß, daß es einige unter uns gibt, denen der Gedanke einer intimeren Berührung durch Haut, welche andere Haut, die andere Haut berührte, widerstrebt — und dies weiter und tiefer zurück, bis zu der Vereinigung mit dem Segenskind, Mann und Weib verschmolzen in einem geheiligten FLEISCHE — und die glauben, dies sollte ausschließlich den Eingeweihten der Heiligen Orden vorbehalten bleiben. Aber unsere weise und geduldige Lehrmeisterin, die Kirche, hat nun aber so entschieden, denn das Gehirn, der Sitz der Intelligenz und des Urteilsvermögens, herrscht über der Gürtellinie. Der Bereich unterhalb des Wanstes — nun, da vermag nur der Glaube das blinde Wirken der Instinkte in einen geheiligten Glaubensakt zu verwandeln, und es ist nur wenigen gegeben ...«

Die Worte erstarben ihm auf den Lippen. Die versammelten sieben Gläubigen hatten sich erhoben, jedoch nicht, um den Friedenskuß mit ihm oder miteinander zu tauschen. Vielmehr schrien sie ihm ins Gesicht, bebend vor Wut — oder vielleicht vor Abscheu. Er stand benommen da. Was konnten sie denn nun wirklich gegen eine derart orthodoxe Exegese ihrer gemeinsamen Glaubensüberzeugungen haben?

Am gestrigen Morgen war das doch ganz anders gewesen, dessen war er sich sicher.

Ursula Ellerford fing ihr reflektiertes Abbild in der Fensterscheibe über der Küchenspüle auf und stopfte in einer reflexhaften Bewegung eine Strähne braunen Haares in die Frisur zurück. Mehr Grau drin als vor einer Woche, dachte sie. Zweifellos hatte sie auch mehr Falten im Gesicht und am Hals. Mit zwei anspruchsvollen Teenagersöhnen alleine fertigzuwerden, das erwies sich denn doch als zuviel für ihre Kräfte. In der letzten Nacht waren Paul und Harold gottweißwo bis zu gottweißwiespät fortgewesen, und sie hatte wach dagesessen und auf sie gewartet wie gewöhnlich, in panischer Angst vor dem Telefonanruf, der ihr von einem Unfall der beiden berichten würde, oder daß sie in eine Schlägerei verwikkelt und verhaftet worden wären.

Sie hatte aber nicht gewollt, daß die Jungs merkten, wie lange sie gewacht hatte. Sie war unablässig im Kreis durch den mitternächtlichen Nebel im Garten herumgelaufen, doch sobald sie die fröhlichen Stimmen auf der

Straße vernahm, war sie blitzschnell in ihrem Schlafzimmer verschwunden.

Sie hatte ihnen nicht einmal einen vorwurfsvollen Meckerzettel hingelegt.

Wenn doch Ted hätte bleiben können ... Aber er bekam Krebs, ging in Frührente und starb langsam vor sich hin. Wenn er wenigstens noch genug hinterlassen hätte, damit sie sich was Besseres hätten leisten können als dieses beengte Haus — oder doch wenigstens soviel, daß sie einen Dienstboten hätten einstellen können, wie ihnen dies seinerzeit bei seiner Stellung in Hongkong möglich war ...

Die ganze Zeit, während sie sich diese sinnlose intime Litanei ihrer ›Waswärewenns‹ vorbetete, stand sie über einem Stieltopf, in dem sie Wasser aufkochte, in das sie eine Handvoll Reis schleuderte, dann stellte sie Reisporzellanschalen und die dazu passenden henkellosen Teeschalen hin und suchte fieberhaft nach dem Tee, der ganz bestimmt in *diesem* Schrank sein mußte. Nein? Dann in dem da?

Es fiel ihr rechtzeitig ein, den Jungs zuzubrüllen, daß sie sich mal besser beeilen sollten, sonst würden sie den Schulbus verpassen. Kinder über elf mußten in Weyharrow nach Powte-bei-Chapminster fahren. Ach, wenn doch Ted bloß genug hinterlassen hätte, daß man sie in sein altes Internat hätte schicken können, wie er sich das immer so erträumt hatte ...

Ihre Söhne kamen lärmend in die Küche geschossen und setzten sich. Sie stellte den dampfenden Topf vor sie.

»Was issen das?« fragten sie wie aus einem Mund.

»Frühstück, was denn sonst?« schnauzte sie.

»Also für mich sieht das aus wie Bähbähdreck!« konterte Harold, und sein Bruder wiederholte es und fügte noch ein paar unflätige Wörter hinzu.

Ursula stand da und begriff nicht. Mit schwacher Stimme sagte sie: »Aber ihr habt noch nie gesagt, daß ihr das nicht mögt.«

»Das kommt, weil wir das auch noch nie gekriegt haben!« Das kam von Paul.

Aber es ist doch Congee — *Reissuppe! Wie in Hongkong ...*

Die Worte erstarben ungesagt. Manchmal sah es wirklich so aus, als wenn die beiden sie absichtlich den ganzen Tag von früh bis spät quälen wollten. Bedrückt wandte sie sich ab, während die beiden Jungen sich achselzuckend mit Paketflocken bedienten. Und das, nachdem sie sich so große Mühe gegeben hatte ...

Es gelang ihr, die Tränen zurückzuhalten, bis sie gegangen waren.

Tom Fidger ließ den qualmenden uralten Bus vom Vorplatz der Garage rollen, die er in Partnerschaft mit seinem Bruder, Fred, betrieb. Es war ein Familienunternehmen; ihr Großvater hatte es gegründet, und ihr Vater, Jack, half noch immer ab und zu im Büro aus.

Er fuhr um den Dorfanger bis zur überdachten Haltestelle neben dem Kirchhoftor, wo wie gewöhnlich seine Fahrgäste warteten: Jungen und Mädchen in blaugrauer Schuluniform. Donnerstags gab es nie viel Gedränge am Morgen. Es war der Pensionszahltag, und die älteren Leutchen mußten zuerst bei der Post ihr Geld abholen, ehe sie außerhalb des Dorfes zum Einkaufen fahren konnten.

Wehmütig dachte er an die alten Zeiten, in denen Fidger's noch ein regelrechtes Fuhrunternehmen war, mit drei Autobussen und festangestellten Chauffeuren. Damals hatten sie nicht nur Kauflustige und Schulkinder befördert, sondern alle möglichen Fahrgäste. Allmorgendlich hatten sie ein Dutzend Leute zur Arbeit in die pharmazeutische Fabrik talaufwärts in Trimborne gefahren, und abends wieder zurück. Aber dann hatte die Firmenleitung auf Automation umgestellt; die paar Mann Belegschaft, die sie noch beibehielten, hatten sich allmählich selbst ein Auto leisten können, der Transportbedarf wurde verschwindend gering. Mittlerweile arbeitete fast keiner aus Weyharrow mehr in der Fabrik, und auch der torsohafte Liniendienst deckte mittlerweile nur noch während der Schulmonate die Unkosten, trotz der Wochenend-Urlaubsausflüge ...

Trotzdem, es gab Leute, die ohne den Bus überhaupt nie aus Weyharrow hinauskommen könnten. Er war eine soziale Einrichtung und es wert, so lange wie möglich erhalten zu bleiben.

Tom bremste, öffnete die Tür und rief den Wartenden Guten Morgen zu. Obwohl er spät ins Bett gekommen war, fühlte er sich gut in Schuß. Ein Touristenbus hatte auf der Hauptstraße eine Panne, und er war diesmal an der Reihe, nicht sein Bruder, Pannendienst zu leisten. Es war fast Mitternacht, als er endlich ins Bett kam.

Alle waren eingestiegen. Er schloß die Tür, legte den Gang ein und zögerte mit dem Fuß über der Kupplung.

Man sollte wirklich was wegen der Plazierung dieser Haltestelle tun! Wozu, um Himmels willen, lag die auf der falschen Straßenseite? Und da kam auch noch ein Pkw auf ihn zu!

Er wartete, bis das Auto vorüber war, dann bog er auf die rechte Seite und fuhr in Richtung Powte los. Nach drei Fast-Unfällen konnten ihn die kreischenden Fahrgäste schließlich zu dem Glauben bekehren, daß in Britannien Linksverkehr herrsche.

Zuckend und schwitzend gehorchte er ihren Wünschen und lieferte sie ohne weitere Mißgeschicke an ihrem Bestimmungsort ab.

Aber er war sich dermaßen sicher gewesen! Er *wußte!* Und im innersten Herzen glaubte er noch immer, daß es falsch war!

Harry Vikes stellte die Stiefel an der Hintertür ab, stapfte über die Steinplatten der Bauernküche und ließ sich düster an dem breiten blankgescheuerten Holztisch nieder.

Joyce, seine Frau brachte ihm eilends mit rotknöchligen Händen einen großen Becher Tee vom alten mit Festbrennstoff zu feuerndem Küchenherd. »So, da!« sagte sie. »Das Frühstück bring ich gleich.«

Harry war letzte Nacht spät heimgekommen, weil er ein krankes Kalb versorgt hatte, und er war wie gewöhnlich um sechs wieder auf den Beinen gewesen, um die Kühe zu melken und sie auf die Weide zu treiben.

Seine einzige Antwort war ein Grunzen.

»Was stimmt denn jetzt schon wieder nicht?« wollte Joyce wissen. »Ist das Kalb gestorben?«

»Nein.« Ohne sie anzusehen, löffelte er sich Zucker in den Tee.

»Also, was dann?« Und sofort danach: »Wo ist Chief?«

Die Küchentür stand weit offen, doch von Harrys ständigem Begleiter, seinem schwarzweißen Colliemischling, war nichts zu sehen.

»Am Tor, sieht aus, als wie wenn ihn hundert Teufel angegriffen hätten.«

So war es. Joyce entdeckte ihn durchs Küchenfenster, er kroch fast auf dem Boden, der Schwanz gesenkt, die Augen weit aufgerissen.

»Was hast du mit ihm gemacht?«

»Ist wohl eher, was hat er mit mir gemacht«, grunzte Harry. »Und schuld dran sind bloß die verdammten Pecklows!«

Die Vikes-Familie und die der Pecklow waren seit langem Nachbarn, doch die nahe Vertrautheit hatte aus ihnen keineswegs Freunde gemacht.

»Willste wissen, was sie diesmal wieder gemacht haben?« sprach Harry weiter. »Die haben das Stück Grund, das ich vom Nigel Mender in Pacht hab, da haben die Rüben angebaut — einfach so, in der Nacht! Klar hab ich die Kühe trotzdem reingetrieben, aber dann hat Chief verrückt gespielt. Hab ihm 'nen Tritt geben müssen, bis daß der aufhört, nach mir zu schnappen.«

Joyce setzte sich sehr langsam nieder. Sie fragte: »Was für ein Land, das du von Mr. Mender in Pacht hast?«

»Na, das an der Fooksey Lane, natürlich!«

»Harry«, sagte Joyce mit schwacher Stimme, »das war doch letztes Jahr. Heuer hat es Ken Pecklow. Der hat dich doch überboten. Und die *haben* Rüben angebaut.«

»Das hab ich doch gesagt!« brach es aus ihm hervor. »Und gestern war das noch nich' so! Da dran erinner ich mich so klar, wie ich dich vor mir seh!«

»Und du hast unsere Herde da raufgetrieben ... Kein Wunder, daß der Hund dich zurückhalten wollte! Der hat anscheinend mehr Hirn als du!«

Das Telefon klingelte. Sie wuchtete den schweren Leib auf die Beine.

»Das ist sicher Ken, nehm ich an«, sagte sie dumpf. »Und wenn wir dann die Sache in Ordnung gebracht haben, gehst du mal besser zum Doktor.«

»Was schnatterst du da, Frau? Das Kalb ist krank, nicht ich!«

»Was, du glaubst, du bist nicht krank?« zischte sie. »Und dabei sagst du, Ken hat die ganze Nacht lang vollausgewachsene Rüben in ein Feld gesteckt, auf dem du gestern unsere Kühe hast grasen lassen?«

»Ich hab's dir doch gesagt! Ich erinner mich so klar, wie ich dich jetzt vor mir seh ...«

Doch er wurde immer leiser. Er wandte ihr das lederbraune Gesicht zu, und dann erbleichte er. Schweißperlen begannen ihm über die Stirn zu laufen, und seine Hand bebte so stark, daß der Tee aus seinem Becher schwappte.

Das Telefon schrillte noch immer. Müde setzte Joyce sich in Bewegung, den Anruf entgegenzunehmen.

Dr. Steven Gloze gab sich alle Mühe, fröhlich dreinzublicken, als er zur Morgensprechstunde herunterstieg, doch Mrs. Weaper, die Sprechstundenhilfe, tat das genaue Gegenteil, als habe ihr angeheirateter Name sie dauerhaft auf einen weinerlichen Gesichtsausdruck hin konditioniert. Sie informierte ihn bissig, daß Patienten auf ihn warteten, als wäre diese Tatsache irgendwie seine Schuld. Aber der erste Termin war erst für neun Uhr anberaumt, und eben diese Stunde schlug es gerade von der Kirchturmuhr.

Steven seufzte, als er die Patientenblätter zur Hand nahm. Seit dem Examen hatte er nicht wenige Verpflichtungen als *locum tenens* übernommen, doch diese Praxen hatten sich meist in oder um London herum befunden. Und die Vorstellung, einen Monat lang in einem Dorf im West Country zu arbeiten, besonders in einer Praxis, deren Inhaber, Dr. Tripkin, derzeit in Spanien im Urlaub, wie gerüchteweise verlautet war, ernsthaft mit dem Gedanken spielte, sich zur Ruhe zu setzen, das hatte ihn gewaltig gereizt.

Jedoch, man gab sich alle Mühe, ihn deutlich spüren zu lassen, daß er unerwünscht sei. Gestern nacht, als der Pfarrer ihn zu dieser Mrs. Lapsey gerufen hatte, da hatte doch diese alte Schlampe ihn angekeift, als wäre er sowas wie ein fragwürdiger Quacksalber.

Na ja, er war ja auch erst seit Montag hier. Es blieben noch über drei Wochen.

Bei der Durchsicht der Patientenkarten, die ihm übergeben worden waren, fand er heraus, daß der erste Patient heute ein gewisser William Cashcart war, den er noch nicht kannte. Eine Sprechanlage verband Konsultationsraum und Wartezimmer. Er drückte die Taste und rief den Mann herein.

Mr. Cashcart, vierzig, gab an, bei der Baufirma Wenstowe zu arbeiten; sein rechtes Handgelenk schmerze immer weiter, obwohl er sich eine Stützmanschette erworben und umgelegt hatte. Eine kurze Untersuchung ergab, daß der Mann höchstwahrscheinlich an chronischer, bisher noch leichter Arthritis litt. Nun, dies war ein schöner, klarer, einfacher Beginn des Tages. Es schien kaum nötig, den Patienten zu einer Röntgenuntersuchung zu überweisen. Steven schrieb ein Rezept aus, sagte, er solle damit über den Dorfanger zum Apotheker gehen, und rief den nächsten Patienten herein, eine Frau.

Sie war gerade im Weggehen, als sein Telefon klingelte. Er nahm ab. Es war Mrs. Weaper.

»Mr. Ratch will Sie sprechen«, sagte sie scharf.

Stevens Hochgefühl schwand. Mr. Ratch war der Apotheker, und er war offensichtlich von ebenso hohem Mißtrauen gegenüber diesem fremden jungen Eindringling erfüllt, dem die Gesundheit Weyharrows anvertraut war, wie alle anderen im Dorf.

»Stellen Sie ihn durch«, seufzte er.

»Dr. Gloze? Hier ist Lawrence Ratch. Seit wann gibt es frischgeschlachtete Hühner auf Krankenschein?«

»Was? Aber es ist ein Standardtherapeutikum — schon seit gottweißwielang!«

»Ich habe nicht die geringste Ahnung« — die Stimme klang frostig —, »wovon Sie reden.«

»Aber Sie müssen doch sicher ...« — Steven rang durch einen Nebel des Nichtbegreifens nach Worten. »Er braucht doch weiter gar nichts zu tun, als seine Hand in das Huhn zu stecken, solange das noch warm ist, und sie dort zu belassen, bis es erkaltet ist. Die Vitalkräfte ...«

Dann nahm langsam die Vision von Mr. Ratchs Geschäftsräumen in seinem Gedächtnis Gestalt an, in denen er sich am Montagmorgen vorgestellt hatte. Nein, es war wohl kaum der Ort, an dem man lebende Hühner vorfinden würde. Aber wieso eigentlich nicht, wenn doch ihre Verwendungsmöglichkeiten derart vielseitig und bekannt waren? Gut, in der Stadt mochte es ja einige Schwierigkeiten bereiten, man würde sie nicht so leicht lieferbar haben, aber hier auf dem Land ...?

Er zwang sich zur Höflichkeit und sagte: »Haben Sie

denn keine Abmachungen mit einem Metzger im Ort? Oder einem Bauern?«

»Dr. Gloze! Wenn das ein Scherz sein soll, dann jedenfalls doch von recht fragwürdigem Geschmack! Mr. Cashcart leidet ganz offensichtlich an Arthritis. Ich nehme es auf mich, ihm etwas Passendes zu geben, und ich verlasse mich darauf, daß Sie sofort ein neues korrektes Rezept ausschreiben! Und haben Sie die Güte, mich künftig mit derartigen üblen Witzchen zu verschonen!«

Auf der anderen Seite wurde der Hörer niedergeknallt, und Steven blieb in einem Zustand unbeschreiblicher Verwirrtheit zurück. Über seinem (nur geborgten) Schreibtisch befand sich ein Regal mit Fachliteratur; er holte die Bände nacheinander herunter und durchsuchte sie nach der Beschreibung der Behandlung, von der er dermaßen sicher war, daß man sie ihn gelehrt hatte.

Sie stand aber nirgendwo. Nirgends. Nirgends ...

Und dann klingelte sein Telefon erneut, und Mrs. Weaper eröffnete ihm, er werde dringend für einen Notfall gebraucht: zwei Bauern, die sich geprügelt hatten.

Ihr verächtlicher Ton ließ durchblicken, daß er doch wohl wenigstens in der Lage sein werde, einen Verband und Heftpflaster anzulegen.

Doch Steven selber war sich dessen mittlerweile keineswegs mehr sicher.

3. Kapitel

Jenny Severance fuhr ihren dunkelblauen Mini rückwärts auf den gewohnten Parkplatz im Hof der Redaktionsbüros des *Chapminster Chronicle.* Sie zitterte. Teilweise rührte dies von dem Beinahe-Unfall her, den sie gehabt hatte, als sie von Weyharrow losfahren wollte (was war bloß über Tom Fidger gekommen, daß er seinen Bus in der falschen Richtung um den Anger fahren konnte?), aber ein weit gewichtigerer Grund war, daß sie eine wirklich ungeheuerliche Sache im Sack hatte, und zwar noch gerade rechtzeitig, bevor sie mit dem Druck begannen. Erscheinungstag war morgen, und die Rotationsmaschinen sollten zu Mittag anlaufen.

Vielleicht hätte sie ihre Story einer der überregionalen Zeitungen anbieten sollen, gestern abend ...

Aber irgendwie war ihr das gar nicht in den Sinn gekommen. Sie hatte keine Ahnung, wieso nicht, obwohl die Sitzung in Hatterbridge, über die sie berichten sollte, viel länger gedauert hatte als geplant, und dann hatte der Nebel sie aufgehalten, und es war Mitternacht, als sie ins Bett kam.

Manchmal fragte sie sich, ob sie wirklich das Zeug hatte für einen Reporter. Ian Tenterwell, ihr Redaktionschef, hatte mit dünner sarkastischer Stimme oft seine Zweifel in dieser Hinsicht geäußert.

Aber sie war jedenfalls entschlossen, sich zu bewähren.

Als sie aus dem Wagen hüpfte und abschloß, geschah das Unvermeidliche: ein Halbdutzend männlicher Passanten pfiff und juhuhte beim Anblick dieser fülligen, aber hübschen blonden Fünfundzwanzigjährigen. Sie tat, als existierten die Männer nicht.

Auch um dem zu trotzen, war sie entschlossen, es zu schaffen.

Sie stürzte ins Haus, wehrte noch ein paar bereitwillige Bewunderer mehr ab, eilte an ihren Schreibtisch und drehte Papier in die betagte mechanische Schreibmaschine, die das Beste war (behauptete jedenfalls Ian), was das Budget erlaubte. Und das mochte vielleicht sogar stimmen, da die *Chronicle* noch mit dem alten Gußletternverfahren arbeitete.

Und weil sie gerade an Ian gedacht hatte ...

Da kam er auch schon an, kaum hatte sie mehr als ein Dutzend Zeilen getippt.

»Fein, fein!« sagte er und schwenkte seinen ledernen Attachékoffer. Er hatte eine Vorliebe für dunkle Anzüge und gestreifte Krawatten, die Erscheinung ›Typ Manager‹. »Wie erfreulich, daß Sie bereits eifrig am Werk sitzen, wenn ich komme — ausnahmsweise einmal! Was gab's bei der Versammlung?«

Zähneknirschend zwang Jenny sich zu einem Lächeln.

»Das gibt den Aufmacher der Woche.«

»Was?«

»Warten Sie nur, bis Sie lesen, was ich hab. Das macht internationale Schlagzeilen!«

Unsicher fragte er: »Jenny, fühlen Sie sich auch ganz wohl?«

»Hören Sie endlich auf, mich zu unterdrücken!« war ihre ärgerliche Reaktion. »Ich bring Ihnen den Text rein, sobald ich damit fertig bin. Dann können Sie selber sehen!«

Und sie begann weiter auf die Tasten zu hämmern. Ian zuckte die Achseln und ging weiter.

Minuten später war die Story fertig. Jenny sprang auf und marschierte, ihre drei Seiten wie ein Triumphbanner schwenkend, direkt in Ians Büro, an dessen Glastür in güldenen Lettern das Wort CHEFREDAKTEUR prangte, ohne sich darum zu kümmern, daß Ian und der

Redakteur Dennis Dewley heftig über Fahnenabzügen kämpften. Letzterer blickte sie vorwurfsvoll über den Rand seiner Bifokalbrille an.

»So, da isses!« rief sie. »Und wir haben es ganz exklusiv! Keine von den Überregionalen hat auch nur 'nen Korrespondenten hingeschickt!«

Und dann, im letzten Moment, erkannte sie, was sie Ian da zu lesen vorgelegt hatte.

»Hal Awnham, Parlamentsabgeordneter für Hatterbridge, gab endlich öffentlich preis, was schon seit langem argwöhnisch vermutet wurde. Die Regierung der USA plant für das kommende Jahr einen umfassenden Atomschlag gegen Rußland, und britische Streitkräfte werden von Anfang an daran beteiligt sein ...«

Entsetzt riß sie die Blätter wieder an sich. Sie konnte sich genau vorstellen, was Ian, mit eisigem Hohn in der Stimme, darauf äußern mußte.

»Er kann sowas einfach nicht gesagt haben, weil es sonst einen mörderischen Krawall gegeben hätte! Er hielt seine Ansprache doch vor einer Versammlung der Gruppe für Frieden und Abrüstung in Hatterbridge, oder? Und für einen Konservativen bedeutet das, er spielt Daniel in der Löwengrube! Er kann unmöglich so einen Haufen Gewäsch von sich gegeben haben! Und wenn doch, dann hätten die Abrüstungsfreunde ganz bestimmt dafür gesorgt, daß jede Zeitung im Land — und die BBC und TV-AM! — das als Sensationsaufmacher am Morgen bringen. Haben Sie die Zeitungen gelesen? Und hat man die Polizei zu Hilfe holen müssen, weil das Publikum ihn lynchen wollte? Wäre das nicht, womit man rechnen müßte, wenn er tatsächlich so etwas gesagt hätte?«

Plötzlich klaffte zu Jennys Entsetzen eine Lücke in ihrer Erinnerung. Sie erinnerte sich an den Saal, an die erregten Zuhörer, an den gelangweilten Ausdruck im Gesicht des Vorsitzenden — eines Vikars aus der Stadt ...

Aber — kein Tumult.

Und, logisch betrachtet, es hätte einen geben müssen!

Ich will nicht das schwache Weibchen spielen! Ich werde nicht zusammenbrechen und heulen …

Aber es brachte nichts. Sie preßte ihren Artikel an sich, wirbelte auf dem Absatz herum und rannte aus dem Zimmer und aus dem Haus, während Ian und Dennis herablassend die Achseln zuckten und ihre Arbeit fortsetzten.

Vic Draycock war sich bewußt, daß es eine üble Angewohnheit ist, wenn ein Lehrer persönliche Gereiztheit an seinen Schülern ausläßt. Doch heute war er machtlos dagegen. Statt des geplanten Themas in seiner Geschichtsklasse an diesem Morgen ließ er sie eine Arbeit schreiben. Sie sollten den Angriff General Wolfes auf die Abraham-Höhen schildern. Er gab ihnen dafür zwanzig Minuten Zeit, was ihm die Möglichkeit bot, darüber zu brüten, wie er dermaßen blöd gewesen sein konnte, seinen Artikel im Computer zu löschen.

Als er zum Abgeben aufforderte, lag ganz oben — als letzter Text eingesammelt, natürlich — der von Harold Ellerford, der bis zum allerletzten Augenblick noch eifrig gekritzelt hatte. Er und sein Bruder, Paul, waren wirklich zwei Unsympathen, ließen immer durchblikken, daß sie irgendwie ›was Besseres‹ seien als ihre Klassenkameraden und daß sie eigentlich von Rechts wegen niemals an einer vulgären öffentlichen Schule wie dieser hier hätten landen dürfen.

Victor hatte vorgehabt, die Klasse das nächste Kapitel im Geschichtsbuch vorbereiten zu lassen, während er sich rasch ansehen wollte, was sie geschrieben hatten, und dann, am Ende der Stunde, wollte er ein paar Minuten für Anmerkungen zu den Arbeiten verwenden.

Aber als sein Blick auf Harolds Extemporale fiel, verlor er die Kontrolle über sich.

»Harold!« kläffte er. »Steh auf!«

»Ja, Sir?« In diesem unterwürfigen und zugleich herausfordernden Ton, den ihre Mutter anscheinend ihm und seinem Bruder eingetrichtert hatte. (Sie war eine führende Persönlichkeit der Weyharrow Society, wie nicht anders zu erwarten.)

»Möchtest du mir, um Himmels willen, erklären, was du dir dabei gedacht hast, das vom Standpunkt der Soldaten Montcalms aus zu interpretieren? Und — außerdem noch *französisch?*«

Hinten in der Klasse kicherte jemand. Über das erträgliche Maß hinaus gereizt, brüllte Victor: »Du machst dich über mich lustig, du kleiner Teufel!«

Schrecken zuckte über Harolds Gesicht. »Sir!« protestierte er. »Sie haben uns das so aufgegeben! Gestern! Ich weiß es noch ganz genau!«

Victor griff nach dem Tafelwischer. Er zitterte vor Wut. Er schwang den Gummischaber wie eine Waffe und stapfte vom Podium und baute sich drohend vor Harold auf. Er wollte ihm das Ding auf den Kopf schlagen, bis er nur noch stammeln und stöhnen konnte.

»Ich habe euch nichts dergleichen aufgegeben!« brüllte er. »Frag doch die anderen in der Klasse!«

Unsicherheit überlagerte sein Erschrecken, und Harold sagte: »Aber, Sir, ich bin absolut sicher, daß Sie uns gestern gesagt ...«

»So, hab ich das?« Victor wandte sich den übrigen Schülern zu. »Na?«

Zwei, drei Stimmen bestätigten, daß er das nicht getan habe.

»Vor heute morgen habe ich noch nicht einmal daran gedacht gehabt, euch diese Aufgabe zu stellen!« röhrte Victor, wobei ihm verspätet einfiel, auf wie gefährliche Weise er durch ein derartiges Eingeständnis seine sowieso fragwürdige Autorität unterminieren könne. »Und weil du gelogen hast, und vor allem, weil du dich als widerlicher Klugscheißer aufspielen willst, kommst du jetzt mit mir zum Direktor! Ihr andern, lest weiter in der Lektion!«

Er ließ den Tafelreiniger fallen, schnappte sich Harolds Aufsatz und eskortierte den Jungen aus dem Klassenzimmer.

Die Begegnung mit dem Schulleiter erwies sich natürlich als katastrophale Niederlage. Der Direx tat das Problem, daß da ein Schüler den Lehrer frech angelogen hatte, ganz beiläufig ab und erklärte sich eher gebührend beeindruckt von Harolds ›Initiative und Wagemut‹ (wie er das bezeichnete) — jedoch in keiner Weise beeindruckt von Victor, dem er in einem Privatissimum während der Großen Pause knallrote Ohren besorgte.

Während zu eben diesem Zeitintervall Harolds jüngerer Bruder, Paul, allein, sehr durcheinander und zunehmend wütender, in einem der Musikzimmer stand, das zu dieser frühen Stunde leer war. Er war absolut und felsenfest davon überzeugt, daß er sich in der vergangenen Nacht mit Eunice Hoddie aus seiner Klasse hier verabredet hatte, nach der es ihn schon seit langem gelüstete. Sie sollten sich hier treffen, um eine Stunde voller Wonnen zu erhaschen.

Na ja, also eine Viertelstunde. Mindestens.

Kurz vor dem Klingelzeichen zum Pausenende, verließ ihn die Geduld, und er marschierte wieder hinaus auf den Gang. Als er dort Eunice erblickte, die schwatzend in einer Gruppe von Freundinnen stand, stürzte er auf sie zu, um sie zur Rede zu stellen.

»Was haste dir eigentlich dabei gedacht, daßde mich da so hängen läßt?« rief er laut.

Sie war in seinem Alter, aber wie die meisten Mädchen weitaus raffinierter als Jungen. Sie warf den Kopf zurück, auf dem ein Kamm von Stachelhaaren in Punkfarben prangte, und ergriff diese willkommene Gelegenheit zur Rache, und es war eine süße Rache, für all die vielen Male in der Vergangenheit, wo Paul und sein Bruder hochnäsig auf die Gesellschaft ihrer ›minderklassigen‹ Mitschüler verzichtet hatten.

»Dich hängen lassen?« sagte sie mit einer vielsagenden Kopfbewegung zu ihren Freundinnen. »Wenn du damit meinst — wie *ich vermute,* daß du es meinst —, dann bin ich mir gar nicht so sicher, ob ich das ausprobieren möchte. Schließlich siehst du ja nicht so aus, als könnteste was andres bringen als 'nen Hänger!«

Die Pausenklingel schrillte, und sie und die anderen Mädchen sausten unter heftigem Gelächter davon. Und Paul stand alleine da, kreidebleich und zitternd.

Eunice hatte es ihm versprochen, daß sie sich mit ihm im Musikzimmer treffen würde! Wirklich! Sie *hatte es versprochen!* — Aber — *wann?*

Bis Mittag hatte der Witz die Runde durch die ganze Schule gemacht. Und weil die Ellerford-Jungs als ›großkotzig‹ galten, wurde er von Mund zu Mund immer mehr ausgeschmückt. Und im Verlauf des Nachmittags erfuhr er noch weitere Verwandlungen und kunstvolle Verzierungen.

Während der selben Zeit waren in Weyharrow diverse andere Geschehnisse ans Tageslicht gedrungen, für deren Verheimlichung die davon Betroffenen willig einen Arm oder ein Bein geopfert hätten. Da aber das Dorf, wie alle solchen kleinen Gemeinschaften, eine Tratschfabrik war, dauerte es nur wenige Stunden, bis jedermann informiert war, obwohl natürlich keiner je eingestanden hätte, sein Wissen weitergegeben zu haben — außer, höchstens, an allerengste Freunde, die feierlich äußerste Diskretion geschworen hatten.

Also, *wie,* um Himmels willen ...?

Eine ganze Reihe von Beziehungen wurde an diesem Tag auf eine harte Probe gestellt, und viele zerbrachen.

Die erste Katastrophe, die sozusagen ans ›Licht der Öffentlichkeit‹ drang, war der Fall der Phyllis Knabbe.

Irgendwann sehr früh am Morgen — es war noch zu dunkel, als daß man die Zeit auf dem Nachttischwecker hätte ablesen können — erhob sich Miss Knabbe auf das Geschrei ihres Katers ›Rufus‹ hin, der wegen seines rötlichgelben Fells auf diesen Namen getauft worden war. Bis vor anderthalb Jahren hatte sie, außer mit einer Reihe von Katzen, seit dem Tod ihrer Eltern alleine gelebt. Sie waren gestorben, als Miss Knabbe sechsunddreißig war; jetzt war sie zweiundvierzig.

Aber das Häuschen, abseits vom Dorfplatz, das sie sich für den Erlös aus dem Verkauf des größeren, aber stark mit Hypotheken belasteten Hauses in Wedget Minor hatte kaufen können, war ihr bei aller Gemütlichkeit doch oft recht einsam vorgekommen. Katzen allein genügten eben nicht.

Dem Himmel sei gedankt, dachte Miss Knabbe schlaftrunken, als sie in Morgenrock und Nachthemd in die Küche patschte, daß er mir die liebe Moira geschickt hat, als ich das Zimmer vermieten mußte.

Moira O'Pheale war gleichaltrig, also bis auf ein paar Monate, und verwitwet, wenn auch nicht auf tragische Weise. Und was Moira aus ihrem ehelichen Leben von ihrem Gatten berichtet hatte — wie durch ein Wunder waren keine Kinder gekommen —, war alles in allem nur dazu angetan, Miss Knabbes Überzeugungen bezüglich der Segnungen des zölibatären Lebens zu bestärken.

Außerdem hegte sie auch unbestimmte zwiespältige Gedanken, was den Umgang mit Katzen betraf, besonders den mit einem Vollkater wie Rufus. Am Abend zuvor hatte sie bis zu einer unzumutbar späten Stunde im Garten hin- und herwandern müssen und nicht gewagt, seinen Namen laut zu rufen, weil die Fenster in den umliegenden Häusern bereits alle dunkel waren — und außerdem war die liebe Moira auch bereits schlafen gegangen. Es war mindestens schon Mitternacht, ehe Rufus sich herabließ, heimzukommen, ein bißchen Milch zu schlabbern und Miss Knabbe um die Knöchel zu schnurren, ganz so, als hätte er überhaupt nichts verbrochen.

Und jetzt, zu dieser schauderlich kalten Morgenstunde, wollte er schon wieder losziehen ...

Sie stand neben der Hintertür. Die hatte sie einen Spalt weit geöffnet, und Rufus war fort. Also schön! Damit war die Sache entschieden! Wenn nicht gleich morgen, dann doch nächste Woche mußte er zum Tierarzt, damit jener Fehler in Ordnung gebracht werde, den sie selbst so gern auch bei ihrem Vater ausgemerzt hätte, der — wie ihre Mutter zwar nicht direkt zu sagen, aber oft genug anzudeuten pflegte — ihr seine Gelüste auf höchst widerwärtige Weise aufgezwungen hatte.

Und was dieser Declan O'Pheale Moira angetan hatte, die diesem Blender wegen seiner Größe und seines guten Aussehens in die Ehe gefolgt war, nur um dann festzustellen, daß er ein Saufbold und ein geiler Lustmolch war ...!

Vorstellungen davon, womit ihr Rufus inzwischen beschäftigt sein mochte, vermischten sich in Miss Knabbes Phantasie mit Bildern entsprechendem menschlichen Verhaltens. Wie um ihren Entschluß zu bekräftigen, schloß sie die Tür und tastete sich wieder nach oben. Sie hatte darauf verzichtet, Licht zu machen, damit Moira nicht gestört werde.

Inzwischen wieder fest in Morpheus' Klammergriff, ertastete sie eine Tür, drehte den Türknauf, trat ins Zimmer, streifte den Morgenrock ab und schlüpfte in ein wohlig-warmes einladendes Bett. Sie berührte glattes Nylon, und vor Lust seufzend, ließ sie die Hände unter den Stoff gleiten. Was für eine angenehme Abwechslung, daß sie nun mit Moira lebte, anstatt mit diesem abscheulichen — geilen Rufus, diesem widerwärtigen *Mannskerl* ...!

»Heilige-Maria-Mutter-Gottes! Was glaubst du eigentlich, was du da machst?«

Ein Schrei, fast ein Kreischen. Die Nachttischlampe wurde angeknipst. Moira saß im Bett, und die Träger ihres Nachthemds waren nach unten gestreift, ihre Brüste lagen bloß.

Und sie schrie: »Phyllis! Bist du übergeschnappt? Hau sofort ab hier! Raus!«

Miss Knabbe stemmte sich gegen die Flut ihrer Schlafmüdigkeit. »Ist was nicht in Ordnung?« fragte sie unsicher.

»Was, zum Teufel, soll das nun wieder? Verdammt noch mal, das will ich wohl meinen, daß das nicht in Ordnung ist! *Verzieh dich aus meinem Bett!*«

»Aber ...«

Aber das war doch dasselbe Bett, das sie seit Moiras Einzug miteinander geteilt hatten! Miss Knabbe wußte das ganz genau, sie wußte es in ihren Knochen. Hatte sie irgend etwas Falsches getan?

Genau diese Frage stellte sie und war bereit, sich zu entschuldigen — und Moira versetzte ihr eine Ohrfeige.

»Du mußt ganz und gar wahnsinnig geworden sein!« schrie Moira und sah hinreißend aus, mit der zerzausten braunen Haarmähne ums Gesicht, als sie die Träger des Nachthemdes wieder hochstreifte, die Miss Knabbe heruntergezogen hatte. »Wenn ich gewußt hätte, daß du so 'ne perverse Sau bist, hätte ich nicht eine Nacht unter deinem Dach verbracht! *Verpiß dich!*«

»Aber, das ist doch *unser* Schlafzimmer!« wimmerte Miss Knabbe und hob die Arme vors Gesicht, wie um die Schläge abzuwehren, die Declan immer auf Moira hatte niederprasseln lassen, wie Moira erzählt hatte.

»*Unser* Schlafzimmer? Du bist *ehrlich* verrückt geworden! Das hier ist *mein* Zimmer, und ich bezahle Miete dafür, daß ich hier ungestört für mich sein kann! Dein Zimmer ist gegenüber! Also hau ab! *Verschwinde!*«

»Was hab ich nur getan?« hörte Miss Knabbe sich jammern, während ihre zufriedene Selbstsicherheit sich in Dunst auflöste.

»Mich losgeworden, das biste!« lautete Moiras bittere Antwort. »Gleich heut früh geh ich und suche mir 'ne sicherere Unterkunft!«

»Aber, Moira-Darling ...!«

Ihre Beteuerungen führten zu nichts. Moira erinnerte sich nicht an die Dinge, an die sie selbst sich erinnerte — die Miss Knabbe feierlich mit der Hand auf der Bibel als wahr beschworen hätte: daß sie beide seit nunmehr ganzen zwei Jahren gemeinsam in diesem Zimmer schliefen ...

Sie wollte unbestreitbare Beweise vorlegen und zeigte auf die Frisierkommode, um dort ihre persönlichen Dinge aufzuzählen, etwa das silbergefaßte Toilettenset, das sie zu ihrem einundzwanzigsten Geburtstag als Geschenk erhalten hatte.

Es war nicht dort. Auch sonst nichts, was ihr gehörte.

Schluchzend entfloh Miss Knabbe, wie ihr befohlen war, über den Treppenabsatz ins andere Zimmer und knipste das Licht an. Und da waren sie — alle ihre Besitztümer: Schuhe auf dem Boden, ihr Kleid und Unterwäsche über einem Stuhl ... und die Zudecke des zerschlafenen Bettes war zurückgeschlagen.

Der abscheuliche Gedanke, daß sie sich geirrt haben könnte, schoß ihr durch den Kopf.

Trotzdem, sie brachte es nicht fertig, das zu glauben. Ihre Erinnerungen waren viel zu wirklichkeitsnah.

Sie weinte, bis der Himmel draußen hell wurde und sie keine Tränen mehr hatte. Wie aus der Ferne hörte sie Moira die Stufen hinuntergehen, in die Küche, sich dort bewegen. Endlich raffte sie ihren Mut zusammen, ging selbst hinunter, um sich zu entschuldigen.

Es nutzte ihr nichts. Moira zog sich den Mantel an, ihr Gesicht war eine eisige Maske.

»So, jetzt geh ich und sage allen Leuten, was du getan hast!« versprach sie drohend. »Und dann such ich mir 'nen *Mann,* wenn ich schon jemand in meinem Bett haben muß!«

Und stapfte hinaus und schmetterte die Tür zu.

Sie hielt Wort.

Vor der Grundschule, in den Ladengeschäften, in der Poststelle (die gleichzeitig als Zeitungsladen, Tabakgeschäft und Konditorei fungierte), in der ›Hochzeit zu Kana‹ und der Bar des ›Bridge Hotels‹, als beide am nächsten Morgen geöffnet wurden, sanken die Gerüchte auf fruchtbaren Boden und sproßten und erblühten. Seit Menschengedenken hatten die Leute von Weyharrow nicht so reichlich Gesprächsstoff gehabt — nicht einmal im letzten Sommer, als am Sonnwendtag ein Polizeiaufgebot gegen die Hippies angerückt war, die den Ort für ein heidnisches Heiligtum von noch ehrwürdigerem Alter als Stonehenge hielten, und etliche von dem Haufen wegen Drogenbesitz mitgenommen hatte. Damals hatte es sich schließlich um Ortsfremde gehandelt. Und im Vergleich zu dem Knabbe-Skandal und der Schlägerei zwischen Ken Pecklow und Harry Vikes war das damals ein Klacks gewesen.

Höchst zufrieden entdeckten jetzt die Einheimischen, daß auch sie ›Sex und Gewalt‹ sozusagen direkt vor der Haustür hatten.

Diesem allgemeinen Hochgefühl der Erregung lastete denn auch Mr. Jacksett, Inhaber des Gemischtwarenladens am Ort, die Pannen an, die sich bei den Bestellungen seiner Festkundschaft ereigneten, denn allen war anscheinend genau die falsche Ware geliefert worden. Während er sich kopfschüttelnd an die mühsame Arbeit machte, die Bestellungen in Ordnung zu bringen, überlegte er, ob an dem Ganzen nicht doch vielleicht seine Sorge wegen Boyo schuld sein könnte, wegen seines Boxers, der seit dem Mittag des Vortags abgängig war. Bis Mitternacht war Mr. Jacksett rufend und pfeifend umhergestreift. Wahrscheinlich hatte das Mistvieh die Witterung von einem Weibchen in die Nase gekriegt und würde schon irgendwann von selber wieder heimkommen, aber die Kinder heulten ihm die Ohren voll, weil sie Angst hatten, er könnte überfahren worden sein.

Den ganzen Morgen hindurch ereigneten sich laufend weitere ähnliche Zwischenfälle, von denen allerdings einige unbemerkt blieben, wie etwa jener im ›Bridge Hotel‹.

Derzeit gab es im Hotel keine Hausgäste — ab Mitte September waren die Zimmer selten noch belegt, außer am Wochenende —, doch in der vergangenen Nacht war wegen der Hänger nach einer Geburtstagsfête in der Bar noch viel Betrieb gewesen. Nachdem er den liebenswürdigen Wirt gespielt hatte, bis ihm von all den Drinks, zu denen man ihn eingeladen hatte, die Augen schief im Gesicht standen, war Nigel Mender um halb elf mürrisch in die Küche hinabgekrochen, nur um dort auf seinen Küchenchef, Tim Wamble, zu stoßen, der sich beschwerte, wieso die Zutaten für das heutige Tagesgericht zum Mittagstisch nicht für ihn bereit lägen. Er war überzeugt, daß man sie am Abend zuvor in den Mitternachtsabfall geworfen haben müsse.

»Heutiges Tagesgericht?« krächzte der Hotelier, nachdem er sich den Jammer angehört hatte. »Was meinen Sie mit *heutig?*«

Tim — ein etwas verwachsener junger Mann, aber ein scharf zupackender Arbeiter, der als Aushilfskoch während der sommerlichen Touristenschwemme eingestellt worden war, sich dann jeoch bereitgefunden hatte, mangels eines günstigeren Angebotes, auch den Winter über zu bleiben —, Tim breitete in Verzweiflung die Arme aus.

»Das gestrige Tagesgericht war Spanische Garnelen mit Reis. Heute ist Scharfe Wildpastete dran.«

»Und was steht, bitteschön, da drüben?« knurrte Mr. Mender und wies auf die Liste, die er höchst eigenhändig mit Kreide auf die schwarze Tafel gemalt hatte, die täglich bei Öffnung des Restaurants in der Vorhalle ausgehängt und über Nacht wieder hereingeholt wurde. »Da steht doch Mittwoch, oder? Und Scharfe Wildpastete? Und heute haben wir Donnerstag, und das bedeutet: Schinken in Apfelwein, Erbsen und Chips! Garnelen ist erst morgen! Himmel noch mal, man müßte doch wirklich erwarten dürfen, daß Sie den Drill inzwischen auswendig intus hätten!«

Ohne auf eine Antwort zu warten, schoß er in die Bar, die noch geschlossen war, um sich eine Bloody Mary zu genehmigen, die ihm das Frühstück ersetzen mußte.

Tim stand mit offenem Maul da und flüsterte vor sich hin: »Aber ich weiß doch genau! Ich bin ganz sicher! Die Garnelen waren *gestern!*«

Meilen östlich von Weyharrow stieß die Reisebegleiterin Ella Kailet einen Seufzer der Erleichterung aus, als der Bus endlich — und nur mit knapp halbstündiger planmäßiger Verspätung — auf Stonehenge zufuhr.

Der letzte Abend war wirklich ein Vorgeschmack auf die Hölle gewesen. Sicher, es war in keinem Fall die reine Wonne, wenn man vierzig oder mehr US-Amerikaner auf einer Blitztour durch das mit historischen Juwelen übersäte West Country begleiten mußte. Aber als dann der Reisebus eine Panne hatte, und als die Leute mit einem Imbiß in einer Fernfahrerkneipe abgefüttert wurden, anstatt das ihnen zugesagte volle Diner in ihrem Übernachtungshotel serviert zu bekommen, und als der verdammte Bus knappe zehn Meilen vor diesem Hotel eine *zweite* Panne hatte und es weitere zwei Stunden dauerte, bis die behoben war ...!

Nun ja, wenigstens war der Automechaniker, der von Weyharrow Goodsir herüberkam, anscheinend in der Lage gewesen, den Schaden zu beheben. Als er auftauchte, war sie nicht gerade überglücklich gewesen, was seine Sachkenntnis anlangte, und schon gar nicht, was die Laune ihrer Touristen betraf; die Nacht war recht kalt, und ihre Herde blieb eingemummelt und meckernd im Bus hocken — ebenso wie der geschlauchte Fahrer, der behauptete, er könne da nichts helfen; und dafür sollte er in ihrem Bericht ein paar Minuspunkte bekommen, sobald sie wieder in London waren! —, während sie im Nebel herumstehen und frieren und den Mechaniker ankeifen mußte, er solle endlich was unternehmen.

Trotzdem — jetzt waren sie endlich da, und was jetzt kam, war reine Routine, und sie konnte es auswendig runterrasseln. Sie stand auf und stellte sich neben den Busfahrer.

»Ladies and Gentlemen!« vertraute sie dem Mikrofon an, während sie ein Flugstewardessenlächeln auf ihr erschöpftes Gesicht zwang. »Wir nähern uns nun Stonehenge, dem wahrscheinlich berühmtesten aller prähistorischen Denkmäler. Hier war es, wo Besucher aus dem fernen Weltraum landeten, in ihren fliegenden Untertassen, um den primitiven Bewohnern der Erde jene technischen und handwerklichen Kunstfertigkeiten zu überbringen, wie man sie dann in den Pyramiden Ägyptens und Mittel- und Südamerikas wiederfindet.

Der Busfahrer zupfte an ihrem Rock herum. Sie schlug seine Hand weg und ackerte stur weiter.

»Später wurden natürlich ähnliche Landeplätze und die gewaltigen Dolmen errichtet, die als interstellare Landesignale fungierten — *nimm deine Pfoten weg, du Esel!* —, wurden die Dolmen errichtet, und zwar in so weiter Entfernung wie in Schottland oder der französischen Bretagne ...«

Plötzlich hatte sie keinen Speichel mehr im Mund. Die Touristen glotzten sie an. Ein paar davon hatten zu brabbeln begonnen.

O nein! Nicht schon wieder eine neue Krise! Oder? Was war denn, verdammt noch mal, jetzt schon wieder schiefgelaufen?

»Sergeant?«

Der Constable Joseph Book stand in der einzigen öffentlichen Telephonzelle der Gemeinde Weyharrow. Er lebte in dem Ort, aber es gab hier eigentlich keine richtige Polizeistation, auch wenn er ein Polizeihaus bewohnte; die nächstgelegene Station befand sich in Chapminster, und er kam seinen Pflichten überwiegend dadurch nach, daß er im Auto oder zu Fuß seinen Bezirk kontrollierte. Letzteres zog er vor.

»Ah, Sie sind's«, kam es aus dem Telephonhörer. »Ich hab schon gedacht, Sie sind irgendwo im Nebel der letzten Nacht verlorengegangen ... Tschuldigung, war ja bloß mal so'n bißchen Spaß. Irgendwer hat gesagt, ihr habt ein bißchen Ärger. Ken Pecklow und Harry Vikes — wieder mal. Hat nicht die Joyce damit gedroht, daß sie den Harry einsperren lassen will?«

»Nein, das hat sie gottlob aufgegeben ... Aber machen Sie mal besser keine Witze, Sergeant! Diesmal ist es ernster. Ken ist ein Zahn ausgebrochen, und der Doktor hat Harry mit 'ner gebrochenen Nase ins Krankenhaus geschickt. Hab alles notiert, und ich komm rein, sobald ich kann, und mach dann meinen Bericht. Aber ...«

Er zögerte. Ungeduldig gab ihm der Sergeant das Stichwort. »Na und?«

»Das ist noch nicht alles«, sagte Constable Book langsam. »Hier ist irgendwas sehr Komisches im Gange.«

»Schön, dann kommen Sie rüber und berichten Sie mir!«

»Ich bin mir nicht sicher, ob es nicht besser wäre, wenn ich hierbleibe und mich ein bißchen umschaue ...« Stur und hartnäckig. »Sie wissen ja, ich bin jetzt schon seit sieben Jahren hier. Da kriegt einer doch so 'ne Art Gefühl für einen Ort, oder?«

»Möchte man annehmen ... Kommen Sie schon zur Sache!«

Sich bezähmend. »Sergeant, dauernd halten mich

Leute an und erzählen mir die verrücktesten Geschichten!«

»Weiß ich, weiß ich ...« mit einem Seufzen. »Den ganzen Morgen klingelt hier schon das Telefon.«

»Hat einer erzählt, was Mary Flaken gemacht hat?«

»Ich glaub, nein ... Nein, der Name steht nicht im Buch. Was war los?«

»Anscheinend stand sie wie gewöhnlich auf, entdeckte, daß sie keine Eier mehr im Haus hatte und lief mal rasch zum Laden runter, um für das Frühstück ein paar zu kaufen. Aber als sie dann zurückkam, ging sie nicht in ihr Haus, sondern nebenan zu Bill und Hannah Blokket ...«

»Wo genau ist das?«

»Die wohnen auf der anderen Seite vom Fluß, in der neuen Siedlung.«

»Ich möchte mal wissen, wann die Leute aufhören werden, das so zu nennen. Das gibt's doch schon so lang, schon bevor Sie und ich geboren wurden ... Tut mir leid, reden Sie weiter!«

»Also, dort versuchte sie die hintere, die Küchentür aufzumachen. Die war verschlossen. Sie hämmerte dagegen, bis Hannah ihr aufmachte. Und dann explodierte sie! Marschierte hinein und kreischte, daß Bill *ihr* Mann sei, nicht der von Hannah, und am Ende schmiß sie die ganzen Eier durch die Küche! Schließlich haben sie sie irgendwie in ihr eigenes Haus zurückbefördert, aber ich schwöre, daß wir damit noch nicht am Ende von der Geschichte sind — noch lange nicht!«

Es trat eine Pause ein. Schließlich sagte der Sergeant mit bedrückter Stimme: »Sieht so aus, als hätten Sie recht, Joe. Da passieren scheint's wirklich sehr seltsame Sachen.«

4. Kapitel

Bei Weyharrow weitete sich das Tal des Chap; sein Wasser schäumt über Flußkiesel. Zwei Meilen flußaufwärts stürzte es über Felsen; das war bei Trimborne. Angeblich bedeutete der Name ›Wo der Fluß ordentlich wird‹, und zweifellos muß das steingefaßte Mühlgerinne uralt sein, denn die Mühle selbst ist bereits im *Domesday Book* namentlich und mit ihrem Wert aufgeführt. Für den Normannen Odo, den ersten Lord dieses einstmals enormen Rittergutes, stellte Trimborne zweifellos einen weit wertvolleren Besitz dar als Weyharrow und seine Furt.

Aber die Tage, da die Mühle beständige Einkünfte abwarf, weil die Besitzer der umliegenden Höfe gezwungen waren, ihr Getreide hierher zum Mahlen zu bringen — und für dieses Privileg auch noch Steuern zu berappen hatten —, lagen in weiter Vergangenheit. Schon seit Menschengedenken waren den nominellen Grundbesitzern von Trimborne weder für die Mühle oder für sonst etwas nennenswerte Jahreseinkünfte zugeflossen.

Mit dem Zuzug von Helvambrit Pharmaceuticals war, zugegebenermaßen, eine Wendung zum Besseren eingetreten. Das Unternehmen, ein internationaler Multi mit Sitz in der Schweiz, hatte zu den ersten Konzernen gehört, die entschieden hatten, daß Standorte in schäbigen großstädtischen Randbezirken sich schlecht mit ihrem Anspruch vertrügen, der Volksgesundheit zu dienen; überdies, so bedenklich hoch die Arbeitslosigkeit in den Städten auch sein mochte, stand es doch damit auf dem Land oft noch relativ viel schlimmer, was unausgesprochen hieß, daß billige Arbeitskräfte in ausreichendem Maße verfügbar waren. Man setze dem Ganzen noch einen denkmalschützerischen Akzent auf, indem man die Fassade einer historischen Mühle restauriert — die ja effektiv seit über einem Jahrhundert schon keine Kornmühle mehr gewesen war, sondern abwechselnd Schnupftabak- und Pulverfabrik und sogar Maschinenbaufabrik — und hoppla-hopp! —, man hat ein Meisterstück von PR und Werbung vollbracht! Und wenn schwere Lkws sich über die schmalen Landstraßen der Gegend hinaufquälen mußten und wenn sie die Traktoren der Bauern in den Straßengräben drängten und Fußgänger zwangen, in den Straßenhecken Schutz zu suchen, dann war dies schließlich ein unbedeutender Preis für den Fortschritt.

Ein geringer Preis ...

Wahrhaftig! Helvambrit hatte einen Klacks bezahlt! Während Basil Goodsir in der Bibliothek von Weyharrow Court auf und ab marschierte, brütete er darüber nach. Wie hatte er dermaßen verblödet sein und zulassen können, daß sein Vater, Marmaduke Goodsir, die Mühle in Trimborne verkaufte, anstatt sie nur zu verpachten? Der alte Narr war wohl ebeso geldgierig wie kurzsichtig gewesen! Die hätten doch bestimmt zehn, sogar fünfzehn Prozent der Summe als Jahrespacht ausgespuckt, die sie für die Besitzübertragung bezahlt hatten, so daß die Mühle eine laufende Einkunftsquelle — jedenfalls für die absehbare Zukunft — hätte sein können.

Gewiß, als das Thema aktuell wurde, hatten sie Sohn Cedric gerade aufs Internat geschickt, und er und Helen hatten zusehen müssen, wie sie die damit verbundenen Ausgaben alle aufbringen sollten ... Trotzdem, es war einfach unfair von Marmaduke gewesen, die momentan bedrängten Umstände seines leibhaftigen Sohnes derart auszunutzen! Wenn der alte Trottel wenigstens noch einen Funken Verstand in seinem konfusen Hirn gehabt hätte, das Geschäft könnte mittlerweile einen laufenden Gewinn abwerfen!

Und wenn man bedachte, daß die Einkünfte von ein

paar lächerlichen Jahren aus dieser Quelle ihn wieder auf die Beine hätten bringen können ... vielleicht sogar Helen versöhnlich gestimmt hätten, die jetzt andauernd an ihm herumnörgelte ...

Basil Goodsir war siebenundvierzig. Das glatte schwarze Haar begann sich über der Stirn schon zu lichten, er hatte eine blühende Gesichtsfarbe mit einem feinen Netz geplatzter Äderchen auf der Nase und den Wangen. Das Gesicht war zu einem Ausdruck ständigen Mißvergnügens erstarrt, denn er war dazu erzogen worden, als selbstverständlich zu erwarten, daß er im Leben Erfolg haben werde, wobei aber die unausgesprochene Garantie bestand, daß ihm widrigenfalls die Familie stets hilfreich finanziell unter die Arme greifen werde.

Diese Garantie war allerdings von seiner Mutterseite her gegeben gewesen, aber seine Mutter war tot, und sie hatte ihr persönliches Vermögen nicht Basil, sondern seinen Schwestern hinterlassen, die beide inzwischen verheiratet waren und im Ausland lebten. Bislang hatte Basil nicht einen Penny geerbt, denn trotz seiner fünfundsiebzig Jahre klammerte sein Vater sich weiter hartnäckig ans Leben. Und was Basils eigene berufliche Laufbahn anging, so war sie übersät von den Narben erfolgloser geschäftlicher Unternehmungen. Im Augenblick und seit langem drohte er in Schulden zu erstikken, und die Geier begannen bereits immer näher zu kreisen. Und da stand er nun, umgeben von unbezahlbaren ererbten Schätzen, und es war ihm nicht gestattet, aus ihnen Kapital zu schlagen! Es war wirklich höchste Zeit, den alten Tattergreis zur Vernunft zu bringen!

Diese Bibliothek zum Beispiel. Erschrocken fiel ihm plötzlich wieder ein, warum er an diesem Morgen hierher gekommen war. Er hatte vorgehabt, ein paar der kostbaren Stücke aufzulisten, die er früher einmal (oh, doch, er mußte es eingestehen, wenn auch nur insgeheim und sich selbst) als einen Haufen nutzlosen Papiers, höchstens für ein Freudenfeuer an Guy Fawkes brauchbar, bezeichnet hatte, weil so viele der prachtvollen Lederbände nichts weiter enthielten als Nachdrucke bedeutungsloser Predigten.

Aber der Ur-ur-urgroßvater Abel war nun einmal ein berüchtigter Gegner Darwins gewesen und hatte eine Unmenge Bücher über den Evolutionsstreit gesammelt, und jetzt hatten sie drüben in Amerika diese unzähligen ›bibelwissenschaftlichen‹ Schulen, die aus dem Boden schossen wie Giftpilze. Nicht auszudenken, was solche Leute möglicherweise zu zahlen bereit sein würden — für eine Erstausgabe von — sagen wir — Gosses *Omphalos,* jener berühmten Untersuchung, die sämtliche Beweisgründe dafür anführt, warum Adam von Gott *mit* einem Nabel geschaffen worden sein mußte.

Das war jedenfalls Basils Vermutung über den Inhalt des Buches. Er irrte sich, aber er hatte es ja auch nicht gelesen. Tatsächlich hatte er nur sehr wenige der hier gesammelten Titel gelesen, auch nicht als er noch ein Kind war. Lesen war nie seine ›Sache‹ gewesen.

Schreiben im übrigen auch nicht gerade. Dennoch griff er jetzt entschlossen zu Notizbuch und Schreibstift und machte sich daran, die Titel aufzulisten, von denen er annahm, daß sie auf dem amerikanischen Markt Höchstpreise erzielen könnten.

»Morgen, junger Kamerad!« schnaufte Marmaduke aus seinem samtbezogenen Armsessel an der Stirnseite des Eßtischs. Seit langem waren die Tage dahin, da zur Frühstückszeit die Anrichte unter den Platten und Schüsseln mit *Kedgeree* und Koteletts und scharfgewürzten Nierchen stöhnte; er mampfte Porridge, denn das war das einzige, was es außer Kernflocken oder Marmeladetoast gab. Trotzdem, er schien bei dieser eingeschränkten Diät aufzublühen; die Augen funkelten über den Runzelbacken und dem schütteren weißen Bart.

»Morgen, Großer Vater!« sagte Cedric und schlingerte auf die Kaffeekanne zu. Er war zwanzig, und eigentlich hätte er schon wieder an der Universität sein müssen. Jedoch, da hatte es so ein bedauerliches Mißverständnis zwischen ihm und seinen Tutoren gegeben, und …

Cedric war das egal. Er hatte Spaß am Leben in Weyharrow Court, vor allem wegen seines Großvaters, den er unendlich viel lieber mochte als seine beiden Eltern zusammen. Außerdem war das Dorf, wenigstens während der Sommermonate, immer übervoll von faszinierenden Typen in seinem eigenen Alter, wenn auch nicht gerade aus derselben gesellschaftlichen Klasse. Und daß er sich zu diesen Leuten so hingezogen fühlte, das ärgerte seine Eltern auf so köstliche Weise …

»Wo ist dein Vater?« forschte Marmaduke.

Cedric war damit beschäftigt, eine Scheibe Toast mit Ingwermarmelade zu beladen. Er zuckte die Achseln. »In der Bibliothek, glaube ich. Jedenfalls habe ich da drin jemand brummen gehört, als ich vorbeiging, und es kann ja wohl kaum sonst jemand sein.«

»In der Bibliothek. Aha.« Marmaduke stieß die Schüssel beiseite und trank seine Tasse aus. Er hatte Tee drin, nicht Kaffee, und so blieb an seiner schnurrbartbewehrten Oberlippe ein Teeblatt hängen; er verabscheute Teebeutel und bestand darauf, daß sein morgendliches Getränk auf die anständige, traditionelle Weise zubereitet werde. »Ich nehme an, du weißt, was er vorhat?«

Cedric nickte. Mit einem Mundvoll Toast sagte er: »Er hat vor, die Bibliothek zu zersäbeln und das Zeug nach Amerika zu verscherbeln.«

»Genau. Er kommt nicht darüber weg, daß ihm weder das Haus gehört hat, noch was drin ist, auch wenn er damit umgeht, als gehörte ihm das.« Schwerer Seufzer. »Manchmal, weißt du, wünschte ich wirklich, ich hätte nicht zugelassen, daß seine Mutter ihn dermaßen unter ihrer Fuchtel hielt …«

»Und weit über ein anständiges Alter hinaus«, respondierte Cedric pflichtschuldig. »Ja, *Großer Vater.* Das hast du mir oft genug gesagt, und ich mußte dir leider stets beipflichten.«

»Schön. Aber wie steht es dann mit dir?« Die Augenbrauen sträubten sich aggressiv vor. »Ich entdecke an dir keinerlei erhöhte Anzeichen der Bereitschaft zum Nestflüchter!«

»Ach, es schwängert da einige Hoffnung. Irgendwann mal demnächst schmeiß ich vielleicht ein paar Klamotten in einen Reisesack und trampe um den Globus.« Cedric sprach ganz obenhin; es fiel sogar seinem Großvater schwer zu erkennen, ob es ihm ernst war mit dem, was er sagte.

»Verdammter junger Drückeberger!« knurrte Marmaduke, aber er zwinkerte dabei mit einem Auge. »Und angenommen, während du fort bist, schlägt hier der Blitz ein, und er und ich und deine Mutter fahren allesamt selbdritt dahin?«

»Dann würde ich sofort zurückgeschossen kommen und das Zeug hier zu einem Wallfahrtsort umbauen. Hast du den Ausdruck schon mal gehört? Victor Draycock, weißt du, der Geschichtslehrer in Powte, verwendet den Begriff ›Wallfahrer‹ oder ›Pilger‹ für die jungen Leute, die im Sommer hierher zu uns kommen ...«

»Hör mir auf mit denen!« schnauzte der Großvater. »Die sind nichts als ein Haufen fauler drogensüchtiger Vagabunden! Die meisten von denen haben in ihrem ganzen Leben noch nie irgendwas Anständiges gearbeitet!«

Cedric unterdrückte einen Seufzer. Beschwichtigend sagte er: »Aber du darfst nicht vergessen, daß sie heute kaum Alternativen haben, wenn man bedenkt, daß die Arbeitslosigkeit einen bisher nie dagewesenen Höhepunkt erreicht hat ...«

»Es gibt immer und überall eine Arbeit, die getan werden muß!«

Und unter der Herrschaft unsrer heutigen Herren und Gebieter mehr als unter irgendeiner Oberherrschaft, die uns je beschert war…

Aber das schluckte Cedric hinunter. Während er noch nach einer höflicheren Umschreibung suchte, rettete ihn — zwar nicht die Glocke, aber — ein lautes Schreien. Seine Mutter, Helen, schrillte draußen im Foyer: »Basil! *Basil!* Du hast heut Sitzung in Chapminster — hast du das vergessen?«

»Komm schon!« war die laute Antwort, und dann knallten Türen. Inzwischen hatte Cedric sich zurechtgelegt, was er am liebsten sagen wollte und was seinem Großvater — wie er vermutete — am leichtesten eingängig sein würde.

Kühn sagte er also: »Wäre es dir denn wirklich lieber, wenn ich scheinheilig den Schein wahren würde wie Vater? Auf der Richterbank säße und so täte, als wäre alles bestens in Ordnung, während er — in einer gerechteren Welt — selber auf der Anklagebank sitzen müßte? Er ist doch fast völlig bankrott, oder? Möchtest du wirklich, daß ich genauso ein Lügner und Heuchler werde?«

Marmaduke wirkte, als hätte ihn das betroffen gemacht. Und während er nach einer passenden Antwort suchte, vermied er es, seinem Enkel in die Augen zu blicken.

»Du darfst nicht annehmen, weißt du, daß er sich etwa seiner Verantwortung nicht bewußt wäre«, sagte er schließlich. »Also, zum Beispiel, noch gestern abend hab ich ihn direkt unter meinem Fenster auf der Flußterrasse hin und her laufen und laut über seine Schwierigkeiten klagen hören.«

»Von denen eine«, sagte Cedric leise, »laut seiner Aussage — *du* bist.«

Einen Moment lang fürchtete er, er hätte den Bogen überspannt.

Der alte Männermund preßte sich zu einer dünnen

anklagenden Linie zusammen, und hinter dem Bartvorhang ruckte der Adamsapfel in dem sehnigen Hals auf und ab, ein sicheres Vorzeichen für einen kurz bevorstehenden wilden Zornesausbruch.

Doch in diesem Augenblick kam Helen, schlank und groß und rank, hereingeschritten.

Als Basil ihr — vor einem Vierteljahrhundert — über den Weg lief, war sie Mannequin gewesen, und den Habitus, den man ihr eingetrichtert hatte, den hatte sie niemals abgestreift. Nicht eines ihrer blonden Haare über dem grobknochigen Gesicht wagte sich aus ihrer Frisur hervor; das Make-up war makellos; von sämtlichen Fingerspitzen funkelten rote Krallenovale. Und wie es sich ›fürs Land‹ (aber nicht für die ›Stadt‹) gehörte, trug sie einen Pullover mit V-Ausschitt und einem leuchtenden Seidenschal darin und Jeans — aber selbstverständlich waren es Designer-Jeans, und der Firmenname prangte sichtbar auf ihrem noch immer wohlgeformten Hinterteil.

Wie gewöhnlich fand Cedric, daß sie gräßlich aussah — wie eine von den Lebenden Toten. Aber das hatte er noch nie laut gesagt. Insgeheim allerdings fragte er sich wie schon seit vielen Jahren, bis zu welchem Grad die Verschuldung seines Vaters durch die Kleiderrechnungen seiner Mutter verursacht sein mochte.

»Der verdammte Kaffee ist kalt«, sagte sie, ehe sie ihn trotzdem hinunterschluckte und sich über eine Schüssel voller matschiger Gesundheitspampe hermachte.

Während er ihr beim Essen zusah, war Cedric wieder einmal — und nicht zum ersten Mal — tief von einem persönlichen Problem fasziniert:

Merkt sie denn nicht, was für eine Superniete mein Alter ist? Oder weiß sie es und vermeidet bloß geschickt, daß es ihr sonst einer sagt, der das spitzgekriegt hat? Der Große Vater hat es bestimmt geschnallt. Und wir haben auch nie ein Geheimnis draus gemacht, er und ich, seit ich — wie alt? Sechzehn, glaub ich — gewesen bin.

Doch heute schlich sich zum ersten Mal ganz heimlich eine dritte Möglichkeit durch Cedrics Schutzmechanismen ein, und er bedachte sie mit ziemlich ausgedehntem Entsetzen.

Oder könnte es möglich sein, daß sie das genau weiß — seit Jahren weiß — und daraus was für sich rausschlagen möchte? Aber was? Und wie?

Die Vorstellung war dermaßen bestürzend für ihn, daß er sich unter dem Vorwand entschuldigte, er müsse einen dringenden Brief schreiben und zur Post geben.

Selbstverständlich war dies nicht der wahre Grund, weshalb er ins Dorf hinunterradeln wollte. In Wahrheit wollte er nur an ein Tütchen der frischen ›Gras‹-Ernte Stick Bembers kommen, und darum wollte er einen kleinen Umweg zu dessen witzigerweise Wearystale Flat genannter Behausung machen, um sich mit einer für ein Dutzend Spliffs ausreichenden Menge einzudecken. Da er jedoch dem Prinzip verschworen war, seine Lügen — wenn er denn schon gezwungen war, zu lügen — ein Scheinkorsett von Wahrheit zu verpassen, nahm er auch wirklich einen Brief mit. Aus diesem Grunde stand er, geduldig in der Schlange der zwei Dutzend auf die Auszahlung ihrer Rente wartenden Senioren sich voranschiebend, in der Poststelle, als er die erste Kunde von den seltsamen Dingen vernahm, die sich in Weyharrow ereigneten.

Wenig später geschah etwas ebenfalls recht Seltsames im Gerichtssaal des Magistralgerichts in Chapminster.

Jenny Severance hatte ihren hysterischen Anfall überwunden. Es widerstrebte ihr zwar stark, sich einzugestehen, daß es sich um so etwas gehandelt hatte, aber wie anders sollte man Ausbrüche von Geseufze und Gestöhne bezeichnen, die ihre Ursache einzig in der Erinnerung an etwas hatten, das beim besten Willen nicht möglich gewesen war? Sie war dermaßen nahe daran gewesen, sich damit anderen anzuvertrauen ...!

Immerhin, alle waren bemerkenswert nett zu ihr gewesen, sogar Dennis Dewley, sogar Ian, der irgendwas vor sich hinmurmelte, sie müsse ja überarbeitet sein, höchstgradig, da sie dermaßen wild geschuftet habe, seit sie zum Stab des Blattes gehöre, und der betonte, daß sie dringend ihren Job weitermachen müsse, genau wie der Kapitän eines abgestürzten Flugzeuges, der auch sofort gleich wieder in die Luft müsse, ehe der ›Rost‹ eine Chance bekäme, sich einzufressen.

Fazit: Sie wurde losgeschickt, um die morgendlichen Verhandlungen im Gericht zu verfolgen. Und natürlich würde sie da keinen brauchbaren Text in die nächste Ausgabe bringen können; Redaktionsschluß war mittags, und Ian hatte die zur Verhandlung anstehenden Fälle auf seiner Liste überflogen und ihr gesagt, sie brauche sich wegen einem Text vor zwölf nicht in die Hosen zu machen. Aber einfach so, nur für den Fall, daß da irgendwas aufkreuzte, was vielleicht nächsten Freitag noch nicht tot war ...

Dankbar, entsetzt über sich selbst, voller Furcht, sie könne im Begriff sein, den Verstand zu verlieren, verblüfft, daß ihr diese Gnadenfrist eingeräumt wurde, nahm Jenny auf der Pressebank Platz.

Wie gewöhnlich saß sie da allein. Ab und zu, wenn ein saftiger Fall auf der Prozeßliste stand, kam es schon vor, daß die Lokalpresse in der Minorität war und von den freien Korrespondenten der Überregionalen oder sogar von Besuchern von der Fleet Street höchstpersönlich in die Ecke gedrängt wurden, doch so etwas war in diesem Jahr bisher nur ein paarmal passiert, zum letztenmal im Juni, als ein paar Hippies, die in Weyharrow zelteten, wegen des Besitzes von *Cannabis Indica* verhaftet worden waren.

An diesem Tag hatten die drei Richter keine derart sensationsträchtigen Fälle: eine Prügelei — beiden Parteien wurde die Auflage, den Frieden nicht zu stören, und Lokalverbot für ein Jahr in den Gastwirtschaften erteilt; ein Fall von unterlassenen Unterhaltszahlungen — vertagt, bis zur Vorlage von Berichten der Sozialbetreuer; ein Verkehrsunfall mit Folgeschäden — hier entschied sich der betroffene Fahrer, vor ein Schwurgericht zu gehen ...

Als der Mittag näherrückte, mühte sich Jenny, ihren Gähndrang zu unterdrücken, aber ihr Stift huschte auch weiter eifrig über die Seiten ihres Notizblocks. Nachdem sie heute morgen dermaßen unangenehm aufgefallen war (Warum bloß? Und vor allem, wieso war sie dermaßen leicht davongekommen?), war es dringend nötig, sich das Wohlwollen ihres Chefredakteurs wiederzugewinnen.

Ehe er den Kommentar wiederholen konnte, der nicht für ihre Ohren gedacht gewesen war und den er hinter vorgehaltener Hand Dennis gegenüber geäußert hatte, daß sie nämlich einen Doktor aufsuchen sollte, besser noch, einen Psychiater ...

Was war das eben?

Urplötzlich war sie wieder hellwach. Der letzte Fall war ebenfalls nichts besonders Aufregendes, doch schien er den Zorn eines der Richter erregt zu haben. Einen Augenblick lang war sie von Entsetzen gepackt, weil sie vergessen hatte, wer der Mann war, außer daß es sich um eine der Lokalgrößen handelte. Besessen wühlte sie in ihren Papieren nach dem heutigen Verhandlungsplan, als ihr Gedächtnis ihr zuhilfe kam.

Natürlich! Wie hatte sie Basil Goodsir nicht erkennen können? War der nicht der Kerl, den Victor Draycock andauernd beschuldigte, daß er die Bibliothek in Weyharrow Court ausschlachten wollte?

Die Richter berieten sich mit dem Gerichtsschreiber, was sie gewöhnlich taten, wenn sie sich über die Reichweite ihrer judikativen Befugnisse informieren wollten. Aber wieso sollten sie dies in einem dermaßen trivialen Fall tun müssen? Ein Teenager stand vor Gericht unter der Beschuldigung, seinem Vater ein Schaf gestohlen zu haben. Letzterer lebte inzwischen von der Mutter des Jungen getrennt mit einer anderen Frau auf der Farm, auf der der Junge aufgewachsen war. Die Zeugenaussage des Vaters war ziemlich löcherig und voller Rachsucht und Widersprüche gewesen, während die Verteidigung des Sohnes dahinging — Augenblick ... Jenny blätterte in ihren Notizen, denn sie hatte die Verhandlung zuletzt mehr oder weniger unbewußt automatisch mitgeschrieben.

Da! In säuberlichem Steno sprang es ihr entgegen. Die Einlassung lautete, daß das Schaf, das er angeblich gestohlen haben sollte, ihm geschenkt worden sei, ein mutterloses Lamm, das er aufgezogen, dem er einen Namen gegeben hatte, das ihn kannte und zu ihm gelaufen kam, wenn er es rief. An jedem anderen Tag als dem Donnerstag hätte das *Chronicle* die Story wohl wegen der menschlichen Note gebracht ...

Jenny drehte sich um und fing den Blick eines Polizeikonstablers auf, der vorher ausgesagt hatte. Sie zuckten beide die Achseln und lächelten einander zu, weil beide sich nicht erklären konnten, wieso die Richter solch ein Getue veranstalteten, mit einem Fall, der überhaupt erst gar nicht zur Verhandlung hätte kommen dürfen.

Und dann geschah es: Basil Goodsir explodierte völlig unerwartet.

Er sprang auf und dröhnte: »Er hat ein Schaf gestohlen! Das ist ein schwerer Verstoß gegen die geheiligten Besitzrechte! Ich sage, er muß dafür hängen, sofort, und in der Öffentlichkeit!«

Die Besitzer und der Gerichtsschreiber mühten sich vergeblich, ihn zu beruhigen.

»Ich werde nicht schweigen!« tobte er weiter. »Wo, in Gottes Namen, bleibt der Henker? *Bringt diesen verruchten Kerl hinweg von hier und hängt ihn auf an seinem Halse, bis er tot ist!* Und dann soll sein Leichnam am Galgen verfaulen! Diebstahl gegenüber dem eigenen Sohn — ich meine, dem eigenen Vater —, das ist das abscheulichste Verbrechen, das man sich vorstellen kann! Es ist fluchwürdiger als Mord, schlimmer als Gotteslästerung!«

Mittlerweile hatte sich bestürztes Schweigen im Gerichtssaal ausgebreitet, wenn man von ein paar Beamten absah, die sich leise an der Tür unterhalten hatten, durch die man die Angeschuldigten hereinführte. Doch auch ihre Stimmen verstummten nach und nach, und sämtliche Blicke wandten sich Basil zu.

Dem schien allmählich zu dämmern, was er da gesagt hatte.

»Aber Schafdiebstahl …«, rang er sich unter diesen massierten anklagenden Blicken ab. »Ich will sagen, es ist nun einmal ein Verbrechen, das mit Hängen bestraft wird, oder? Also, ich weiß das doch, daß es so ist!«

Tödliche Stille.

»Also, es ist doch immer so gewesen …«

»Vertagung!« brüllte der rangälteste Magistrat. »Das Gericht vertagt sich! Man räume den Saal!«

Jenny gehorchte dem Befehl nicht. Sie saß vielmehr bleich da, den Stift schreibbereit über dem nächsten Blatt des Notizblocks, und war überzeugt, daß das, was sie soeben gehört hatte, ebenso eine Ausgeburt ihres Hirns sein müsse wie ihre Erinnerung an die Rede Hal Awnhams am vergangenen Abend.

Der Gerichtsdiener, der sich mit ihr angefreundet hatte, seit sie für den *Chronicle* arbeitete, trat neben sie und sagte frotzelnd: »Zu schade, daß das zu spät für die nächste Wochenendausgabe ist, was? Ich meine, was gäb das für 'ne tolle Story für Sie! *Bezirks-Friedensrichter verliert im Gerichtssaal den Verstand! Fordert Todesstrafe für Schafdiebstahl!*«

»Auch wenn Sie das gehört haben«, flüsterte Jenny, »und obwohl das alle anderen auch gehört haben, ich hätte nicht die geringste Chance, meinen Chef davon zu überzeugen. Nicht nach dem, was ich ihm heute früh fast untergejubelt hab …«

Sie sprang auf und zog los, um ihre Kümmernisse in einer Mittagshalben zu ersäufen.

Doch als sie wieder in der Redaktion gelandet war, kam Ian Tenterwell ihr mit gewitterdrohender Miene entgegen.

»Waren Sie im Gericht, als Mr. Goodsir durchdrehte?«

»Sicher!« Und sie hob einen Arm, wie um sich gegen einen Schlag zu schützen.

»Und Sie haben mich nicht sofort angerufen?«

»Ich hab gedacht, Sie würden es mir nicht glauben!« sagte Jenny weinerlich.

»Himmel noch mal!« Er schien sie nicht gehört zu haben. »Da haben wir einen Berichterstatter an Ort und Stelle, und trotzdem müssen wir uns die Story von jemandem liefern lassen, der hier auf gut Glück anruft! Jesus! Und wir hätten noch Zeit gehabt, die Titelseite neuzumachen! Bei so vielen Zeugen ...!«

Ian holte tief Luft und ballte die Fäuste.

»Also, Jenny, jetzt hören Sie mal genau zu und kapieren Sie das — ein für allemale! Wenn ich Sie losschicke, einen Bericht zu liefern, dann erwarte ich, daß ich den Bericht auch *kriege,* klar? Ab sofort sind Sie wieder auf Probe! Und wenn Sie sich noch den *kleinsten verdammten blöden Pfusch* leisten wie die beiden, die Sie bisher heute fertiggekriegt haben, dann fliegen Sie und sitzen da auf Ihrem Hintern, haben Sie mich verstanden? Und es ist mir egal, wie hübsch der ist! Wenn Sie weniger mit dem vor der Nase von allen Leuten rumwackeln würden und etwas mehr Konzentration für Ihren Job aufbrächten, brauchte ich sowas nicht zu sagen! Und jetzt scheren Sie sich wieder an Ihre Arbeit!«

»Ich bin vollends informiert darüber«, sagte Helen gelassen. Als sie den Wagen ihres Mannes den Kiesweg heraufkommen hörte, war sie in das Foyer des Court gestürzt, um ihn dort abzufangen.

Bleich und bebend stellte sich Basil. »Woher?« sagte er.

»Marge Grewsam hat mich angerufen.« Sie war die Juniorin unter seinen Amtskollegen. »Inzwischen weiß es das ganze County.«

»Ich schwöre dir, ich hab keine Ahnung, was über mich gekommen ist«, jammerte er.

»Dann ist es höchste Zeit, daß man es dir sagt.« Steif wie eine Statue blockierte sie ihm den Weg. »Ich habe sofort Ralph Haggledon angerufen.«

»Warum, verdammt, sollte ich einen Anwalt brauchen?«

»Du glaubst vielleicht, du brauchst keinen. *Ich* nicht! Ich glaube, du brauchst einen Psychiater! Ich habe Ralph bereits gebeten, er soll einen mitbringen, wenn es geht.«

»Helen!« Basil trat einen Schritt näher auf sie zu. Abwehrend, warnend scheuchte sie ihn mit einer Hand zurück, die Handkante nach vorn, als bereite sie einen Karateschlag vor.

»Du brauchst ärztliche Behandlung. Psychiatrische Behandlung. Seit Jahren weiß ich, daß es mal soweit kommen würde. Und dein Vater auch, der bei dir jegliche Hoffnung aufgegeben hat! Auch unser denkfauler Sohn denkt leider so! *Er* weiß, daß du nicht mehr alle beisammen hast! Mußt du ja auch! Als Erbe einer der größten Domänen im westlichen England — und du hast jeden Penny, den man dir auf das Erbe hin geborgt hat, verschwendet — und steckst *immer noch* bis über die Ohren in Schulden — vom Trinken, vom Spielen, wegen der komplett idiotischen *Unternehmen*, bei denen man dir das Hemd ausgezogen hat ... Und jetzt hast du auch noch den Nerv, in einer öffentlichen Gerichtsverhandlung zu behaupten, daß Viehdiebe an den Galgen gehören ...! — Nein, du hast deine Chance gehabt, mein *lieber* Basil. Wir werden dich für geistig unzurechnungsfähig erklären lassen, für nicht fähig, deine geschäftlichen Angelegeneiten selbst zu wahren — und die meinen!«

»Das ist ein Komplott!« schrie Basil. »Und du und Cedric und mein vertrottelter Vater, ihr habt das ausgebrütet! Seit Jahren versucht ihr schon, mich in eine Anstalt sperren zu lassen!«

Und wieder hörte man von draußen das Knirschen von Autoreifen auf dem Kies.

»So, das ist jetzt wohl Ralph, und wahrscheinlich auch sein Psychiater«, sagte Helen, mit allersüßestem Totenschädellächeln. »Falls du Hoffnungen hegen solltest, sie davon zu überzeugen, daß du *nicht* den Verstand verloren hast, dann laß dir mal rasch ein paar Entschuldigungen einfallen. Marge hat mir gesagt, daß eine Reporterin vom *Chronicle* im Saal war. Die Zeitung erscheint am Freitag, oder? Und das ist morgen. Deine Zeit, Darling-Basil, wird allmählich knapp!«

Sie ging, um die Haustür zu öffnen, und er stand da und brabbelte immer wieder und wieder vor sich hin: »Aber es *ist* ein Kapitalverbrechen, wenn einer ein Schaf stiehlt. Ich bin da ganz sicher. Bin wirklich ganz sicher ... ganz sicher ... Schließlich bin ich ja Friedensrichter, oder?«

Zum ersten Mal seit der Zeit, da er sich im Internat vor brutalen Mitschülern hatte verstecken müssen, hatte Cedric wirklich Furcht. Er kniete neben dem Rohrstuhl Großvater Marmadukes im Gewächshaus und flüsterte: »Ist mein Vater wirklich verrückt geworden?«

Der alte Mann antwortete mit einer Stimme wie rostige Scharniere: »Wenn er es noch nicht war, als er deine Mutter heiratete, dann war sie irre genug, ihn dazu zu treiben.«

»Bedeutet das, sie kann ihn einsperren lassen und ...?«

»... sich sein Geld, soweit noch was vorhanden, unter die Krallen reißen? Ja, ich glaub, genau das hat sie vor.

Abgesehen davon erhebt sich da natürlich noch die Frage, was ich mal hinterlasse, wenn ich sterbe.« Marmaduke gluckste trocken. »Aber ich hab sie nie ausstehen können, weißt du. Ich hab sie überhaupt bloß ertragen, weil sie dich geboren hat. Aber meinen Nachlaß in ihre Klauen lassen? — *Niemals!*«

Cedric wippte nach hinten auf die Fersen. »Du meinst ...?«

»Genau! Das Ganze ist als Erbteil für dich festgelegt. Nach dem Testament, das sie und Basil gesehen haben, erst ab dem nächsten Jahr, wenn du einundzwanzig bist. Das heißt, wenn ich vorher sterbe, natürlich. Aber um ganz sicher zu gehen, hab ich ein Kodizill angefügt, als man die Volljährigkeit auf achtzehn geändert hat, und davon weiß sie nichts. Auch nicht ihr feiner Mr. Haggledon, weil ich das über einen Anwalt in London gemacht habe. Verstehst du, worauf die aus ist, das ist, den Kram in die Finger zu kriegen, ehe du volljährig bist, und die Zeit — glaubt sie — wird knapp. Und der Fehltritt deines Vaters jetzt, der ist für sie ein Geschenk des Himmels. Den Verkauf des Mühlengrundstücks in Trimborne kann sie nicht rückgängig machen — das hab ich im übrigen nur ihr zum Trotz gemacht —, aber ... — Wo war ich stehengeblieben?«

»Also hatte Paps recht, wenn er gesagt hat, daß das ein Fehler war und daß sie mehr hätte abwerfen können, wenn du sie bloß verpachtet hättest?«

»Klar, hätte sie mehr einbringen können.« Marmadukes Beine waren in eine Decke gewickelt; er hob einen Zipfel auf und wischte sich damit die trüben Augen. »Aber man konnte deinem Vater kein konstantes Einkommen anvertrauen. Er hätte unweigerlich Kredite darauf aufgenommen und hätte sich in noch tiefere Scheiße geritten als vorher. Und weil sie schon bis zum Hals in Schulden steckten, haben er und Helen sich für dringende Ausgaben immer auf mich verlassen und als Entschuldigung die Kosten für dein Internat genannt, die sie bezahlen müßten, also ...« Ein arthritisches Achselzucken.

»Aber du!« Er sprach mit plötzlicher Energie weiter. »Du bist mehr nach meinem Schlag, oder wie Abel, oder sogar wie der Reverend Matthew, der sich dermaßen hat düpieren lassen, als er glaubte, die zufällige Namensgleichheit zwischen uns und dem Spottnamen seiner neuen Pfarrei wäre ein Zeichen vom Himmel. Sieht so aus, als wenn das Glück in unserer Familie zyklisch verläuft ... Wo war ich grad?«

»Du hast gesagt, ich bin mehr so nach Abel und Matthew.«

»Ah ja.« Marmaduke arrangierte seine steifen alten Glieder etwas präsentabler, wobei er die Hilfe seines Enkels zurückwies. »Was ich meinte ... Ach, mein ausgeleiertes Gehirn! Was hab ich denn gemeint? Ich glaub, du weißt es wahrscheinlich sowieso.«

»Wenn Mamm es fertigkriegt, Paps einsperren zu lassen, hat sie trotzdem nichts davon, finanziell, außer ich erlaub es ihr.«

»So ist es. Genau.«

Die bestürzenden Konsequenzen dieser paar kurzen Wörter brauchten einige Zeit, ehe sie in seinem Hirn Anker faßten. Mit schwankender Stimme fragte er: »Willst du damit sagen, daß ich, wenn ich Lust dazu hab, das alles hier in ein ›Asyl für Hippies‹ umwandeln könnte, wie *sie* das nennen würde?«

Visionen von zahllosen aufreizend-reifen Mädchen, die willig ihre nackten Brüste der Sommersonne darboten und zweifellos höchst bereitwillig mit jedem fremden Mann ins Bett stiegen, blitzten auf und verschwanden wieder. Denn Marmaduke sagte barsch: »Das hängt davon ab, daß ich tot bin! Und ob du, wenn ich mal tot bin, sowas machen willst!«

Sekundenlang war Cedric überzeugt, daß er genau dazu bereit sei. Dann machte er sich Selbstvorwürfe deswegen — und auf einmal empfand er die ganze Sache als dermaßen komisch, daß er schallend zu lachen begann.

»Aha, ich hab also recht«, murmelte sein Großvater.

»Was? Tut mir leid! Das ist plötzlich so über mich gekommen!« Cedric stemmte sich hoch und stand.

»Willst du was wissen?«

»Was?«

»Das letztemal, daß ich Basil lachen gehört habe, ist dermaßen lange her, daß ich mich nicht mehr dran erinnern kann. Und ich hab nie gehört, daß er und Helen mal zusammen über was gelacht hätten. Und das ist der Grund, warum mir klar geworden ist, daß die zwei nicht geeignet sind. Man kann ihnen das Erbe nicht anvertrauen ...«

»... aber du!« Er durchbohrte Cedric mit einem scharfen Speerblick. »Bei dir kann ich mich nicht erinnern, wann ich dich mal *nicht* lachen gehört hab! Schon, als du noch in der Wiege lagst! Es hat in letzter Zeit in meinem Leben nicht allzuviel Lustiges gegeben. Aber was da war, ich glaube, das verdanke ich dir.«

Und bei all dem Gerede über das Lachen hatte sich plötzlich so etwas wie eine feierliche Stimmung verbreitet.

»Und jetzt zieh los und streu Sand in Helens Pläne!« sagte der alte Herr. »Überfall sie einfach und mach ihnen eine Szene! Und — genieß es!«

»Weißt du was?« sagte Cedric langsam. »Genau das habe ich vorgehabt.«

5. Kapitel

Es klopfte noch einmal an der mit Eisennägeln beschlagenen Eichentür des Pfarrhauses — eines herrschaftlichen Hauses, das viel zu groß und viel zu düster war für moderne Zeiten, und ganz besonders für einen Witwer wie Ehrwürden Patrick Phibson.

Er saß an seinem Schreibtisch, wo er sich mit dem Entwurf einer Predigt gequält hatte, und vergrub das Gesicht in den Händen. Würde dieser gräßliche Tag denn nie ein Ende finden? Es war bereits nach fünf, und er mußte um sechs den Abendgottesdienst halten.

Seiner Gemeinde nach dem *Débâcle* an diesem Morgen erneut gegenübertreten zu müssen ...! Die Aussicht war unerträglich, selbst wenn die Erinnerung an das, was er gesagt und getan hatte, inzwischen zur Undeutlichkeit eines Traumes verblaßt war. Dabei war alles doch nur allzu wirklich gewesen!

Außerdem waren den ganzen Tag über die Leute über ihn hergefallen wie eine Heuschreckenplage, um ihm schreckliche Geschichten zu erzählen ...

»Es ist der Aushilfsdoktor«, sagte Mrs. Judger von der Tür her. Sie war die Haushälterin und hatte sich, wie gewöhnlich, unter den wenigen morgendlichen Kirchenbesuchern befunden.

Mit anderen Worten: *Sie wußte Bescheid.*

Mr. Phibson zwang sich, gelassen zu erscheinen, und sagte: »Führen Sie ihn bitte herein.«

Während der kurzen Unterbrechung zwischen ihrem Abgang und dem Auftritt des Arztes richtete er erneut ein stummes Stoßgebet zum Himmel, es möge ihm Stärke zufließen.

»Dr. Gloze! So kommen Sie doch herein, setzen Sie

sich! Darf ich Ihnen vielleicht ein Gläschen Sherry anbieten?«

Der Arzt setzte sich auf den angebotenen Stuhl und schüttelte den Kopf.

»Offengestanden«, sagte er mit schwacher Stimme, »ich hab etwas Angst, irgendwas zu mir zu nehmen, was mir den Kopf noch mehr durcheinanderbringt, als es bereits der Fall ist ... Vergeben Sie mir. Es steht mir überhaupt nicht zu, mich Ihnen so aufzudrängen, besonders da ich keine festen religiösen Überzeugungen habe. Aber es ist einfach so, daß ich mit *jemand* sprechen muß!«

Er zog ein Taschentuch hervor und trocknete sich die Stirn ab. Ein Mann Ende zwanzig, braune Haare, glattrasiert, eine Menge Sommersprossen. Er schien in einem scheußlichen Zustand zu sein. Mr. Phibson verspürte einen leisen Hauch von Mitgefühl. Er selbst war auch nicht älter gewesen, als er in den geistlichen Stand getreten war.

»Ich verordne Ihnen trotzdem einen Schluck!« sagte er voll Herzlichkeit und trat an ein Ecktischchen, auf dem Mrs. Judger, dank einer von seinem Vorgänger ererbten strengen Routine, täglich die geschliffene Kristallkaraffe auffüllte und vier saubere Sherrygläser daneben plazierte. Drei davon waren an diesem Tag noch unbenutzt.

Während er eingoß, fügte er über die Schulter hinzu: »Für den Fall, daß es Ihnen als paradox erscheint, wenn ein Pfarrer dem Arzt eine Medizin verordnet, lassen Sie mich Ihnen sogleich eingestehen, daß ich meinerseits ernsthaft erwogen habe, Sie zu einer Konsultation aufzusuchen.«

Steven versteifte sich, nahm aber das Glas entgegen und umklammerte es so fest, daß es fast zu zerbrechen drohte. Er sagte: »Aber nachdem ich mich heute morgen dermaßen lächerlich aufgeführt habe ...«

Eine Handbewegung schnitt ihm das Wort ab, und

Mr. Phibson sank mit tiefernster Miene in den Sessel ihm gegenüber.

»Genau wie ich«, sagte er. »Und darum denke ich, es könnte nützlich sein, wenn wir unsere jeweiligen Erfahrungen miteinander verglichen. Denn sehen Sie, junger Mann ... oh, tut mir leid, ich wollte keineswegs überheblich klingen. Wir sind uns gestern abend zum ersten Mal begegnet, nicht wahr?«

Steven nickte stumm.

»Lassen Sie mich Ihnen sagen, wie beeindruckt ich war von Ihrem sachlichen unzimperlichen Verhalten. Offensichtlich hatten Sie mit einem Blick erkannt, daß Mrs. Lapsey eine wehleidige, egozentrische, hypochondrische Närrin ist. Und ich muß kein Mediziner sein, um zu erkennen, daß ihr Herz so kräftig ist wie das von einem Ackergaul. Und daß es in diesem ausgedorrten Leib noch jahrelang weiterhämmern kann. Gerechter Himmel, sie hat drei Ehemänner unter die Erde gebracht!«

Steven trank vorsichtig ein Schlückchen von dem Sherry. Er sagte: »Das habe ich nicht gewußt.«

»Wie sollten Sie auch? Sie sind doch erst seit ein paar Tagen in Weyharrow. Also, die Sache ist so ...«

Mr. Phibson leerte sein Glas auf einen Zug und schickte sich an, es auf ein Tischchen an seiner Seite zu stellen.

Dies war jedoch eine krummbeinige viktorianische Reliquie mit Schutzglas über der Tischplatte, und als das Sherryglas diese berührte, gab es ein Klirren und ein Quietschen und einen abschließenden Knall. Als er das Glas endlich sicher abgestellt hatte, waren Mr. Phibsons Finger — und sein Gesicht — blutentleert.

Nun war Steven mit dem Trostspenden an der Reihe. Er beugte sich in seinem Sessel nach vorn und sagte: »Mein letzter Patient heute hat da was gesagt über ...«

»Darüber, daß ich den Verstand verloren habe?« sekundierte Mr. Phibson bitter. »Ja, es hat den Anschein, daß ich heute beim Frühgottesdienst — als ich einfach eine Liturgie wiederholte, die ich praktisch tagtäglich — außer bei Verschiebungen im Kirchenkalender — seit meiner Ordination vollzogen hatte ... einen fürchterlichen Narren aus mir gemacht habe! Und doch ...« Er verschränkte krampfhaft die Hände. »Und doch *wußte* ich, während ich das tat, daß es seine Richtigkeit hatte! Es war mir, wie wenn ich in einem Traum lebte. Alles war verändert. *Alles!*«

Prüfend blickte er seinen Besucher an.

»Ich hab da von Mr. Ratch etwas über Sie gehört. Verzeihen Sie meine Aufdringlichkeit, aber — handelt es sich um was ähnliches?«

Steven nickte bedrückt.

»Genau, sogar bis zu dem Punkt, daß es mir so vorkam, als hätte ich das Ganze nur geträumt. Ich konnte einfach nicht glauben, was ich da getan hatte, bis ich mir den Eintrag ansah, den ich in Mr. Cashcarts Karteikarte gemacht hatte. Und dann brach das ganze Entsetzen über mich herein! Verstehen Sie, ich hatte mir vorgenommen, meine Sache hier besonders gut zu machen, hier drunten! Seit meinem Examen schlage ich mich mit Praxenvertretungen durch. Ich will nicht wieder an die Art Krankenhaus zurück, wie ich es erlebt habe während meiner Ausbildung, und warten, bis ich mich spezialisieren kann. Ich will lieber ein ganz gewöhnlicher Allgemeinpraktiker sein. Und so eine Landpraxis wie diese hier, die hat mir dabei eigentlich vorgeschwebt. Das hier war irgendwie eine Chance, eine bessere, als ich sie bisher je bekommen habe. Und jetzt, jetzt hab ich Scheiße gebaut — oh, verzeihen Sie den Ausdruck!«

Mr. Phibson erhob sich und goß ihnen beiden noch einmal Sherry nach. Während er sich wieder in seinen Sessel fallen ließ, sagte er: »Ich bin in einer ziemlich ähnlichen Situation. Es gab da heute morgen beim Frühgottesdienst eine mißgünstige Seele, die es sich zur

Aufgabe machte, meinen Erzdiakon anzurufen, der dann seinerseits mit mir telefonierte. Und wenn es mir nicht gelingt, Entlastungsmomente zu finden, könnte ich mich sehr leicht vor einem geistlichen Gericht als Angeklagter wiederfinden. Was für ein Ende für mein Priesterleben, so unbedeutend es auch gewesen sein mag!«

Steven, das Glas behutsam schwenkend, blinzelte erstaunt.

»Machen die denn sowas noch immer? Ich meine, so Ketzerprozesse und all das?«

»Ich versichere Ihnen, sie tun es. Diese Kirche hier trägt nicht umsonst das Etikett des Establishments, der ›Landeskirche‹. Aber andererseits — ach so, ja, Sie sagten ja, Sie seien nicht religiös.«

Steven zögerte. Schließlich brabbelte er, und es klang recht verlegen: »Ich hab den Glauben verloren, als ich zum ersten Mal ein schwerverletztes Baby behandeln mußte. Die Kleine war in einem Unfallauto, das zu brennen begann. Sie schrie, bis sie keine Kraft zum Schreien mehr hatte, und dann starb sie.«

»Wenn ich Sie das so sagen höre«, erklärte Mr. Phibson, »drängt sich meinem Geist nicht so sehr das Bild von Abtrünnigkeit und Ketzerei auf, von dem ich noch heute früh überzeugt gewesen bin, daß meine Pfarrgemeinde es mit mir teilte, sondern vielmehr jene Schlußfolgerung, zu welcher ich mich hier und jetzt heute abend gedrängt fühle — nämlich, daß die Mächte des Bösen nur allzu konkret um uns sind.« Es gelang ihm, das ›Böse‹ oder den ›Bösen‹, und ›Mächte‹ so auszusprechen, als wären sie in Großbuchstaben gedruckt. »Ich beabsichtige, diesem Thema in meiner heutigen Abendpredigt nachzugehen, und dann am Sonntag noch einmal, wo ich mit — ah — etwas mehr Zuhörern rechnen kann ... Aber, Sie sind ja nicht hierher gekommen, um sich *meine* Wehklagen anzuhören. Es ist mir ersichtlich, daß Sie in tiefer Sorge stecken. Auch wenn ich ein schwaches und unwürdiges Gefäß bin — kann ich Ihnen helfen?«

Steven starrte auf den Teppich, während er fragte: »Hat Mr. Ratch genau gesagt, was ich gemacht habe?«

»Er ... er äußerte etwas davon, daß Sie jemandem aufgetragen hätten — Moment, wie war das? — ja, er solle seine Hand in ein frischgeschlachtetes Huhn stopfen.«

»Vollkommen korrekt.« Steven leerte sein Glas mit einer Geste, als wolle er einem Widersacher eine Beleidigung zufügen. »Später ist mir dann allerdings eingefallen, woher ich das hatte! Es ist echt!«

Mr. Phibson starrte ihn an. »Was meinen Sie denn damit?«

»Natürlich *ist* es keine echte Medikation gegen Arthritis. Heute. Aber es *war* mal eine! Man hat das Robert Schumann verordnet! Ich hörte gestern eine Sendung des Konzerts in R-Drei, und da wurde dies als Tatsache erwähnt. Und deshalb kam mir das wohl in den Sinn, als Mr. Cashcart zu mir in die Praxis kam! Aber — wie, um Himmels willen, konnte ich mich dermaßen — verrennen? Das ist es, was ich nicht begreifen kann!«

Es trat eine Pause ein, von nichts in ihrer Stille gestört als durch das Ticken einer viktorianischen Kaminuhr in einem geschnitzten Ebenholzgehäuse.

»Ich verstehe nicht viel von Musik«, sagte Mr. Phibson schließlich. »Eines von Ihren Hobbies, ja?«

»Ja, vielleicht könnte man es so nennen.«

»Oh, aber dann sollte man Sie vielleicht bei unserer Choralgruppe einführen, falls die Sie nicht bereits gekapert haben ... Verzeihen Sie, ich bin abgeschweift. Aber, wissen Sie was? Alles, was Sie mir bisher sagten, bestätigt mich in der Überzeugung, zu der ich widerstrebend gelangt bin.«

»Und die wäre ...?«

»Lassen Sie mich zunächst noch ein paar faktische Einzelheiten vorlegen, ehe ich mich im einzelnen erkläre. Hat man Sie heute morgen geholt, um sich um Mrs. Flaken zu kümmen?«

»Ich bin heute morgen zu keinem einzigen Patienten gerufen worden«, lautete Stevens bitter klingende Antwort. »Die Nachricht von meinem lächerlichen Fehler hat sich dermaßen schnell verbreitet — dank Mr. Ratch und Mrs. Weaper — in gemeinsamem Bemühen wahrscheinlich ... Nein, Moment, das stimmt nicht ganz.« Plötzlich schien er hellwach zu sein. »Ich mußte ein paar Bauern aus der Gegend das Blut abwischen, die sich geprügelt hatten. Den einen habe ich ins Krankenhaus geschickt, weil er einen Nasenbeinbruch hatte.«

»Das waren dann ja wohl Ken Pecklow und Harry Vikes«, sagte der Pfarrer. »Ich habe von ihrer — Meinungsverschiedenheit gehört. Aber man hat Sie nicht über Mary Flaken unterrichtet?«

»Ich habe noch nicht einmal den Namen gehört.«

»Kaum verwunderlich ... Aber angenommen, ich sagte ... Oh, ich erfuhr davon nicht in einer Beichte, und außerdem muß sie wohl Dutzenden Leuten inzwischen das gleiche erzählt haben ... Angenommen, ich sagte Ihnen, daß sie heute mittag tränenüberströmt zu mir kam und mir gestand, daß sie fürchterlich von Eifersucht geplagt werde, weil ihre älteste Schulfreundin den Mann geheiratet habe, den sie selber ins Herz geschlossen hat, und der nun in ihrer Nachbarschaft lebt mit ihr ...«

Er richtete sich im Tempo seiner Eröffnungen nach der Reaktion, die er in Stevens Gesicht las.

»... und wachte heute morgen auf, überzeugt davon, sie sei mit diesem Mann verheiratet und daß seine Frau ein Weib sei, das ihre Ehe zerstören wolle ...«

Steven saß mit offenem Mund da.

»Sie kam zu mir, weil sie einer unbeteiligten, einer Autoritätsperson gegenüber das Geständnis ablegen mußte, daß sie Hannah Blocket und deren Gatten, Bill, tätlich angegriffen hätte — sie mit rohen Eiern beworfen, um es genau zu sagen —, und erst als ihr wirklicher Ehemann, Philip, ihr den Trauschein zeigte, konnte sie sich bereitfinden zu glauben, daß sie sich geirrt haben mußte.«

In seiner Stimme schwang ein erschreckend ernster Ton.

»Nach den Dingen, die mir widerfahren sind, und ihr, und Ihnen — und, wie man mich informierte, gewissen weiteren hier in Weyharrow oder in der Nähe lebenden Personen — etwa unserem Friedensrichter, Mr. Basil Goodsir, der sich angeblich heute bei Gericht in Chapminster zum Gespött gemacht hat ... sehe ich mich zu einer unausweichlichen Schlußfolgerung gezwungen. Ich nehme nicht an, daß Sie mir zustimmen werden, doch mich zwingt meine Berufung zu größerer geistiger Unvoreingenommenheit, als dies bei den meisten Menschen in diesem verderbten und profanen Zeitalter der Fall ist.«

Steven saß starr, als wäre er eine Statue. Schließlich krächzte er: »Sprechen Sie weiter!«

»Sind Ihnen Mr. Draycocks Theorien bezüglich des hiesigen Ortsnamens vertraut?«

Steven fuhr sich mit der Zungenspitze über die Lippen. »Ich ... ah ... glaube, nein.«

»Nun ja, es gibt ja auch keinen Grund, warum es der Fall sein sollte. Es mag genügen zu sagen, daß er die Saat der Zwietracht in unseren Historischen Verein, die Weyharrow Society, gesät hat — mit seinen Behauptungen, das Wort ›Wey‹ bedeute ›heidnisches Götzenbild‹, ›Harrow‹ sei ›Stätte eines Heidentempels‹ und ›Goodsir‹ gar ein Spottname für den Teufel!«

»Ich weiß nicht besonders viel über die Geschichte von Ortsnamen«, murmelte Steven.

Mr. Phibson stand auf und stellte sein Sherryglas neben die Karaffe auf das Tablett.

»Mir will scheinen, daß er recht hat, wenigstens in einem bestimmten Sinn. Ach, und ganz nebenbei, ich argwöhne, daß ich Sie unabsichtlich getäuscht habe, als ich vorhin sagte, daß ich Sie konsultieren wollte. Was ich meine, ist: Ich dachte, ich sollte es pflichtgemäß tun, da Dr. Tripkin ja im Ausland weilt. Sie verstehen doch, hier befand sich unbezweifelbar eine alte heidnische Kultstätte, ein bevorzugter Platz jenes Wesens, das wir als ›Der Böse‹ bezeichnen. Und — aus Gründen, die wir nicht einmal zu ahnen hoffen dürfen — hat unser aller Vater nun beschlossen, diesen Bösen wieder in Freiheit zu setzen! Vielleicht als Strafe für unsere laxen Sitten, für unsere Toleranz gegenüber den verruchten Gottlosen, die allsommerlich das Dorf heimsuchen ... Halt! Ja, das ist es! Das muß es sein!«

Steven erhob sich langsam. Zögernd fragte er: »Sie meinen ...?«

»Ich meine, uns bestürmen die Heerscharen des Bösen — *und unsere Schutzwehr weist bereits Breschen auf!*«

Wieder trat eine Pause ein, und Steven schossen unzählige halbformulierte Antworten durch den Sinn. Doch es blieb ihm keine Zeit, sie auszusprechen. Nach nur ein paar Sekunden blickte Mr. Phibson zur Uhr.

»Doch nun müssen Sie mich entschuldigen. Die Pflicht ruft.«

Steven sagte im Stehen: »Ich hatte nicht beabsichtigt, Ihre Zeit dermaßen lange zu beanspruchen. Ich fürchte, ich war gedankenlos. Donnerstags ist abends keine Sprechstunde, verstehen Sie, nur montags, mittwochs und freitags ...« Er merkte, daß er dummes Zeug redete, und brach ab.

»Kein Anlaß, sich zu entschuldigen«, sagte der Pfarrherr und geleitete ihn zur Tür. »Für mich war diese Unterredung sehr hilfreich. Wie lauten doch die denkwürdigen Worte, die Marlowe seinem Mephistopheles in den Mund legt? Ah, ja: *Trost für jeden im Leid ist, Unglücksgefährten zu haben!* Und unsre Not ist furchtbar!«

Steven riskierte es: »Glauben Sie nicht, Sie sollten

vielleicht, ehe Sie Ihre Theorie ... ah ... in der Öffentlichkeit erörtern, zunächst noch jemand anderen konsultieren? Sie erwähnten da Ihren Erzdiakon. Wäre er nicht ...?«

»Unnötig! Die Beweise sind unanfechtbar! Die Zeichen umgeben uns auf allen Seiten!«

Urplötzlich kam Steven der Gedanke, daß Mr. Phibson sich gewiß bereits vor seinem Eintreffen im Pfarrhaus Tröstung aus der Karaffe geholt hatte. Er sagte: »Aber ...«

»Keine Widerrede!« — mit hocherhobenen Händen und glitzernden Augen. »Der Böse treibt sein Unwesen in Weyharrow, und wir müssen ihn mit allen unseren Kräften bekämpfen. Ich irre mich nicht. Ich weiß, daß ich mich nicht irre. Sie werden es sehen!«

Im Verlauf des Nachmittags hatten sich, zusammengefegt von einem eisigen Wind, graue Wolken am Himmel geballt. Der Witterungsumschwung paßte genau zu Stevens Stimmung.

Ihm fiel jedoch auf, daß trotz der Kälte ungewöhnlich viele Leute zum Abendgottesdienst der Kirche zustrebten. Du liebe Zeit, was die wohl davon halten würden, wenn Mr. Phibson ihnen seine Idee von einer Heimsuchung durch den Teufel predigte?

Vielleicht wollten sie ja auch nur Zeugen sein, falls er wieder durchdrehte. Schließlich gab es das ja nicht jeden Tag, daß ein Priester den Verstand verlor ...

Himmel, wie kam das bloß, daß er nach so kurzem Aufenthalt in diesem Dorf schon dermaßen zynisch dachte?

Dürres Laub raschelte unter seinen Füßen, als er über den Dorfanger zum Doktorhaus zurückstapfte. Für die Dauer seiner Vertretung stand ihm das Gästezimmer der Familie zur Verfügung, morgens konnte er sich in der Küche selbst versorgen, wenn er wollte, mittags einen Happen im ›Bridge Hotel‹ essen und die Abendmahlzeit bei Mr. und Mrs. Weaper einnehmen, die eine halbe Meile vom Dorfplatz entfernt an der Fooksey-Straße wohnten.

Mrs. Weaper war alles andere als eine hervorragende Köchin. Jedoch waren es weniger die zu erwartenden Verdauungsbeschwerden, die Steven nun auf seinem Weg zu den Weapers mit derart düsteren Vorahnungen erfüllten. Es war vielmehr der Empfang dortselbst, den er sich im Geiste durchaus vorzustellen vermochte.

Sollte er die Geschichte kühn und frech herunterspielen? Schließlich, wenn der Ortspope die Schuld an seinem Fehltritt auf den Teufel schieben konnte, sollte es ja auch einem Arzt nicht allzu schwer sein, seinerseits eine passende Entschuldigung zu finden. Angenommen etwa, er würde losdonnern: »Mrs. Weaper! Seien Sie so freundlich und erinnern Sie mich nicht noch einmal an die Tatsache, daß bedauerlicherweise anscheinend weder Sie noch Mr. Ratch mit bestimmten ärztlichen Verfahren vertraut sind, die — ich bedaure, dies sagen zu müssen — auf eine höchst respektable uralte Tradition zurückzuführen sind!«

(Wenn er Glück hatte, würde sie von diesem Punkt an völlig durcheinander hinter ihren Brillengläsern hervorblinzeln.)

»Dem Patienten Vertrauen in das ihm verordnete Medikament einzuflößen, das heißt, daß wir die Schlacht halb gewonnen haben! Ich kann wohl kaum erwarten, daß Mr. Cashcart in Zukunft großes Vertrauen in mich setzen wird, nachdem ein bloßer Herr Apotheker es sich angelegen sein ließ, sich über meine Verordnung hinwegzusetzen! Haben Sie die Güte, den Herrn zu informieren, daß er nicht allwissend ist!«

Eine Sekunde lang war er überzeugt, daß es funktionieren könnte. Dann wurde sein Wunschbild blaß und begann zu schwanken, und er hörte nur noch ein spöttisches Gelächter.

Seufzend suchte er nach dem Haustürschlüssel.

In diesem Augenblick jedoch hielt hinter ihm ein Auto, und eine klare helle Stimme rief: »Verzeihung!«

Als er sich umwandte, sah er aus einem blauen Mini ein blondes Mädchen in Jeansjacke, schwarzem Pullover und Jeanshosen aussteigen.

»Sie sind doch Dr. Gloze, ja? Hören Sie, ich weiß, ich habe keinen Termin abgemacht, und ich bin nicht mal Patientin in der Praxis — ich bin bei Dr. Grail in Chapminster. Aber ...« Sie zögerte und drehte dabei den Ring mit ihren Wagenschlüsseln unablässig über die Finger. Dann, wie ein Sturzbach: »Ich muß mit jemandem reden! Ich fürchte nämlich, daß ich verrückt werde!«

O nein! Nicht noch einer von uns!

Steven hatte eigentlich automatisch sagen wollen: »Tut mir leid, aber heute nachmittag ist keine Sprechstunde.« Er unterdrückte die Worte, denn inzwischen hatte er sich die Person richtig angesehen. Sie war etwa einsfünfundsechzig groß, hatte strahlendblaue Augen und kurze lockige Haare. Und ihr rundes Gesicht war gänzlich frei von Make-up (das Steven verabscheute). Und sie war nicht richtig mollig, sondern eher — er suchte nach dem passenden Wort — knackig. Seine Hände verspürten sofort das Bedürfnis sich um ihre ... *Stop!*

Etwas in ihrer Stimme berührte ihn als vertraut. Zögernd fragte er: »Sie wissen, wer ich bin. Darf ich erfahren, wer *Sie* sind?«

»Ich heiße Jenny Severance. Ich arbeite beim *Chapminster Chronicle.* Und wir haben uns bereits mal unterhalten, am Telefon, am Montag, erinnern Sie sich? Ich habe in der jetzigen Wochenausgabe eine kleine Notiz darüber gebracht, daß sie die Vertretung für Dr. Tripkin machen. Steht morgen drin.« Sie sprach viel zu rasch, und ihre Hände verkrampften sich abwechselnd um die Schlüssel und ließen sie dann wieder baumeln.

Auf einmal war Steven völlig unbekümmert — und mutig.

»Miss Severance, seit wann bilden Sie sich ein, daß Sie in Gefahr sind, den Verstand zu verlieren?«

»Also ...« — eine entzückende rosa Zungenspitze glitt über gleichfalls rosa Lippen — »um ehrlich zu sein, erst seit heute früh. Ich hab was Blödes angestellt, aber ich kann mich kaum noch dran erinnern. Und jetzt ist das so verschwommen geworden, wie wenn ich das Ganze bloß geträumt hätte. Aber ich hab es nicht geträumt! Da gab es zu viele Spuren hinterher in der Wirklichkeit!«

»Und was würden Sie sich von mir als Arzt erwarten, wenn ich heute abend Sprechstunde hätte? Soll ich Sie an das Krankenhaus überweisen? Ihnen eine Weile zuhören, so tun, als müßte ich nicht gähnen, und Sie dann mit einer Packung Tranquilizer heimschicken? Oder was?«

Seine Stimme hatte schärfer geklungen, als er es beabsichtigt hatte. Sie wandte sich mit einem Seufzer ab.

»Tut mir leid, wenn ich Ihnen so auf den Nerv gehe. Aber, wie ich schon gesagt hab, ich muß wirklich mit jemand reden. Ich kenne hier nicht viele Leute — ich leb zur Untermiete —, und ich habe bei der Arbeit Mist gebaut, und deshalb hatte ich keine besondere Lust, mit jemandem in der Zeitung über meinen Trouble zu reden. Vielleicht sollte ich es mal bei Mr. Phibson probieren. Verzeihen Sie.«

Steven rief hinter ihr drein: »Der ist in der Kirche! Und aus dem würden Sie auf keinen Fall was Vernünftiges rausholen können! — Verdammt! Das hätte ich nun wirklich nicht sagen dürfen.«

Sie hatte die Hand schon am Türgriff ihres Wagens, wandte sich aber jetzt mit einem verwirrt-fragenden Ausdruck im Gesicht wieder Steven zu. Dann sagte sie schließlich: »Wir haben heute in der Redaktion eine Menge merkwürdiger Anrufe reingekriegt.«

»Irgendwelche davon mich betreffend?« fragte Steven zwischen den Zähnen.

»Doch, tatsächlich, ja.« Sie reckte sich hoch und warf ihm einen herausfordernden Blick zu. »Und andere betrafen Mr. Phibson!«

»Aha. Ich verstehe.« Steven war auf einmal viel ruhiger. »Trotzdem beschlossen Sie, sich an mich zu wenden, oder auch an ihn. Warum?«

»Weil ich gehofft habe, dabei vielleicht zu entdecken, daß ich nicht der einzige Mensch in Weyharrow bin, dem heute der Verstand abhanden gekommen ist. Ich meine, ich sehe einfach nicht ein, daß ich es sein sollte. Nicht nach dem, was heute mit Basil Goodsir los war. Haben Sie davon gehört? Ich, ich war dabei!«

»Mr. Phibson hat da etwas gesagt ... Aber, nein, ich weiß nichts darüber, jedenfalls keine Einzelheiten.«

Sie berichtete knapp und präzise über ihre Erfahrungen des Tages und schloß: »Und mein Chefredakteur hat die Gallenfrechheit besessen, mich deswegen abzukanzeln!«

In Stevens Seele wuchs eine Art Gewißheit heran. Er sagte: »Miss Severance, ich kann einfach nicht glauben, daß mit Ihnen was Schlimmeres der Fall sein sollte als mit mir, oder mit dem Pfarrer ... oder mit dem Friedensrichter, von dem Sie mir grad erzählt haben. Auch ich muß dringend mit einem Menschen reden. Ich verordne uns ein ausgiebiges Palaver bei ein paar handfesten Drinks. Im Hotel? Oder in der Hochzeit?«

»Ist das nicht ein bißchen standeswidrig für einen Arzt, wenn er ...«

»Quatsch! Sie sind nicht meine Patientin, ja nicht mal die von Dr. Tripkin. Und außerdem kenne ich hierzulande sogar noch weniger Leute als Sie. Na, was ist?«

Ihr Gesicht nahm einen gehetzten Ausdruck an, aber er verflog gleich wieder. Schließlich sagte sie, fast unhörbar: »Also schön ... Aber was wollten Sie damit sagen, daß ich bei Mr. Phibson kaum eine vernünftige Antwort bekommen würde?«

»Das hätte ich niemals sagen dürfen. Streichen Sie's!«

»Nein. Warten Sie doch.« Plötzliche Erkenntnis zeigte sich in ihrem Gesicht. »Ich bin ihm ziemlich oft begegnet, seit ich hierher gezogen bin. Und wenn man der Person, die in der Redaktion anrief, Glauben schenken darf ...« Sie holte tief Luft. »Nun sagen Sie mir aber bloß nicht, er glaubt, daß in Weyharrow der Teufel los ist!«

Steven zuckte zusammen. »Wie zum — um Himmels willen — haben Sie das erraten? In eben diesem Moment verpaßt er haargenau das seiner Gemeinde! Das heißt, er hat mir jedenfalls damit gedroht, daß er dies vorhätte.«

»Sie haben, glaube ich, ganz recht: Jetzt ist wirklich ein Drink nötig. Hüpfen Sie rein!«

»Würde es Ihnen viel ausmachen, wenn wir zu Fuß gingen? Ich brauch dringend frische Luft.«

»Okay. Ich schließ nur grad den Wagen ab.«

6. Kapitel

Kein Mensch benannte die Kneipe ›Die Hochzeit zu Kana‹ noch mit ihrem vollen Namen, obwohl der durchaus noch auf dem Schild zur Straße hin sichtbar prangte und obschon auf diesem Schild noch immer das Abbild einer fröhlichen ländlichen Hochzeit zu sehen war, deren Festgäste humpenweise purpurblauen Wein auf x-beinigen Brettertischen verschütteten. Zahllose Versuche waren — besonders während der Viktorianischen Ära — unternommen worden, diesen Namen wieder rückgängig zu machen, das Lokal wieder ›Slaking House‹ oder sonst irgendwie anders zu nennen, doch die Dorfbewohner hatten sich dem in hartnäckiger Prinzipientreue stets widersetzt. Im Verlauf der Zeiten war man schließlich zu einem inoffiziellen Kompromiß gekommen: Das Wirtshausschild war restauriert, neubemalt und neugestaltet worden, ohne daß jemand versucht hätte, Jesus unter den Hochzeitsgästen zu porträtieren, und das ›Hochzeit‹ hatte man in größeren Lettern gemalt, den Rest eben kleiner.

Gegenwärtig jedenfalls wäre nicht einer von zehn Wirtshausbesuchern auf den biblischen Zusammenhang gekommen.

An diesem Abend hing etwas Bedrückendes über dem Pub, und das paßte so ganz und gar nicht zu der ungezügelten Fröhlichkeit, wie sie das Wirtshausschild erwarten ließ. Hoch oben an einer Wand spielte ein Farbfernsehgerät auf einem Bord ein Quiz-Spiel mit sich selbst, von keinem Zuschauer beachtet. Inmitten eines Haufens von Kumpanen hockte in einem Winkel der Gaststube Ken Pecklow und erzählte mit dickgeschwollener Lippe jedem, der ihm zu lauschen willens war, wie

Harry Vikes seine Rinder auf seinen Rübenacker getrieben hatte, und daß er ihn dafür vor Gericht bringen werde. In der gegenüberliegenden Ecke saß Harry Vikes, mit einem dreieckigen Gipsstützverband auf dem zertrümmerten Nasenrücken, bei drei, vier Kumpanen, die ebensogute Gründe hatten wie er, die Pecklows nicht zu mögen. Die Fehde zwischen den beiden Familien reichte so weit in eine so ferne Vergangenheit zurück, daß nicht einmal sie selbst noch die geringste Ahnung hatten, woraus sie erwachsen war.

Dazwischen saßen auf Hockern an der Bar Leute, die sich weder mit der einen noch mit der anderen Kriegspartei in Konflikt befanden, aber eben eigene Probleme hatten, über denen sie brüten mußten. Unter ihnen Tom Fidger, der sich mühte, mit der Tatsache zu Rande zu kommen, daß er mit seinem Bus auf der falschen Straßenseite gefahren war; ferner Roy Jacksett, der seinen Kunden Ware geschickt hatte, die sie nicht bestellt hatten; Phil Flaken, dessen eheliches Weib, Mary, wie er sagte ›nonstop‹ heulte und das traute Heim unbewohnbar machte; und sein alter Freund und Nachbar Bill Blocket nebst dessen Bruder, Jerry, den er mit eingeladen hatte, um klar zu demonstrieren, daß da wirklich nichts übelgenommen wurde; und Moira O'Pheale war auch da und holte noch immer pausenlos kostenlose Drinks aus Männern heraus, die herauszukriegen versuchten, was denn *nun genau* Miss Knabbe zu tun versucht hatte, als sie zu Moira ins Bett stieg ... nicht etwa, daß ihr Bildungshorizont sich dabei wesentlich erweitert hätte.

Colin Jeggs, der Wirt, wachsam nach Ärger schnüffelnd, schwebte hinter der Bar herum, ebenso seine feiste Frau, Rosie, die seit langem über den Punkt hinausgequollen war, an dem man sie fairerweise nur als ›üppig‹ hätte bezeichnen können. Ab und zu hielten die beiden mit gedämpfter Stimme eine Konferenz ab. Na ja, jedenfalls solange sie das Sauftempo bremsen und die feindlichen Lager der Vikes und Pecklows durch eine neutrale Pufferzone auseinanderhalten könnten ... Wenn doch nur ein paar unbeteiligte Gäste mehr auftauchen würden!

Colins Miene erhellte sich, als die Tür weit aufschwang und genau die Art Leute hereinkam, auf die er gehofft hatte: Jenny, die junge Reporterin, und der Aushilfsdoktor. Er strahlte regelrecht, als sie sich an dem einzigen noch freien Tisch genau in der Mitte des Raums niederließen und sich in ein intensives, sehr vertrauliches Gespräch vertieften.

Er hatte Yvonne Book vorsichtshalber angerufen, um sie zu warnen, daß Konstabler Joe möglicherweise den Fernsehfeierabend heute würde unterbrechen müssen, aber mit einigem Glück, würde das nun doch nicht nötig werden.

Nach der Tagesarbeit angenehm müde, strebte Stick auf den Eingang zur ›Hochzeit‹ zu. Er stellte fest, daß er diesen Job mehr und mehr zu mögen begann, auch wenn er herzlich wenig Geld und noch weniger Anerkennung dafür erhielt. Die Menschen schienen einfach nicht zu begreifen, was für eine Plackerei es bedeutet, an einem windigen Nachmittag das gefallene Laub zu großen Bergen fein säuberlich um den Dorfanger zu häufeln und es dann schubkarrenweise zu einem Komposthaufen zu verfrachten, damit es dort vermulchte. Jemand hatte ihn sogar gefragt — war das gestern gewesen, vorgestern? —, warum er das Laub nicht einfach verbrenne, und er hatte eine halbe Stunde lang erklären müssen, wieso der langsame Verbrennungsprozeß der Natur für den Boden besser sei.

Es hatte nichts weiter bewirkt. Die Leute hier brannten im Herbst noch immer die Stoppelfelder ab, ohne Rücksicht darauf, wie viele Hecken dabei mit abbrannten und wie viele Autos kollidierten, weil die Fahrer in den treibenden Rauchwolken die Sicht verloren ...

Jetzt aber war der Zeitpunkt für einen Krug Cider hier drin gekommen, für seine Halbe von dem einheimischen Apfelwein. Und er konnte sich sogar leisten, eine Flasche davon später mit nach Hause zu nehmen, die Sheila und er trinken würden, sobald die Kinder sicher im Bett waren. Er hielt nichts davon, Kinder an Alkohol ranzulassen.

Und weil er gerade an Kinder dachte: wie hatte er sich bloß einbilden können, daß Hilary und Sam *Jungs* wären? Das mußte er einfach geträumt haben!

»Abend allerseits!« rief er, als er eintrat.

Und blieb abrupt stehen.

Außer zwei Personen an einem Tisch in der Mitte der Gaststube schienen alle gleichzeitig zu reden aufgehört zu haben. Die eine Person kannte er vom Sehen — die nette hübsche junge Frau, die bei der Lokalzeitung arbeitete —, doch den Mann neben ihr ...? Oh, ja doch, natürlich. Der Praxisvertreter für Dr. Tripkin.

Stick hatte seine privaten Ansichten über die moderne Medizin, aber er verfocht auch die Überzeugung, daß jeder sich um seinen eigenen Kram kümmern solle. Er jedenfalls gedachte nicht, dem Typ seinen Beruf vorzuhalten.

»Wie üblich, bitte, Colin!« sagte er unbeschwert.

Als er das goldgeränderte Halbliterglas in der Hand hielt, blickte er sich nach jemand um, mit dem er quatschen konnte. Aber er sah nur geschlossene Fronten. Wohin immer er spähte, er sah nur Rücken, außer am Tisch mit dem Doktor und der Reporterin, und dort befand sich auch der einzige noch unbesetzte Stuhl.

»Was dagegen, wenn ich mich zu Ihnen setze?« fragte er.

»Äh ...!«

»Keine Sorge, ich bin nicht gekommen, um den Anstandswauwau zu spielen! Ich möchte bloß meine Beine ausruhen, während ich das da wegstecke.« Er schubste den Stuhl in Position, ließ sich mit einem dankbaren

Seufzer darauf niederfallen und ehe er einen deftigen Schluck nahm, fügte er hinzu: »Cheers ...! Ich bin übrigens Stick. Ich versuch das Dorf sauber zu halten. Sie würden es nicht für möglich halten, wieviel Dreck die Leute in so 'nem kleinen Ort wie hier produzieren. Ich bin richtig dankbar, daß wir hier noch keine Fisch-und-Frittenbude haben. Fetttriefendes Einwickelpapier fliegt überall auf den Straßen rum ... Verzeihung, aber ich will Sie wirklich nicht vertreiben!«

Blinzelnd, als der junge Doktor aufstand.

»Nein, nein, alles klar«, murmelte der. »Aber als Sie Fisch und Pommes frites erwähnten, ist mir eingefallen, daß ich jemanden anrufen muß. Dauert nur 'ne Sekunde, Jenny.«

Er strebte dem Telefon am anderen Ende des Raumes zu.

Stick verputzte unter Kehlkopfglucksen ein Drittel seines Drinks. Dann schaute er Jenny an.

»Was issen heut abend mit allen los? Haben Sie 'ne Idee?«

Sie schüttelte den Kopf. Sie sah bedrückt aus.

»Sie sind Reporterin, wie? Immer den Finger am Puls der lokalen Welt ... Oh!« Er schien eine Inspiration zu haben. »Hat es was mit Ken und Harry zu tun?«

Vorsichtig blickte er nach rechts und links.

»Also, im Moment scheint ja alles einigermaßen ruhig zu sein, allerdings dauert es immer 'ne Weile, bis sowas sich wieder verzogen hat. Sind Sie deswegen so bedrückt?«

»Wenn Sie schon so fragen müssen« — eisig — »nein, deswegen nicht. Es ist was, worüber ich lieber nicht reden möchte.«

Stick zuckte die Achseln. »Wie Sie wollen. Soll mir keiner nachsagen, ich mische mich in die Privatangelegenheiten von andern Leuten ... Tschuldigung, Platz ... Herr!« Er kippte auf dem Stuhl nach hinten, als Steven zurückkehrte.

»Was Wichtiges?« fragte Jenny.

Steven schüttelte den Kopf. »Es sei denn, man hält den Plastikfraß von Mrs. Weaper für wichtig. Ich hab sie angerufen, um ihr zu sagen, daß ich nicht zum Abendessen komme.«

»Oh. Ich bringe Sie um Ihr ...«

»Aber keine Spur! Ganz und gar nicht! Ich genieße unser Gespräch! Soweit man Spaß daran haben kann, über solche Sachen zu sprechen ... Wollen wir vielleicht rüber zum Hotel gehen und dort einen Bissen essen?«

»Oh, ich vertreibe Sie!« rief Stick und hob das halbgeleerte Glas. »War bestimmt nicht meine Absicht! Tut mir leid! Ich verzieh mich, sobald ich das da weggeputzt hab!«

Doch noch während er das Ciderglas an die Lippen setzte, brach ein gewaltiges Getöse los.

Die Tür flog auf, und herein stürzte eine rotgesichtige untersetzte Frau in einem tristen grauen Mantel, die sich an eine schwarzlederne Handtasche klammerte. Sie spähte nach einem ganz bestimmten Ziel umher, das sie jedoch zunächst nicht zu entdecken schien. Erneut versanken alle in Schweigen.

»Wer ist denn das?« flüsterte Steven.

Stick lieferte sofort die Antwort. »Das ist Joyce Vikes — Harrys Eheliche. Erschienen, um ihn nach Hause zu holen, nehm ich an. Bißchen früh diesmal, allerdings. Gewöhnlich erfolgt ihr Auftritt erst nach neun.«

Jennys Hand suchte auf dem Tisch Stevens Hand und umklammerte sie fest. Wortlos vermittelte der Druck die Botschaft: *Das sieht nicht aus wie ein gewöhnlicher Fall von Ehefrau-schleppt-Ehemann-aus-der-Kneipe-ab!*

Und Stevens Gegendruck verriet: *Sie haben recht!*

»Hier hockst du also! Ich hab es ja gewußt, ich hab es gewußt! Und säufst schon wieder mit deinesgleichen, du Gefäß der Sünde und Bosheit, du Werkzeug des Antichrist!«

Sticks Augen funkelten. »Das muß man gehört haben!« flüsterte er. »Wenn die in Fahrt kommt, liefert sie uns ein regelrechtes Bildungsprogramm, wie sie das hier nennen!«

Joyce schob sich weiter in die Mitte des Raumes vor, wobei sie mit ihrer Tasche die Hände beiseiteschlug, die sie aufzuhalten versuchten.

»Wie konnte ich nur jemals so töricht sein, dich zu heiraten, dich, mit dem Schandmal Babylons auf deiner Stirn? Und jetzt hast du den Bösen Feind auch noch nach Weyharrow hereingelockt! Jawohl, du!«

Während der letzten Worte fegte sie mit der Tasche über den Tisch, an dem ihr Mann saß, wobei sie zwei noch halbvolle Gläser umwarf, deren Besitzer einfach nicht schnell genug reagierten, sie in Sicherheit zu bringen.

»Ist sie mal wieder an den Gin geraten«, sagte Stick achselzuckend. »Es ist immer das gleiche! Jedesmal wenn sie und Harry Knaatsch haben, sucht sie Trost bei der guten alten Medizinflasche. Und dann wird sie natürlich von tiefer Frömmigkeit infiziert. Früher hat sie mal zu einer Pfingstgemeinde drüben in Hatterbridge gehört, habe ich gehört, bis sie dort einen derartigen Wirbel veranstaltet hat, daß man sie ausgestoßen hat. Verstehen Sie, Harry und sie haben keine Kinder. Er behauptet, es ist ihre Schuld, und sie ...«

Der Rest seiner Worte ertrank in Lärm. Joyce war dazu übergegangen, ihren Mann mit ihrer Handtasche zu bearbeiten, und Ken Pecklow und seine Busenfreunde am gegenüberliegenden Ende des Raums waren in brüllendes Gelächter ausgebrochen. Einen davon konnte man klar und deutlich sagen hören: »Wißt ihr was? Manchmal glaub ich ehrlich, ich würde das Höllenfeuer einem Leben mit Joyce vorziehen!«

Aber Joyce hatte das gehört, und sie fuhr mit wildloderndem Blick herum.

»Wer hat das gesagt?«

Colin, der die Thekenklappe hochgestemmt hatte, um

eventuell einzugreifen, hielt mitten in der Bewegung inne, als Rosie ihn am Arm berührte.

»*Wer* hat das gesagt?« wiederholte Joyce und näherte sich auf der gleichen Schlingerbahn, über die sie hereingekommen war. »Wer unter euch Toren es auch war, ihr wißt nicht, von was ihr redet! Begreift ihr denn noch nicht, daß dieses Dorf in den Klauen des Bösen Geistes ist?«

»O Gott!« murmelte Steven. »Sie muß in der Kirche gewesen sein und dort den alten Phibson schwefeldonnern gehört haben ...«

Stick streifte ihn mit einem neugierigen Blick, fand aber nicht die Zeit, etwas zu sagen, ehe Joyce erneut losballerte.

»Deswegen hat der Herr Pfarrer vor der Gemeinde so merkwürdig gepredigt! Deswegen hat mein Harry gemacht, was er gemacht hat — und *das* kannste dir wirklich in deine zerknautschte Schnauze schieben, Ken Pecklow! Wo er der beste Farmer in der ganzen Grafschaft is — isser, mein Harry! Trotz allem!«

»Joyce!« — das kam vom Wirt, Colin.

»Ach, halt du doch das Maul! Du bissja sselber ein Geschäf — Gefäsch desch Böschen! Diescher Ort hier isss verpflucht! Du und dein Geschöpf — Gesöff verderben ja sschogar jene, die nach dem göttlichen Licht schtreben! Du bisch auch ein Werkdscheug des Schatansch!«

Colin wurde sehr rot in seinem pausbäckigen Gesicht. Er sagte: »Wenn das so ist, wieso hast du mich dann heute um eine Flasche Gin gebeten? *Und* auf Pump noch dazu?!«

Harry hatte sich langsam von seinem Stuhl hochgewuchtet. Nun stürzte er herzu, aber zu spät. Das Temperament war in Joyce auf den Siedepunkt angestiegen.

Sie kreischte: »Der Böse Satan schweift frei umher in Weyharrow! Ja, es mussch wahr sein! Der Pfscharrer hat esch unsch geschagt! Weichet von mir zurück, all ihr

Heerscharen Babylons! Schteckt euch in Sack und bekleidet euch mit Aschen … und erflehet Vergeblisch … *gebung … haraharcha wammel cloturanid orgelfopsy premble prau!*«

»Hemm!« brummte Stick. »Anscheinend isses das, was sie ›In Zungen sprechen‹ nennen. Man sagt, davon hat sie massenhaft produziert, drüben in dem Tempel, ehe die sie rausgeschmissen haben.«

Inzwischen jedoch vermochte Joyce sich nicht mehr nur mit Reden zufriedenzugeben. Entschlossen, ihre Attacke gegen einen Tisch voller Gläser zu wiederholen, mähte sie mit der Handtasche auf die Bartheke zu. Rosie fing den Arm gerade noch rechtzeitig ab, und zwar mit einem Griff, den man ihrem schwabbeligen Keulenarm nicht zugetraut hätte.

»Harry«, sagte sie ruhig, »ich glaube, es ist besser, wenn du sie jetzt heimbringst.«

»Mach ich!« sagte Harry und griff nach seiner Frau. »Also, los, komm!«

»Nein! Nein!« kreischte Joyce. »Ich muß aller Welt verkünden, was der Pscharrer geschagt hat! Ich musch verkünden, dasch Weyharrow von Teufeln heimgesucht wird, und du bischd ihnen alsch erscher in die Fänge gefallen! Ich musch! Ich …«

Harrys Freunde halfen ihm, sie abzuschleppen, und die Tür knallte hinter ihrem Geschrei zu.

Es trat eine tödliche Stille ein. Ken Pecklow durchbrach sie, indem er dröhnend zu lachen begann.

»Also, ihr habt es ja alle gehört, was? Damit werden die vor Gericht als Entschuldigung auffahren, wenn ich sie verklage, ganz bestimmt! Aber wer soll eigentlich glauben, daß Harry vom Teufel gelenkt war, als er seine Kühe in meine Rüben getrieben hat? Wie wenn der olle Teufel sich um so 'nen kleinen Fisch kümmern würde, was? Ehe die Geschichte zu Ende ist, landet Harry bestimmt noch in der Klapsmühle — und seine Joyce dazu!«

Urplötzlich wurde ihm bewußt, daß niemand sonst mitlachen wollte.

»Naja«, schloß er verlegen, »also dann mach ich mich mal wohl auch besser auf die Socken.«

Als die Tür hinter ihm zufiel, erinnerte Stick sich daran, daß er sein Glas noch nicht ausgetrunken hatte. Er griff danach und sagte: »Und genau das tu ich wohl auch besser. Unterhaltet euch mal schön brav weiter. Ich wollte euch nicht unterbrechen ...«

»He, bleiben Sie doch noch!« sagte Steven mit sehr bleichem Gesicht hastig. »Stick — sagten Sie wirklich, Ihr Name ist Stick?«

»Ja, so nennt man mich gewöhnlich.«

»Sie scheinen eine Menge über die Menschen hier zu wissen. Jedenfalls viel mehr als ich. Ich würde mich gern ein bißchen mit Ihnen unterhalten. Trinken Sie noch einen. Oder irgendwas andres?«

»Das gleiche noch mal, und danke!«

»Jenny, Sie?«

»Ja, bitte!«

Während Steven die frischen Drinks besorgte, nahmen die verbliebenen Gäste ihre Gespräche wieder auf. Jennys Augen flitzten hierhin und dorthin, bis sie schließlich eine braunhaarige Frau auf einem Barhocker fest fixierte, die vorher ziemlich angeregt mit einer ganzen Reihe von jungen Männern geredet hatte. Jetzt schienen sie alle im Kielwasser von Ken und Harry davonzudriften, und sie — Moira — wirkte ausgesprochen verärgert.

Einer der Männer warf unter der Tür einen Blick zurück und zog eine Augenbraue hoch. Und obschon sie sichtlich keineswegs übereifrig schien, nahm die Frau Handtasche und Handschuhe, leerte ihr Glas und folgte dem winkenden Mann.

»Aus mir wird nie ein richtiger Reporter«, murrte Jenny lautlos. »Ich übersehe stets das Offenkundige ...«

»Pardon? Was haben Sie gesagt?« Das kam von Stick.

»Ach, nichts weiter ... Steve, Sie wollten doch Stick was fragen?« — als Steven die Gläser auf den Tisch setzte.

»Also ja, ich hätte da schon ein paar Fragen«, stimmte Steve ihr zu, während er sich wieder auf seinen Platz setzte und den Stuhl etwas näher an den Jennys rückte.

»Na, dann schießen Sie mal los, der Herr!« sagte Stick breit. »Ich will zwar nicht versprechen zu antworten, aber was ich Ihnen nicht sagen kann, werde ich fröhlichen Herzens erfinden ... Tut mir leid, das wollte ich nicht sagen. Aber was ist Wahrheit? sagte der Spaßvogel Pilatus und hatte dann keine Zeit für die Antwort ... Jedenfalls erstmal Prost, auf die Peepshow unter Ihren Kilt, *Senhor!*«

Er verzischte die Hälfte des frischen Halbliterglases Apfelwein, wischte sich Tropfen aus dem Schnauzbart, kippte seinen Stuhl zurück und blickte erwartungsvoll drein.

»Also, wissen Sie«, begann Steven, »wie es scheint, haben sich heute den ganzen Tag über ein paar sehr seltsame Dinge ereignet. Ach, entschuldigen Sie; mir wird erst jetzt bewußt, wer Sie sind, obwohl wir uns noch nicht begegnet sind. Ich hab Sie bei Ihrer Arbeit gesehen, nicht? Ich bin Steven Gloze. Und Sie kennen Jenny Severance — Jenny?«

Sie stand auf, ihr Gesicht eine Maske der Entschlossenheit. »Entschuldigt mich. Jetzt bin ich dran mit Telefonieren.«

»Was wird mit dem Happen Abendessen?«

»Bißchen später vielleicht. Meine Telefonate gehen vor.«

Sie ging fort. Etwas beunruhigt folgte Steven ihr mit den Blicken, bis sie außer Sichtweite geriet, dann wandte er sich wieder Stick zu.

»Wie ich gerade sagen wollte, es hat heute in Weyharrow ein paar komische Vorfälle gegeben, wie?«

»Also ...« Stick verschränkte die Hände, er schien die

Verflechtung seiner Finger unendlich faszinierend zu finden — »also, wenn Sie mir verzeihen, daß ich das erwähne, aber ich hab da auch was Erzkomisches über Sie gehört.«

»Von ...?« — Steven wappnete sich gegen den Schlag.

»Von 'nem Kumpel von mir, heißt Willy Cashcart.« Stick blickte sich um. »Manchmal schaut er am Abend auf 'nen Sprung hier rein, aber ich seh ihn nirgends. Er hat gesagt, der Apotheker hat sich geweigert, ihm zu geben, was Sie ihm verschrieben haben — und hat ihm dafür bloß ganz gewöhnliche Tabletten gegeben. Mit Tabletten hat er's schon versucht. Nichts davon hat was getaugt, und von manchen ist ihm schlecht geworden.«

Zu seiner ungläubigen Erleichterung dämmerte es Steven, daß er mit einem Menschen sprach, der ihn nicht wegen seines Fehlers verspotten wollte. Dennoch warf er hastig ein: »Ich hoffe, er ist sich darüber im klaren ...«

»... daß Sie ihm was ein bißchen Unorthodoxes verordnet haben? Sicher, das weiß er. Aber ich hab ihm direkt ins Gesicht gesagt, er soll es wenigstens mal ausprobieren, und er hat gesagt, das wird er. Hat gesagt, er besorgt sich einen Junghahn von einem Bauern. Wissen Sie, ich hab schon immer gedacht, daß diese ganzen verfluchten Pillenfabrikanten — wie die droben in Trimborne —, daß die also auf der ganz falschen Spur liegen! Sicher, ich geb zu, wenn es sich um epidemische Krankheiten handelt wie Syphilis oder Tuberkulose, da hat man 'ne Menge wirksame Behandlungsmethoden entdeckt. Aber wenn einer *gesund sein* will, also degenerative Erscheinungen wie Arthritis und Krebs und Multiple Sklerose *vermeiden* will, dann muß er ein gesundes Leben führen und die richtige Nahrung zu sich nehmen. Was ich für 'ne Mühe hab, die Dame, mit der ich lebe, dazu zu bringen, daß sie ihren Kleinen eine vernünftige Ernährung bietet ...!«

Schlürf! Das Ciderglas war um einen Fingerbreit leerer.

»Was mich wieder erinnert. Sie sprachen von seltsamen Dingen, die sich hier abspielen.«

Steven nickte. Er war mit den Gedanken nicht wirklich bei dem, was Stick sagte. Er hatte sich auf eine orthodoxe Verteidigung der orthodoxen Medizin eingestellt gehabt, als Stick ihm zuvorgekommen war, indem er deren Wirksamkeit in besonderen Fällen zugegeben hatte. Er trank einen Schluck. Er hatte einen Weißwein genommen, weil er im Pfarrhaus bereits reichlich Sherry getrunken hatte, aber inzwischen schien er eine bemerkenswerte Anzahl von Gläsern verkraftet zu haben.

»Also, mir ist sowas heut passiert«, sagte Stick in fröhlicher Vergeßlichkeit. »Als ich aufgestanden bin, hätte ich schwören können, daß Sheilas Kinder — das ist die Sheila, mit der ich zusammen bin —, also ich hätte schwören können, daß das Jungs sind. Ich hab ihnen die Decke weggezogen, damit sie wach werden, und sie sind keine.«

»Sie meinen ...«

Doch noch ehe Steven seinen Satz beenden konnte, hatte Stick hinzugefügt: »Aber natürlich, so high, wie ich gestern in der Nacht war, ist das ja kaum überraschend. Ich — oh, Shit! Das wollte ich aber nicht sagen.« Er verkrampfte sich. »Sie werden mich doch nicht verpfeifen, oder? Ist nicht das, was man 'nem Doktor anvertraut ebenso geheim wie bei der Beichte?«

Steven hatte nicht zugehört. Etwas, das an der Bar gesagt worden war, hatte seine Aufmerksamkeit abgelenkt. Während er und Stick sich unterhielten, hatten die Gäste zum guten Teil gewechselt. Die jetzt dort Sitzenden und Stehenden drängten sich um den Bereich der Bar, wo Tom Fidger saß und sich mit gedämpfter Stimme mit Colin und Rosie unterhielt. Hin und wieder warf einer oder der andere einen Blick umher, als fürchteten sie, man könnte sie belauschen.

»Sehen Sie mal, ich ...«

»Scht. Reden die da drüben nicht über Mr. Phibson?«

Und in eine vorübergehende Stille drangen klar die Worte: »Ob es euch nun paßt oder, verdammt noch mal, nicht, er ist und bleibt unser Pfarrer, oder?«

Synchron glitt ein Ausdruck der Erschrockenheit über die Gesichter von Colin und Rosie.

Und dann, verblüffenderweise, als hätte dies der Debatte den Schlußpunkt gesetzt, kehrte die Hälfte der Trinker der Bar den Rücken, ohne auch nur ihre Gläser auszutrinken.

»Gute Nacht«, brummte einer.

»Mußte los, um zu beten?« Colin versuchte einen frotzelnden Ton anzuschlagen.

Doch die Frotzelei stieß auf derart sengende Mißbilligung, daß auch die restlichen Männer sich dem Exodus anschlossen.

Und dann waren sie fort, und an der Bar saß nur noch Tom Fidger, der unruhig auf dem Hocker herumrutschte. Doch vor ihm stand eine volle Halbe, und es widerstrebte ihm, sie ungetrunken zu vergeuden.

»Was war denn da los?« flüsterte Steven.

»Keinen blassen Dunst!« lautete Sticks Antwort. »Sowas hab ich noch nie erlebt! Natürlich, ich bin ja auch erst seit ein paar Monaten in Weyharrow, aber ... He, Colin! Rosie! Was issen los?«

»Wie es sich anhört«, grollte Colin, »hat der Pfarrer den Verstand verloren.«

Steven sprang auf. »Hat er beim Abendgottesdienst tatsächlich gesagt, daß der Ort vom Teufel befallen ist?«

»Haben Sie nicht gehört, was Joyce gesagt hat? Doch so ziemlich genau das!«

»Ja, aber ...« Steven ballte die Fäuste. »Ich dachte, das sei auf zuviel Gin zurückzuführen. Ich ...«

»War nicht bloß die Joyce«, meldete sich Rosie sekundierend. »Alles redet davon. Ist schließlich auch kein Wunder. Haben Sie das vom Koch im Hotel gehört?«

Benommen schüttelte Steven den Kopf.

»Sowas ist doch hier noch nie passiert, oder? Colin?« Sie blickte ihren Mann Bestätigung heischend an. »Und deshalb ist das alles derart merkwürdig, verstehen Sie? Wenn das hier wirklich ein Zwielicht- und Sündenbekken des Lasters ist ...«

»Spülicht!« korrigierte Colin.

»Zwielicht!« erwiderte sie empört. »Ein Spülbecken ist was Sauberes, weil man da Kleider und Teller drin wäscht! Nicht, daß du jemals einen Finger für so 'ne Arbeit rührst!«

Da er in Colins Augen ein Glitzern entdeckte, das die Wiederaufnahme eines anscheinend altehrwürdigen Ehekrachs ankündigte, erhob sich Steven hastig erneut.

»Also, vielen Dank für Ihre Gastlichkeit. Hoffen wir, daß morgen alles wieder normal verläuft ... Ah, Jenny!« — er war tief erleichtert, als sie vom Telefonieren zurückkehrte. »Sind Sie durchgekommen?«

»Ja.« Auf ihrem Gesicht lag ein kleines selbstzufriedenes Lächeln. »Und mein verdammter Chef wird nie wieder mir vorhalten können, daß ich eine Story nicht lanciert hab, wenn sie mir direkt unter der Nase liegt.«

In Stevens Bauch breitete sich scheußliche Kälte aus. Er mühte sich auszudrücken, was ihm zuerst und vordringlich am Herzen lag; er brachte die Worte heraus: »Also, wie steht es jetzt mit dem Dinner, über das wir gesprochen haben? Es ist nach neun, wissen Sie! Mir ist gar nicht bewußt geworden, wieviel Zeit verstrichen ist, während wir plauderten. Aber vermutlich servieren sie noch mindestens bis halb zehn.«

Aber die Worte blieben ungesprochen. Denn urplötzlich hatte Tom Fidger sich auf dem Ellbogen an der Bar hochgestützt und laut gesagt: »Da, da ist sie! Mach mal lauter!«

Und hatte auf das Fernsehgerät gezeigt, auf dem das Gesicht einer blassen Frau mit Hornbrille zu sehen war, etwa vierzig, in marineblauer Jacke mit Goldborte am Revers.

Nervös, aber richtig hieb Rosie auf die Fernsteuerung ein. Und sofort ertönte die überhebliche, von herablassender Belustigung gefärbte Stimme des Ansagers.

»... Reiseführerin Mrs. Ella Kailet. Wir schalten zu unserem Interview im Busbahnhof Victoria!«

»Mrs. Kailet!« — eine scharfe helle Frauenstimme. »Soweit wir informiert sind, ist Ihre Reisegruppe Amok gelaufen, weil Sie ihnen erzählten, daß Stonehenge ein Funkturm sei, um Fliegenden Untertassen den Landeanflug zu erleichtern, und der Tower von London wurde von Marsriesen erbaut. Was haben Sie dem hinzuzufügen?«

Plötzlich sah man, wie hinter den Brillengläsern der Frau die Tränen über die Wangen liefen, während die Kamera sie erbarmungslos fixierte.

»Ich kann nur sagen, daß ich genau das auch den anderen Touristengruppen gesagt habe«, quetschte die Frau mit einer zu einem Wimmern verquälten Stimme hervor. »Es hat vorher da nie Beschwerden gegeben.«

»Wenn wir Sie aber nun der Person gegenüberstellen, die Sie zur Reisebegleiterin ausgebildet hat?« Auf dem Bildschirm erschien ein Mann in mittleren Jahren, dunkler Anzug, Stirn gerunzelt, festverkniffene Lippen. »Vincent Chank wird uns die Geschichte etwas anders berichten!«

Die Kamera schwenkte auf einen Reisebus im Hintergrund, bei dem die Hälfte der Fensterscheiben zertrümmert war.

»Das ist der Bus, den ich repariert hab!« dröhnte Tom Fidger und hieb mit der Faust auf die Bartheke. »Hab's doch gewußt, daß die das ist!«

»Was meinst du damit, verdammt?« schnauzte Colin.

»Gestern abend! Auf der Hauptstraße! Das da war der Reisebus, zu dem sie mich geholt haben! Dreck in den Kraftstoffzuleitungen, mehr war's dann am Ende gar nicht! Hab 'ne ganze Stunde gebraucht, bis ich das rausgefunden hatte, weil die nämlich — die, was ihr grad da droben gesehen habt — sagte die ganze Zeit, die sind grad erst durchgeblasen worden, also muß es an was anderm liegen! Ich hab mir fast das Mark aus den Knochen gefroren!«

»Scht!« machte Rosie. Doch es war zu spät. Der Nachrichten-Spot war vorbei, und die zwei Sprecher lehnten sich in ihren Sesseln zurück und grinsten einander an.

»Also, wenn die sich jetzt vors Tehweh hocken, dann verzieh ich mich«, sagte Stick und erhob sich mit einem Seufzer. »Ich verabscheue die Glotze ... War aber nett, mal mit Ihnen zu reden, Doc. Auch mit Ihnen, Jenny. Wir sehen uns ja mal.«

»Warten Sie!« rief Steven. Doch Stick war schon durch die Tür verschwunden. Er hatte glatt vergessen, das Ballönchen Apfelwein zu erwerben, das er später mit Sheila zu trinken beabsichtigt hatte.

Jenny war praktisch außer sich. Mit einiger Mühe wandte Steven ihr wieder seine Aufmerksamkeit zu und fragte: »Haben Sie mitgekriegt, um was es bei all dem geht?«

»Aber klar doch!« Sie hüpfte auf dem Po auf und ab. »Sie etwa nicht?«

»Nein! Abgesehen davon, daß der Mann da an der Bar die Frau im Fernsehen erkannt zu haben schien, und ihren Bus ... Jenny, was ist jetzt mit dem Abendessen? Sind Sie denn nicht hungrig?«

»Doch, aber ich muß in meine Behausung zurück.« Sie stand auf und legte ihm die Hand auf die Schulter. »Ich werd mich mit 'nem Ei oder sonstwas begnügen. Ich hab meine Nummer hinterlassen, darum ist es besser, wenn ich erreichbar bin, wenn die Anrufe losprasseln.«

»Was für Anrufe?«

»Massenhaft, hoffe ich. Und Sie halten sich mal auch besser morgen früh in Bereitschaft, weil die bestimmt Statements von Ihnen haben wollen. Danke für die Drinks.«

»*Wer* wird von mir ein Statement haben wollen?«

Sie sah leicht überrascht aus. »Die halbe britische Presse, würde ich sagen. Was denken Sie denn, wen ich angerufen hab?«

In Stevens Bauch breitete sich ein Gefühl schrecklicher Kälte aus. Mit schwacher Stimme sagte er: »Jenny, Sie können doch nicht ...«

»Kann nicht, was?« fuhr sie hoch. »Ich hab's Ihnen doch gesagt, kein verdammter Chefredakteur wird mir je wieder vorhalten können, daß ich auf einer fetten Story hocke und sie versiebt habe! Wir haben jetzt Donnerstagnacht! Das Timing ist perfekt für die Sonntagszeitungen! Wie sagt Vic Draycock immer wieder? Viele Menschen haben den Namen Weyharrow schon einmal gehört, die noch nie in diese Gegend gekommen sind! Aber jetzt werden sie in riesigen Horden antanzen, und Zeitungsreporter werden die Vorhut sein!«

»Jenny ...!«

Doch sie hatte sich bereits der Bar zugewandt.

»Mr. Fidger! Tom!«

»Ja, junge Dame?« lautete die prompte Antwort, als sie ihn am Arm packte.

»Die Frau da im Kasten grad eben!« Sie deutete zum Fernsehapparat. Rosie hatte den Ton wieder abgewürgt, weil nach den Nachrichten nun der Wetterbericht folgte. »Die war in dem Touristenbus, zu dem Sie gestern abend geholt worden sind?«

»Stimmt genau! Und wenn ich gewußt hätte, daß ihre Touristen 'nen Aufstand machen und die Fenster zerdeppern würden, dann hätte ich Joe Book gebeten, daß er mitkommt und aufpaßt! Haben Sie 'ne Idee, was dazugehört, das Fensterglas von so'nem Superbus zu zertrümmern? Die müssen in ihren Handtaschen Hämmer mit herumschleppen!«

»Danke, genau das hab ich hören wollen.« Jenny wandte sich zu Steven um. »Begreifen Sie jetzt, was ich meine? Danke für die Einladung zum Abendessen, aber

— leider, nein danke. Ich muß an mein Telefon und erreichbar sein ... Ach, Scheiße! Das hab ich ja ganz vergessen! Ich muß ja erst zu meiner Karre zurücklaufen! Gute *Nacht!*«

Sie stapfte hinaus; es entstand beklommene Stille.

»Also!« sagte Colin schließlich. »Ich will bloß hoffen, daß von jetzt an bis zur Sperrstunde nicht noch Schlimmeres passiert ... Dr. Gloze, nicht wahr? Darf ich Ihnen noch einen Drink geben?«

Seine Frau mischte sich ein: »Oder hätten Sie lieber was Festes? Ich konnte ja schlecht überhören, daß Sie die junge Dame eigentlich zum Dinner haben einladen wollen. Es ist zwar nicht das gleiche wie drüben, aber ich könnte Ihnen in zwei Sekunden ein Welsh Rarebit fertig machen. Wir haben immer welche im Freezer. Für die Mikrowelle. Würde das gehen? Vielleicht mit einem Salat?«

»O ja, bitte«, seufzte Steven. »Und — vielleicht legen Sie sich auch besser zusätzliche Vorräte an. Für diese ganzen Journalisten, wissen Sie ...«

7. Kapitel

Aber Sie werden doch gewiß nicht so spät noch ausgehen, Mrs. Judger. — Nicht bei dem strömenden Regen!«

Mr. Phibson hatte sich im Flur des Pfarrhauses vor seiner Haushälterin aufgepflanzt, die mit beiden weißknöcheligen Händen fest ihren Regenschirm umklammert hielt.

»Nach dem, was Sie von Besessenheit vom Teufel gesagt haben, ziehe ich es vor, die Nacht lieber nicht unter diesem Dach zu verbringen. Darum gehe ich zu meiner Schwester. Ihr Frühstück hab ich Ihnen vorbereitet, und Sie brauchen nur noch den Wasserkessel zu kochen.«

»Aber ...«

»Ich komme zum Frühgottesdienst wie immer. Ob ich aber weiter in Ihren Diensten bleibe, das hängt allerdings von Ihnen ab.« Sie schniefte abwehrend. »Solchen Unsinn hab ich in meinem ganzen Leben nicht gehört! Verzeihen Sie die Offenheit, aber woher *Ihre* Teufel stammen, das weiß ich — aus der Karaffe da, die Sie *viel* zu oft leermachen, auch wenn Sie keine Besucher haben!«

Ein schrecklicher Argwohn stieg in Mr. Phibsons Kopf auf. Er flüsterte: »Haben etwa Sie den Erzdiakon angerufen?«

»Irgendwer mußte das ja!« sagte Mrs. Judger scharf. »Im Anfang hatte ich ja meine Zweifel, aber nach dem, was Sie dann beim Abendgottesdienst gesagt haben ... Wie Sie da abgekapselt in Ihrem Studierzimmer sitzen und fromme Sprüche für Ihre Sonntagspredigt zusammenerfinden, haben Sie natürlich nicht gehört, was im Dorf los ist. Sie haben die Leute gegeneinander aufgehetzt, verstehen Sie? Es gibt einen richtigen Skandal.

Einen *gewaltigen* Skandal! Ich verspreche Ihnen, wenn es auch nur das kleinste bißchen von solchem Unsinn wieder gibt, dann werde ich mich nicht bloß an den Erzdiakon wenden, sondern an Mr. Marmaduke persönlich! Der ist zwar alt, aber nach allem, was ich so höre, hat er den Verstand noch besser beisammen als dieser nichtsnutzige Sohn von ihm, der heute genauso verrückt geworden ist wie Sie, und wahrscheinlich aus dem gleichen Grund.«

Mr. Phibson stand verdattert da. Selten hatte er die Frau je solch eine lange Rede schwingen hören, und jedes Wort dabei traf ihn wie ein Hieb. Doch in seinem Herzen erstarkte mit der Entschlossenheit auch sein Widerspruchsgeist. Streng setzte er zum Gegenschlag an: »Sie glauben also nicht, daß der Böse Feind Macht besitzt?«

»Ich weiß nur, wieviel Sie heute nachmittag getrunken haben!«

»Aber Dr. Gloze hatte ja auch einige Gläschen!« wandte Mr. Phibson ein. »Sie können ihn ja fragen — er wird Ihnen berichten, daß ich es ihm verordnet habe, als Medizin ... Nein, Mrs. Judger, der Böse Feind besitzt *wahrlich* Macht, und es hat den Anschein, als hätte er bereits Besitz von Ihrem Herzen ergriffen! Bereuen Sie, bevor er sich Ihrer Seele bemächtigt!«

»Gute Nacht, Herr Pfarrer«, sagte Mrs. Judger, wandte sich mit einem Seufzer zur Tür und öffnete sie. In den platternden Regen hinein sagte sie: »Ich bin morgen früh in der Kirche, wie ich gesagt hab.« Und sie stapfte in die Dunkelheit hinaus.

Mr. Phibson ertappte sich dabei, daß er die rechte Hand erhoben hatte und die Worte eines Bannfluchs sich auf seine Lippen drängten. In dieser absurden Haltung verharrte er zögernd eine Weile. War es denkbar, daß die Frau recht hatte?

Aber dies zu akzeptieren, das hätte zugleich das Eingeständnis bedeutet, daß er selbst im Geiste verwirrt sei, entweder — wie sie behauptete — durch übermäßigen Genuß eines harmlosen und erquickenden Getränks, an das er seit den Tagen als Ordinandus gewöhnt war, oder aber weil der Herr ihm die Prüfung einer Geistesverwirrung bestimmt hatte. Er war gewiß kein Hiob, weiß der Himmel! Aber genügte es denn nicht, daß seine beiden Kinder, denen er nur mehr selten begegnete, sich von der Kirche abgewandt hatten? War es nicht genug, daß Maud, seine Ehegefährtin, von einem Emphysem dahingerafft worden war?

Er holte tief Luft und verhängte über Mrs. Judger den Bannspruch, dem er die Worte hinzufügte: »Und möge dein Schatten nie wieder über meine Schwelle fallen!«

Hinterher empfand er ein merkwürdiges Gefühl der Erleichterung. Als er zu Bett ging, trug er um den Hals ein Kreuz — ein Geschenk zur Erinnerung an seine Aufnahme in den Priesterstand, aber seit mindestens zwanzig Jahren fast vergessen —, und schlief dann ungewöhnlich tief und traumlos.

Im Wearystale Flat hatte es einen kleineren Aufstand gegeben, da Stick die versprochene Flasche Cider mitzubringen vergessen hatte. Und außerdem versuchten die Kleinen weit über die angemessene Schlafenszeit hinaus aufzubleiben.

Doch eine Umarmung und ein Kuß, nebst der Ankündigung von interessantem Tratsch — Sheila war ganz versessen auf den Dorfklatsch — und ein geflüsterter Hinweis auf die neue Grasernte, die sie noch nicht probiert hatte ... und Sheila lief in kürzester Zeit wieder brav im Ruder. Und ein bißchen Poltern und Grollen erfüllte den gleichen Zweck bei den Kleinen, während Sheila einen Salat für das Abendessen anmachte. Als die Mädchen mit frischgeputzten Zähnen und gewaschenen Gesichtern Gutenacht sagen kamen, schien alles wieder normal zu gehen.

Es muß an dem zweiten Krug Cider gelegen haben,

zu dem Dr. Gloze ihn eingeladen hatte, daß Stick gezielt auf den Saum ihrer T-Shirts blicken und sagen mußte: »Wollt ihr was Komisches hören?«

Eifrig ergriffen sie die Gelegenheit, das Zubettgehen noch ein wenig hinauszuschieben und kreischten alle beide wie aus einem Mund: »Was?«

»Ich bin sicher, daß ihr gestern Jungs wart!«

»Oh, *Stick!*« Das kam von Sheila, die sich verschluckte, als Gelächter und Tomatenstückchen aufeinanderstießen.

»Gefällt es euch besser, wenn ihr Mädchen seid?« fuhr Stick unbeirrbar fort.

»Eines Tages wirst du mich mit deinen dummen Witzen noch umbringen, du!« Sheila griff sich ihr Wasserglas und trank einen großen Schluck. »Du darfst wirklich nicht solche Knaller loslassen, wenn ich was im Mund hab ...«

Und dann fiel ihr und auch ihm auf, daß Hilary und Sam sich merkwürdige Blicke zuwarfen. Also schwiegen sie. Hin und wieder warteten Kinder nur auf die rechte Gelegenheit, um etwas sehr Entscheidendes von sich zu geben, und jetzt schien ein solcher Augenblick gekommen.

»*Ich* glaub, ich war gestern ein Junge«, sagte Sam plötzlich. Und Hilary krähte vor Lachen.

»Genau, das muß die glauben! Wißt ihr, was sie gestern in der Morgenpause gemacht hat? Auf die Jungentoilette ist sie gegangen!«

Sam lief an wie eine rote Rübe und murmelte: »Ich hab mich bloß blöd geirrt, weiter nichts.«

»Ich weiß! Du kannst links von rechts nicht unterscheiden, was? Oder das Schild mit KNABEN lesen ...«

Sams Gesicht begann sich in Falten zu legen. Sheila sagte scharf: »Das reicht jetzt, Hilary! Ich bin sicher, du hast schon genauso dumme Sachen gemacht!«

»Zum Beispiel heute«, murrte Sam gehässig.

»Zum Beispiel?« Stick legte tröstend den Arm um sie.

»Als Miss Wimford im Musikunterricht den Jungs gesagt hat, sie sollen singen, hat die Hilary mitgemacht und lauter gebrüllt als einer von denen!«

»Das hab ich nicht!« kreischte Hilary empört.

»Haste doch — haste doch — haste doch!« Sie riß sich von Stick los und hüpfte wild auf und ab.

»Ich habe doch bloß gemeint, daß sie gesagt hat, wir sollten da alle zusammen singen!« Zur Verblüffung der Erwachsenen klang Hilary, als wäre sie den Tränen nahe.

Stick gab Sheila mit einer Augenbraue ein Zeichen. Es bedeutete die unausgesprochene Frage: *Schlimmer Tag heute in der Schule?*

Sheilas Reaktion, eine Grimasse, bestätigte dies. Er stand auf. Mal wieder Zeit, den schweren Nicht-Vater zu spielen. Na ja, wenn sie das von ihm erwarteten ...

»Also, was sollte das Ganze?« fragte Sheila, als er sich wieder in seinen Sessel setzte. Er hatte die alte Tabaksdose mitgebracht, in der er eine winzige Menge Gras für Spliffs versteckt hielt — für den Fall, daß die Bullen mal überraschend zu Besuch kommen sollten. Wegen Joe Book machten sie sich keine Sorgen; wenn der mittlerweile nicht wußte, wer die Dealer am Ort waren, dann hatte er bei den Polypen nichts verloren, und ditto-ditto, wenn er bislang noch nicht geschnallt hatte, daß bei Parties die Gäste, die Hasch geraucht hatten, eher dazu neigten, friedlich in einer Ecke einzunicken, als daß sie 'ne Schlägerei anfingen wie Leute, die sich mit Alkohol vollgetankt haben ... also sollten Joe Book und seine Kameraden eigentlich verdammt dankbar sein.

Aber aus Chapminster und Hatterbridge und den Häfen an der Südküste kam immer wieder härterer Stoff hereingeweht, und Kunden, die das mal probiert hatten, nervten Stick immer wieder wegen Speed und sogar Koks, womit er nichts zu tun haben wollte, so daß es also unvermeidlich war, daß ihn einer seiner enttäuschten

Abnehmer früher oder später mal verpfeifen würde. Er hatte sich damit abgefunden.

Was hatte Sheila soeben gesagt? — Ach, ja.

Während er geschickt Krümel auf ein Deckblatt häufte und es zum Tubus drehte, sagte er: »Es stimmt. Als ich heut aufgewacht bin, war ich überzeugt, daß deine Kinder Jungs sind. Muß wohl einen lebhaften Traum gehabt haben.«

»Hmm!« lautete die scharfe Antwort. »Wenn sie es wären, hätten sie es leichter! Männer treiben sich in der Kneipe rum, anstatt ...«

»Oh, *Shee!*« Er beugte sich schmeichelnd zu ihr und drängte ihr den ersten Spliff auf, der ordentlicher gerollt war als jene, die er später machen würde. »Das haben wir doch schon durchgehechelt, und ich hab dir doch erklärt, daß mich der neue Doktor und dieses Mädchen vom *Chronicle* aufgehalten haben ...«

»Und ich finde immer noch, daß du kein Recht hast, sie als Mädchen zu bezeichnen! Würdest du 'nen Mann im gleichen Alter auch als ›Knaben‹ bezeichnen?«

Während er ihr Feuer gab, kicherte Stick innerlich. Diese Richtung hatten sie schon oft eingeschlagen, und es hatte jedesmal damit geendet, daß sie engumschlungen im Bett lagen. Er freute sich schon darauf.

Es funktionierte. Es gab nur einen Mißklang, und der war ziemlich seltsam. Ohne ersichtlichen Grund sagte Sheila plötzlich mit starrem Blick an seiner Schulter vorbei zur Decke blickend: »Hast du je davon geträumt, daß du ein Mädchen bist?«

»Was? — Nein, nicht daß ich mich erinnerte. Aber wenn das mit der Reinkarnation stimmt, dann möchte ich schon als Weibchen wiedergeboren werden und rausfinden, was ich verpaßt hab!«

Sie schien das Wesentliche nicht erfaßt zu haben, denn sie sagte: »Ich hab nie davon geträumt, daß ich ein Junge bin. Also, wieso sollten Hilary und Sam es dann? Hat sich ihr Bewußtsein schon so erweitert?«

»Wir können sie ja morgen früh danach fragen« — sein Atem heiß an Sheilas Ohr. »Oder am Samstag ... *Aber nicht grad jetzt!*«

Das Telefon klingelte. Sie kümmerten sich nicht darum. Auch später nicht, als es nochmals läutete.

Ursula Ellerford saß in dem hochlehnigen Ledersessel, den ihr Gatte bevorzugt hatte. Ihre schweißfeuchten Finger umklammerten die Armstützen. Sie mühte sich, nicht zu weinen.

Überall ringsum — und sie wußte es, oh, doch, sie wußte es, denn sie konnte zu beiden Seiten ihres winzigen schmalen Hauses — und ja, auch von der Straßenseite gegenüber — überall ringsum die Telefone klingeln hören ... überall um sie herum schwirrten die Informationen, der Tratsch, die *Neuigkeiten,* die sie hätten auf dem laufenden halten müssen, genau wie die übrigen Mitglieder der Weyharrow Society auf dem neuesten Informationsstand gehalten wurden, so daß sie bei jedem Monatsmeeting alle bestens im Bilde waren, während sie selbst, die ehrenamtliche Sekretärin, die sich um die Organisation der Gastredner kümmerte, die dafür sorgte, daß die Unkosten gedeckt wurden, und die der PR-Gruppe sagte, wieviel Geld sie für Plakate ausgeben durfte, die mahnte, der Verein müsse wieder seine Benefiz-Parties mit Wein und Käse veranstalten, wenn das Bankkonto mager wurde ... sie, die den Unrat beseitigte, den die Söhne der Mitglieder (und was waren das für betrunkene Lümmel!) hinterließen: umgeworfene Gläser, weggeworfene brennende Zigaretten, ja sogar Erbrochenes ...

Sie dagegen wurde im Stich gelassen, blieb in Unkenntnis über die Ereignisse. Denn wenn jemand sie, eine Witwe, zu den fast allabendlichen Geselligkeiten in diesem Dorf einladen würde, würde sich ja eine jede der Ehefrauen möglicherweise einbilden, daß sie, Ursula, es darauf abgesehen habe, sich den Ehemann zu schnappen. Also lud man Ursula besser erst gar nicht ein.

Auch wenn sie von ihr immer als der ›armen‹ Ursula redeten …

Der heutige Abend war unerträglich. Auch *ihr* Telefon klingelte ab und zu, vielleicht weil die eine oder andere barmherzige Seele — Phyllis Knabbe, zum Beispiel, an der auch nicht ein Quentchen Bosheit war — sie auf dem laufenden halten wollte.

Ihr aber wurde immer wieder verboten, den Hörer abzunehmen!

Ihre beiden mannsgroßen Söhne hockten finster vor dem TV, in dem ein Programm lief, das sie nicht sehen wollte und das anscheinend auch nicht das war, weswegen ihre Söhne normalerweise zu Hause geblieben wären. Doch jedesmal, wenn der Apparat klingelte, befahl ihr einer von beiden: »Rühr das nicht an! Das ist bestimmt über uns. Die Dorfidioten sind wieder hinter uns her!«

Ursula hatte immer wieder gefragt: »Aber, was habt ihr denn angestellt?«

Die Antworten waren bislang stets wie aus einem Munde gekommen: »Dieser blöde Hund von Lehrer!« Und: »Das verlogene Biest Eunice!«

Sie hatte eine Weile gebraucht, um in die sich überschneidenden Worte einen Sinn zu bringen. Und sobald sie soweit gediehen war, wünschte sie weitere Einzelheiten zu erfahren, wurde jedoch mit Geknurre und Flüchen abgespeist.

Am Ende kauerte sie sich dann in ihren Sessel, während ihr langsam und schrittweise bewußt wurde, wie sehr sie sich vor ihren Söhnen fürchtete. Und noch langsamer, doch mit dem unerbittlichen Knirschen eines wandernden Gletschers, begann sie zu begreifen, daß sie sich genauso vor ihrem Mann gefürchtet hatte.

Und daß ihre Söhne sie genauso behandelten, wie er es getan hatte.

Sie gelangte zu dem Schluß, daß sie am sichersten war, wenn sie sich absolut still verhielt. Auch wenn das Telefon jetzt wieder schrillte, noch hartnäckiger als vorher, sie durfte durch nichts verraten, daß sie es gehört habe. Sie holte tief Luft, faßte einen herzhaften Entschluß und saß *reglos*.

Auch im Gang des Doktorhauses schrillte das Telefon. Im Obergeschoß wollte Steven sich gerade ausziehen. Nach dem ungewöhnlichen Abend fühlte er sich ziemlich bedrückt. Wer hätte gedacht, daß ein Mädchen wie Jenny Severance imstande sein könnte, eine kleine Irregularität des Ortsgeistlichen zu einem landesweiten Skandal aufzublasen? Das war ihrer unwürdig! Und Mr. Phibson brauchte offensichtlich sachkundige Behandlung. Aber wie könnte man ihn dazu bewegen ...?

Moment mal! Wenn das Telefon hier klingelte, anstatt in einer der Praxen in Hatterbridge oder Chapminster, die den Notdienst hatten — Steven wußte genau, wann er für den nächtlichen Notdienst zuständig war, denn er hatte es sich besonders angelegen sein lassen, das zu prüfen ... nach der einen üblen Erfahrung in London, wo er sich Nacht für Nacht, ohne Ablösung, für die Bereitschaft eingeteilt gesehen hatte —, nun, dann bedeutete dies, daß jemand privat hier anrief ...

Jenny?

Steven raste die Treppe hinunter und rief: »Hallo!«

Doch die antwortende Stimme war die eines ihm unbekannten Mannes. »Doktor? Hier ist Paul Ellerford. Es geht um meine Mutter. Sie will sich nicht bewegen. Sie spricht auch nicht mehr.« Der Mann keuchte, und Steven erkannte, daß er sehr jung sein mußte — ein Teenager höchstens. »Wir haben ferngesehen, und sie ist einfach ohnmächtig geworden!«

Ein Ruf aus dem Hintergrund, den Steven deutlich verstehen konnte: »Sie ist nicht tot! Ich hab ihr den Puls gefühlt! Sie bewegt sich bloß einfach nicht mehr!«

Steven stieß einen schweren Seufzer aus, während er überlegte, ob er alles Nötige in seiner Besuchstasche hatte.

»Also gut. Nennen Sie mir Ihre Adresse und beschreiben Sie mir, wie ich dort hinkomme ...«

Nachdem er das Haus verlassen hatte, klingelte das Telefon noch mehrmals. In der Ortsvermittlung war vor kurzem eine automatische Schaltung eingerichtet worden, um Arztanrufe in bestimmten Zeitintervallen umzuleiten, von einer Nummer zur nächsten, bis es klappte. Allerdings hatte jemand dabei vergessen, den Automaten dahingehend zu instruieren, daß ein Arzt, sobald er einen Notruf einmal angenommen hatte, möglicherweise eine ganz beträchtliche Zeit lang außer Hauses sein würde, so daß der Automat also den Notruf unterbrechen und die Nummer eines anderen Arztes rufen sollte.

Statt dessen jedoch litt der Apparat unter dem Eindruck, daß ein Arzt, sobald bei seinem Apparat der Anruf entgegengenommen sei, garantiert bis auf Widerruf unter eben dieser Nummer erreichbar sein müsse. In Tränenströmen und hysterischen Zusammenbrüchen nahe, ließen andere Menschen es klingeln und klingeln und klingeln ...

Mr. Jacksett hätte es beinahe getan, nicht so sehr um seiner selbst willen, sondern wegen seiner Frau, Judy. Bis zur letzten Minute vor Ladenschluß hatten seine Kunden entweder telefoniert oder waren persönlich ins Geschäft zurückgekommen und hatten empört gefragt, warum man ihnen statt der verlangten Dosensardinen Thunfisch gegeben habe, oder backfertige Kuchenmischungen, statt Vollkornmehl, oder Apfelsaft, anstelle der gewünschten langlebigen H-Milch. Konnte er denn gar nichts anständig erledigen, wo doch seine Preise sowieso schon höher waren als die in den Supermärkten in Chapminster und Hatterbridge?

Und dann quengelten die Kinder gräßlich herum, weil ihr Hund Boyo noch immer nicht heimgekommen war.

Und darüber und angesichts der Aussicht auf die Schufterei, wenn die zurückgegebene Ware sortiert und wieder in die Regale gestellt werden mußte — *und* die ganze neue Preisauszeichnung mit dem korrekten Preis, denn sie schlugen ein, zwei Pennies bei Waren, die ins Haus geliefert wurden, auf, um den Lohn reinzuwirtschaften, den sie Peter Lodd bezahlten, dem Fahrradbotenjungen, der die Waren ausfuhr, nachdem er seine morgendliche Zeitungsrunde durch den Ort gemacht hatte — da hatten dann beide, Roy und Judy Jacksett, die Nerven verloren. Sie hatte ihren Gatten, der einer der nüchternsten Männer in Weyharrow war, der Trunkenheit beschuldigt, weil er sich für eine karge halbe Stunde freigenommen hatte und ins ›Marriage‹ gegangen war, wo er — wie er ausdrücklich sagte — ein paar ihrer Stammkunden zu erwischen und sich bei ihnen zu entschuldigen gedachte. Allerdings stimmte es, daß seine Frau während seiner Abwesenheit mit der Arbeit weitergemacht hatte und daß er viel länger weggeblieben war, als er angekündigt hatte, und als er dann endlich zurückkam, hatte Judy getobt wegen all der Sachen, die sie würden aufessen müssen, weil sie sonst verderben würden ...

Roy Jacksett, ein ziemlich unerschütterbarer Typ und außerdem an derartige Szenen, wenn auch nicht von den heutigen Ausmaßen, gewöhnt, versuchte seine Gattin im weiteren restlichen Verlauf des Abends immer wieder zu beschwichtigen, mit dem Erfolg, daß sie eine zweite Tasse von dem Pulverkaffee trank — den ein Kunde zurückgegeben hatte, der eine koffeinfreie Marke bestellt hatte — und dann behauptete, sie könne nicht einschlafen, so daß er ihr eine von den Schlaftabletten hatte holen müssen, die ihr Dr. Tripkin verordnet hatte.

Es war Monate her, seit sie zuletzt nach einer verlangt hatte, und auf dem Etikett, das der Apotheker Ratch auf die Flasche geklebt hatte, hieß es, die Kapseln seien nur bis März des laufenden Jahres haltbar. Und jetzt war Oktober. Mr. Jacksett, gewohnt, Ware nach ihrem Verfallsdatum abzuschreiben, hatte dies erwähnt.

Der daraufhin ausgebrochene Krach hatte ihn veranlaßt, im Doktorhaus anzurufen; er konnte sehen, daß dort noch Licht brannte. Aber er bekam keine Verbindung, und als er ging, um Judy seine Entschuldigungen zu unterbreiten, lag sie im Bett und schnarchte. Beträchtlich erleichtert, gesellte er sich zu ihr.

Doch es dauerte lang, bis er einschlafen konnte. Wo *war* bloß der verdammte Köter?

Das Geschäft lief flau an diesem Abend im ›Bridge Hotel‹. Mr. Mender entschloß sich, den Speisesaal früher zu schließen, und sagte zu Tim Wamble, dem Koch, er könne die Küche aufräumen.

Nachdem er damit fertig war und sich umgezogen hatte, schlüpfte Tim in die Bar, um sich einen Schlummertrunk zu gönnen. Der Hotelier warf ihm einen ärgerlichen Blick zu — es war ihm keineswegs recht, wenn die Angestellten sich unter die Gäste mischten —, sagte jedoch nichts. Personal war schwer aufzutreiben, und abgesehen von dem einen merkwürdigen Fehler am Morgen hatte Tim sich als guter Arbeiter und als verläßlich erwiesen.

Es waren zwei Gäste da, anscheinend verheiratet, so wie sie aussahen, die sich in gedämpftem Ton unterhielten, und ein dritter Bargast, den Tim kannte: Mr. Ratch, der Apotheker, ein Pudding von Mann mit dicken Brillengläsern und einer schimmernden Glatze. Höchst uncharakteristisch bei ihm, er süffelte sich durch eine Reihe von Pink Gins hindurch, und das hatte ihm die Zunge gelöst.

»Ich *komm* nicht drüber weg!« stieß er immer wieder

hervor und ging dann dazu über, zu beschreiben, worüber hinwegzukommen ihm nicht gelingen wollte. Aus dem müden Ausdruck in Mr. Menders Gesicht schloß Tim, daß es bei weitem nicht das erste Mal war, daß Mr. Ratch mit mehr oder weniger gleichen Worten sich Luft verschaffte.

»Also, ich mein, in einem Dorf wie hier bei uns? Wenn man sich da nicht auf den Doktor und den Pfarrer verlassen kann, zu wem soll man dann gehen? In der alten Zeit hätte man gesagt, auf den Squire, nehme ich an, aber wo der arme alte Marmaduke Goodsir in so schlechtem Zustand ist, und nachdem Basil sich so höchst ungewöhnlich aufgeführt hat ...«

Er schien zu merken, daß Mr. Menders Aufmerksamkeit ihm entglitt, und so suchte er nach einem noch jungfräulichen Zuhörer. Als er Tim erspäht hatte, drehte er sich auf dem Hocker zu ihm um und forderte ihn streng auf: »Und was halten *Sie* von dem, was sich da abspielt?«

»Ich fürchte, ich weiß nicht, wovon Sie reden«, antwortete Tim schüchtern. »Ich war den ganzen Tag in der Küche.«

»Wollen Sie etwa damit sagen, daß Sie nicht gehört haben, wie der momentane Stellvertreter unseres Dorfarztes mir eine Verordnung eines schlachtwarmen Huhns rübergeschickt hat? — Auf Rezept!« Mr. Ratch war entzückt. Er rutschte auf den Hocker neben Tim und schloß damit die gesellschaftliche Kluft. »Sie haben wirklich noch nichts davon gehört, daß unser Pfarrer, Mr. Phibson, vom Teufel besessen ist? Oder daß Basil Goodsir gesagt hat, man muß Leute für Schafsdiebstahl an den Galgen hängen? Also, dann lassen Sie sich mal von mir auf den neuesten Stand der Dinge bringen!«

Während Mr. Mender, leidlich erleichtert, die leeren Gläser für Megan, die Bardame, zum Spülen einsammelte, und während Tim zuhörte, stieg in ihm eine leise, ganz persönliche Angst auf. Er selber war doch auch so merkwürdig fest überzeugt gewesen, was das Tagesgericht anging, oder nicht? Er war sich sehr komisch vorgekommen, als er entdeckte, daß Mr. Mender recht, er selbst aber unbezweifelbar unrecht gehabt hatte, und das trotz seiner inneren Gewißheit. Wenn man sich nicht einmal mehr auf die eigene Erinnerung verlassen konnte ... Ob Mr. Mender davon erzählt hatte?

Anscheinend nicht, denn andernfalls würde Mr. Ratch den Vorfall bestimmt in seine lange Liste von unerklärbaren Ereignissen aufgenommen haben. Zu den schon erwähnten fügte er hinzu, was Mary Flakes mit den Blockets gemacht und was Miss Knabbe angeblich mit Mrs. O'Pheale zu tun versucht hatte, und dann noch ein paar sehr sonderbare Geschichten, die seine Kinder berichtet hätten, als sie vom Unterricht heimkamen; die jüngere, die hier in die Ortsschule ging, gluckste über das Betragen der Surrean-Mädchen, der ältere, der Fahrschüler war und in Powte, lachte hemmungslos über irgendeinen Streich, den sie einem der hochnäsigen Ellerfordjungen gespielt hatten ...

»Nehmen Sie das alles zusammen«, schloß Mr. Ratch triumphierend, »und was kriegen Sie unterm Strich raus, he? Sieht das so aus, wie wenn der Teufel es auf Unheilstiften abgesehen hat? Nun, das ist es genau, was unser Pfarrer, Mr. Phibson, predigt, mehr oder weniger!«

Tim schüttelte in höflicher Verwunderung den Kopf und fragte sich, ob das, was da mit ihm passiert war, nach einem Streich aussah, den ihm der Böse Feind gespielt hatte. Er entschied dagegen und trank sein Glas aus.

»Also, ich bin sicher, das geht auch wieder vorbei«, sagte er und glitt vom Hocker. »Aber jetzt, entschuldigen Sie mich bitte ...«

Sobald die Pendeltür hinter ihm zur Ruhe gekommen war, beugte sich Mr. Mender vertrauenheischend über die Theke.

»Mir ist grad was eingefallen«, sagte er. »Sie wissen ja, der Junge ist mein Koch. Also, heute morgen hat er sich sehr seltsam benommen. Obwohl, er scheint ja drüber weg zu sein. Trotzdem, es war sehr merkwürdig.«

Mr. Ratch schickte sich gerade an, das weitere interessiert zu hören, als auf der Brücke eine Sirene zu kreischen begann. Sämtliche Augen richteten sich auf die regenverwaschenen, aber vorhanglosen Fenster zur Straße, und Megan hielt, mit einem triefenden Glas in der Hand, inne und fragte ins Leere: »Feuerwehr?«

»Krankenwagen«, sagte Mr. Ratch mit Autorität — und da war er schon und schoß mit blitzendem Blaulicht vorbei. »Hmmm! Möchte wissen, was da wieder los ist. Darf ich mal Ihr Telefon benutzen, Nigel?« Dies galt Mr. Mender.

»Bitte sehr.«

Kurz darauf war er wieder da, aber er wirkte verwirrt.

»Anscheinend geht's um Mrs. Ellerford. Kollaps oder so.«

»Mrs. Ellerton? Kenn ich die?«

»Sekretärin der Weyharrow Society. Hält sich sonst ziemlich abseits.«

»Ah ja, jetzt fällt mir ihr Name wieder ein ... Was meinen Sie, ob sie durchkommt? Ich meine, wenn man bedenkt, was Sie da über unsern Doktorersatz gesagt haben ...«

»Jedenfalls war er vernünftig genug, einen Notwagen zu rufen. Dort wird man sich um sie kümmern. Übrigens, da ist auch noch was Komisches, das ich vorhin vergessen habe zu erwähnen. Wie mein Ältester berichtete, kamen ihre beiden Söhne heute in die Schule und beklagten sich über ihr merkwürdiges Verhalten beim Frühstück. Da hat sie ihnen irgendso 'ne schleimige Pampe vorgesetzt und felsenfest behauptet, daß sie das immer bekämen. War es aber nicht. Sie sagten, sowas hätten sie nie zuvor gesehen.«

Er wackelte mit dem halbkahlen Schädel feierlich hin und her.

»Teufel oder nicht, Nigel, man kann nicht bestreiten, daß hier was ziemlich faul ist.«

»Joe, wohin gehst du?« fragte Yvonne, über das Treppengeländer gebeugt. Sie hatte sich fürs Bett zurechtgemacht, rosa Nylonnachthemd, Pantöffelchen mit Nylonpelzbesatz, blauer gesteppter Morgenrock. Als sie aus dem Bad kam, hatte sie erwartet, daß ihr Mann sich ebenfalls schon ausgezogen hätte. Statt dessen stand er drunten im Flur, knöpfte sich die Jacke zu und hangelte sich das Regencape vom Haken.

Auf einmal fügte sie hinzu: »War da wieder ein Anruf, den ich nicht gehört habe, weil das Badewasser ablief?«

»Nein.« Joe seufzte. Der Abend hatte aus einer langen Serie von Telefonanrufen bestanden, wobei sich die meisten Anrufer beschwerten, daß im Doktorhaus keiner ans Telefon ging und der Anruf nicht weitergeschaltet wurde. Aber er hatte sich mit dem Amt in Verbindung gesetzt und die Geschichte geklärt. »Nein«, sagte er noch einmal. »Aber während du droben warst, hab ich einen Krankenwagen vorbeifahren hören. Ich glaube, er hat am Anger gehalten. Ich geh nur mal nachschauen, was los ist.«

»Mußt du denn?«

»Ich glaub, es ist besser. Ich mach so schnell wie möglich.« Er hauchte ihr einen Kuß zu und eilte in den Regen hinaus.

Alleingelassen, dachte Yvonne trübsinnig darüber nach, ob es wirklich klug gewesen war, daß sie einen Polizisten geheiratet hatte.

Besonders, wo jetzt die Kinder älter waren und von ihren Schulfreunden schrecklich oft aufgezogen wurden …

Trotzdem, sie hatten Glück, daß ihr Vater Arbeit hatte. Wenigstens Arbeit, egal welche. Die Väter so vieler anderer Kinder waren arbeitslos. Vielleicht war es vorwiegend Neid.

Von diesem Gedanken ein wenig getröstet, begab sie sich ins Bett.

»Will es nicht richtig laufen?« fragte Carol Draycock eifrig und schaltete per Fernbedienung den Ton im TV ab.

Victor hatte den ganzen Abend lang mühsam den Artikel zu rekonstruieren versucht, den er am Morgen in solch flüssigem markanten Stil verfertigt hatte. Als er nun aus seinem Dachkabuff wieder ins Wohnzimmer kam, blickte er nur finster drein und schüttelte den Kopf.

»Ich kapier nicht, was da schiefgelaufen ist!« sagte er zum zwanzigstenmal. »Ich kenne die ganzen wichtigen Kommandos auswendig! Und ich muß bloß noch ab und zu die seltenen nachschauen, die ich kaum brauche. Und ich hätte schwören können, daß ich die Funktion so genau kenne wie meinen eigenen Namen!«

»Hast du in der Anleitung nachgeguckt?«

»Klar hab ich das!«

»Und ...?«

»Und es ist anders, als ich mich erinnere!« Er ließ sich in einen Armsessel fallen und schüttelte verwirrt den Kopf.

Carol blickte ihn lange fest an. Schließlich sagte sie: »Und du verabscheust es doch so sehr, nicht recht zu haben, nicht wahr?«

»Zeig mir jemand, dem das Spaß macht!« lautete die knappe Antwort.

»Also, ich meine, du solltest dich allmählich an den Gedanken gewöhnen, daß auch du zwangsläufig ab und zu Fehler machst.«

»Hab ich das nicht heute bereits reichlich bewiesen? Erst diese verdammte Maschine, dann der verdammte

Ellerford-Lümmel, dann der verdammte Direktor — ich hab 'ne ganze Tagesladung voll von verdammtem Mist gehabt!«

»Das ist aber trotzdem kein Grund, mich anzuschnauzen! — Ich geh und mach mir eine heiße Schokolade. Magst du auch was?«

»Ja, bitte — Nein, in dem Zustand, in dem ich bin, hindert mich vielleicht sogar Schokolade am Einschlafen. Eine Tasse Bovril-Fleischbrühe und etwas Milch, bitte. Ich hab nicht viel gegessen heute abend, nicht wahr?«

Doch hinterher hockte er noch fast eine Stunde lang brütend herum, ehe sie ihn dazu überreden konnte, sich ins Bett zu legen.

Phyllis Knabbe lag schlaflos und in Tränen allein in ihrem Häuschen. Moira war nicht zurückgekommen. Zweifellos hatte sie ihr brutales Versprechen wahrgemacht und sich einen Mann für die Nacht gesucht. Sie hatte die Drohung jedenfalls noch einmal wiederholt, als sie sich ins Wirtshaus aufmachte.

Oh, die Gesichter der Leute, als Miss Knabbe sich nachmittags endlich hinausgewagt hatte, um ein paar dringende Einkäufe zu tätigen ...! Die Kinder waren am bösesten gewesen. Sie war gerade an der Haltestelle am Dorfanger, als Tom Fidger mit dem Schulbus zurückkam. Wie die Sache bis zu den Kindern gedrungen sein konnte, das vermochte sie sich kaum vorzustellen, aber offensichtlich wußten sie Bescheid (Ob Tom es ihnen erzählt hatte? Würde er sowas tun?), denn sie grinsten und warfen sich spöttische Bemerkungen zu, und man brauchte es Miss Knabbe nicht erst zu sagen, daß dies auf sie gezielt war. Ja, sogar die Jungen der Ursula Ellerford, die in der Regel recht höflich waren, hatten sich an ihr vorbeigedrückt, als hätten sie Miss Knabbe nicht erkannt. Genügte das nicht als Beweis?

Sie hatte Ursula mehrmals anzurufen versucht. Aber

es hatte niemand abgehoben. Also war klar, daß auch Ursula der Idiotin auswich, die etwas derart Skandalöses getan hatte.

Und ihr war noch nicht einmal die Gesellschaft von Rufus als Trost gegönnt. Er war den ganzen Tag lang nicht heimgekommen. Nicht einmal, als der Regen einsetzte.

Schließlich hatte sie sich gezwungen, aus dem Bett zu kriechen, und war ins Bad gegangen. Im Arzneischränkchen stand eine fast volle Flasche Schlaftabletten. Sie füllte einen Becher mit Wasser und schüttelte zwei Tabletten in die Hand. Als sie diese geschluckt hatte, zögerte sie einen Augenblick lang, dann stand ihr Entschluß fest.

Sie schüttelte Tablette um Tablette in die Hand und schluckte und schluckte …

In den frühen Morgenstunden mauzte der Kater Rufus sich an der Küchentür die Lungen aus dem Hals. Miss Knabbe war weit fort und konnte ihn nicht hören. Und würde ihn nie mehr hören.

Ken Pecklow war mit der mühsamen Niederschrift der Schadensbeschreibung seines Rübenfeldes beschäftigt, wobei er über den Trick kichern mußte, den Mr. Haggledon, der Rechtsanwalt, vorgeschlagen hatte: er sollte versuchen, einen Versicherungsschaden anzumelden, und es der Versicherung überlassen, das Geld von den Vikes-Leuten zurückzubekommen. Ein schlauer Hund, dieser Mr. Haggledon! Ken wäre von alleine nie auf sowas gekommen.

Ab und zu allerdings hielt er inne, und dabei sah er ziemlich bedrückt aus.

Der Harry Vikes war nicht verrückt. Oder jedenfalls hatte er sich noch nie vorher so verrückt angestellt. Mißlaunig, das schon — trank auch ab und zu ein bißchen zuviel, aber nicht vergleichbar mit dem, was die Joyce sich da von Zeit zu Zeit leistete. Die beiden Familien konnten sich zwar nicht leiden, aber das war was anderes. Diese Geschichte da, die war *ganz* anders und sehr befremdend.

Und es war auch nicht bloß ein weiteres Stadium in einer fortgesetzten anständigen Erbfehde, nein, auch das nicht.

Aber ...

Hin und wieder hatte Ken im *Farmer's Weekly* beiläufige Hinweise gefunden, was für gesundheitliche Schäden möglicherweise den Benutzern bestimmter chemischer Sprühmittel drohten. Aber, nun ja, schließlich benutzten ja alle das Zeug — diese Insektizide, diese Herbizide, diese Fungizide — und man hörte eigentlich nie was davon, daß einer daran gestorben wäre, oder krank geworden, also wenigstens nicht ernstlich. Sicher, da hatte es letzte Woche oder so diesen Fall im Fernsehen gegeben, aber das war ja kein Bauer gewesen, sondern bloß jemand, der auf dem Fahrrad an einem Feld vorbeiradelte, während dort gespritzt wurde, und das war ja nicht mit den hiesigen Umständen vergleichbar, weil das Zeug aus einem Flugzeug kam.

Andererseits *hatte* Harry aber dieses neue Schädlingsbekämpfungsmittel gekauft und damit geprahlt, wieviel es gekostet hatte und wieviel er damit auf lange Sicht gespart hätte. Hatte da rumgeprahlt, wo Ken Pecklow es hören konnte, in der ›Hochzeit‹, mehr als einmal, weil er wußte, daß Ken sich das in diesem Jahr nicht leisten konnte.

Könnte es also etwas damit zu tun haben, daß Harry ...?

Nein. Ausgeschlossen! Wenn das Zeug dermaßen gefährlich wäre, würde die Regierung den Verkauf niemals zulassen. Außerdem, der Pfarrer hatte gesagt ... — und wenn du schon dem Pfarrer nicht mehr glauben kannst, wem dann?

Er machte sich wieder an die ungewohnte, langwierige Aufgabe und versprach sich selbst, daß er am kommenden Sonntag in die Kirche gehen würde. Er war seit Weihnachten nicht mehr dort gewesen.

Ab und zu tastete seine Zunge nach dem abgebrochenen Zahn. Ein geringer Preis für das Vergnügen, dem Harry die Nase zerschmettert zu haben.

Harry Vikes hatte Joyce ins Bett geschafft, und da lag sie jetzt und schnarchte grunzend. Er saß mit Chief allein in der Küche und nahm sein Abendessen zu sich, hausgemachten Cider, er überdachte den verflossenen Tag und wünschte, er könnte sich unter dem Tamponpflaster an der Nase kratzen.

Alles war die reinste Katastrophe gewesen. Es war ihm nicht einmal gelungen, das kranke Kuhkalb zu retten; als er am Nachmittag schließlich doch noch Mr. Bachery, den Tierarzt, hatte holen müssen, kam jede Hilfe zu spät. Und das hieß — eine deftige Rechnung, und kein müder Lappen Gewinn.

Doch, er konnte gern glauben, daß der Teufel in Weyharrow am Werk war — wie der Pfarrer behauptete. Es war nicht natürlich, was passiert war. Er *konnte* einfach nicht vergessen haben, daß das Stück Land, das er gewöhnlich von Mr. Mender in Pacht hatte, in diesem Jahr Ken gehörte. Und dennoch, es gab Beweise, daß er es vergessen hatte ...

Andererseits war Joyce ja religiös, aber ihr Geifern und ihre Bibelsprüche hatten ihnen auch nicht geholfen, oder?

Am Ende schlummerte er mit dem Kopf auf den Armen ein, und erst Chiefs Gebell, der hinausgelassen werden wollte, weckte ihn noch rechtzeitig zum Frühmelken.

Als er wieder ins Haus kam, war Joyce aufgestanden und angezogen, und anscheinend keineswegs stark mitgenommen, und bestand darauf, daß er sie in die Kirche begleite.

Ergeben ging er sich umziehen und rasieren.

Zur Erbitterung des Rentnerehepaares, bei dem sie ein Zimmer gemietet hatte, klingelte das Telefon, dessen Nummer Jenny ihren Verbindungsleuten in der Fleet Street gegeben hatte, den ganzen Abend hindurch mindestens so oft wie das des Polizisten Books. Nachdem ihr Zimmerwirt nebst Gattin (die beiden waren Frühaufsteher) sich zu Bett begeben hatten, wartete Jenny neben dem Apparat im Flur, um beim ersten Klingeln den Hörer hochzureißen.

Die Reaktion, die sie ausgelöst hatte, begann ihr allmählich ein wenig Sorgen zu machen. An jedem gewöhnlichen Tag hätte ein Thema wie das vom plötzlich ausgebrochenen Wahnsinn eines Dorfpfarrers im West Country bestenfalls ein, zwei Absätze in einem Einspalter auf einer Innenseite bekommen. Aber jetzt sah es so aus, als ob die überregionalen Sonntagszeitungen mit einem langweiligen Wochenende rechneten, besonders die Massenblätter, die als Aufmacher nur ungern Rüstungsbegrenzungsdebatten bei den Vereinten Nationen oder Berichte über eine Rüge des Europäischen Gerichtshofes für Großbritannien brachten. Ein irrer Pfarrer in einem vom Teufel befallenen Dorf dagegen, das war genau, was sie sich wünschten.

Als dann endlich eine Viertelstunde ohne Telefonschrillen vergangen war, fiel ihr ein, daß sie an diesem Abend ja gar nichts gegessen hatte. Sie schlich sich in die Küche, um sich Tee und Toast und ein Spiegelei zu bereiten, und dachte dabei mit Bedauern an das Essen, zu dem Steven sie eingeladen hatte.

Immerhin, sie hatte eine vernünftige Entscheidung getroffen, als sie sich an die Sonntagsblätter und nicht an die Tageszeitungen gewandt hatte. Im letzteren Fall hätte die ganze Story durch eine kurze Veröffentlichung in ein paar unbedeutenden Blättern kaputtgemacht werden können, zweifellos durch witzelnden, spöttischen Tonfall, und sie selbst hätte dabei gar nichts für sich herausgeschlagen. Außerdem war es nicht unwahrscheinlich, daß die Dorfbewohner, sobald sie Weyharrow derart an den Pranger gestellt sahen, auf stur schalten würden und in geschlossener Front gegenüber sämtlichen Reportern (einschließlich Jenny selbst!) alles dementieren würden.

Aber wie die Dinge jetzt lagen, hatte sie den Auftrag von wenigstens zwei beliebten Sonntagszeitungen, morgen telefonisch über den neuesten Stand zu berichten, wofür sie nach Gewerkschaftstarif honoriert werden sollte, und von einem Blatt praktisch das Versprechen, daß man, wenn man am Samstag keinen Reporter freimachen könne, Jennys Story ankaufen und groß herausbringen werde. Auf welche Weise dies sich auf ihre Beziehung zu Ian Tenterwell auswirken würde, das hatte sie noch nicht genau bedacht, und es war ihr auch ziemlich egal. Nachdem sie jetzt kaum mehr als ein halbes Jahr beim *Chronicle* gearbeitet hatte, war sie angeödet und frustriert. Und dies jetzt schien die bisher beste Chance zu sein, die sich ihr bot, sich in die Spitzenklasse vorzuschieben.

Während sie ins Bett schlüpfte, verspürte sie eigentlich nur wegen einer Sache wirkliches Bedauern, daß sie nämlich Steven nicht ausgiebig genug über sein persönliches sonderbares Erlebnis am Morgen ausgequetscht hatte. Es war ja schön und gut, diese Teufelgeschichte an die Sensationspresse weiterzuverbreiten; aber hätte sie sich nicht vielleicht doch so eine Art Rückversicherung durch eine rational-vernünftige Erklärung in Reserve halten müssen, wie sie ein Mediziner abgeben könnte? Angenommen, nur zum Beispiel, es stellte sich heraus, daß die Sache auf irgendwas im Trinkwasser zurückzuführen war ... oder etwas, das einer der örtlichen Bauern gespritzt hatte (und zwei von denen waren schließlich heute durchgedreht, oder?)... oder noch besser, wenn jemand Drogen in den Abendmahlswein gemischt hätte ... Nein, das würde nicht reinpassen ...

Dann schlief sie und träumte von internationalem

Ruhm. Die Träume wären höchst köstlich und genußvoll gewesen, wenn sich dabei nicht unablässig ein ziemlich linkischer junger Mann an sie gedrängt hätte, der ihr taktloserweise zu sagen versuchte, daß sie irgendwie einen ganz schrecklichen Fehler gemacht hatte ...

Der Abend in Weyharrow Court war unbeschreiblich scheußlich gewesen. Das Getöse des Regens auf dem hallenden Tach, Regen, der aus vernachlässigten Dachrinnen überfloß und unkontrolliert gegen Mauern und Fenster platschte, waren die passenden Untermalungsgeräusche für das Konzert von haßerfüllten Stimmen im Innern des Hauses. Dirigent war selbstverständlich Helen, und Basil war der Solist.

Cedric beglückwünschte sich, daß er so gescheit gewesen war, bei Sheila Surrean vorbeizuschauen und ein Quantum von dem prima neuen Gras von Stick zu kaufen. Davon hatte er nicht nur beim Dinner mit Appetit essen können — ungeachtet der Tatsache, daß das Hauptgericht irgendein abscheulicher Eintopf war; es hatte ihn auch immunisiert gegen die rachsüchtigen mit Widerhaken gespickten Gesprächsharpunen, die unablässig zwischen seinen Eltern hin- und herschwirrten, weil Ralph Haggledon, der Anwalt, eben *nicht* mit einem Psychiater im Schlepptau aufgekreuzt war und sich als eigentümlich unbeeindruckt von der Behauptung Helens gezeigt hatte, daß Basil jetzt schon reif für die Anstalt sei. Ab und zu war es Cedric — was seine Eltern unendlich verdroß — sogar gelungen, hinter seiner Serviette zu kichern.

Und wenn dies geschah, entspannte sich das normalerweise steinerne und grimmige Maskengesicht des alten Marmaduke ein klein wenig, sogar so weit, daß es Cedric ab und zu zuzwinkerte.

Urplötzlich traf Cedric eine Erkenntnis. War es möglich ...? Aber natürlich! Es war sehr wohl denkbar, daß der alte Herr, der sich noch am gleichen Morgen über das fröhliche Lachen seines Enkelsohnes geäußert hatte, nicht die geringste Ahnung hatte, wodurch dieses Lachen ausgelöst wurde. Neigte der Greis nicht schließlich dazu, an dem jungen Volk scharfe Kritik zu üben, das da alljährlich über Weyharrow hereinbrach? Lautete nicht sein Hauptvorwurf, daß sie schmutzig seien und Drogen nähmen? Die erste Anschuldigung würde Cedric heftig bestritten haben, aber was die zweite anging ...

Und darüber mußte er erneut kichern, aber diesmal laut.

Und gerade als Helen und Basil sich ihm zornfunkelnd zuwandten, klingelte wie durch göttliche Fügung draußen im Gang das Telefon. Cedric sprang auf und warf die Serviette auf seinen Stuhl.

»Ich geh schon!« — und ließ dem Wort die Tat folgen.

»Wahrscheinlich ist es für mich!« rief Helen hinter ihm her. »Ich erwarte einen Anruf von Marge Grewsam.«

»Glaub kein Wort von dem, was die alte Hexe sagt!« rief Basil ihm nach.

»Hast du ganz vergessen, wie erfreut du warst, als sie ein gutes Wort für dich eingelegt hat, damit du noch auf die Liste der Friedensrichter kamst?« konterte Helen eisig.

Marmaduke sagte scharf: »Könnt ihr zwei nicht vernünftig miteinander reden?«

»Nach dem, was *er* heute getan hat ...?«/»So, wie *sie* mich in der letzten Zeit behandelt hat ...?«

Der alte Mann schottete seine Ohren ab. Diese Litanei konnte — wie es in dem blöden Spruch hieß — ›auf immer und ewig‹ so weitergehen.

Cedric hatte die Tür fest hinter sich zugezogen und nahm den Hörer ab.

»Hallo!«

»Hi!« sagte eine männliche Stimme, die ihm irgendwie bekannt vorkam. »Du bist Cedric, ja? Ist Stick dort?«

»Stick?« wiederholte Cedric durch einen Marihuanaschleier. »Nein, der hat die Nummer ...«

»Shit, Mann, seine Nummer hab ich, aber da meldet sich keiner. Die Nummer hab ich damals auch gekriegt, seine und deine. In der Sonnwendnacht!«

Ein Erinnerungsblitzen schoß durch Cedrics Hirn: lodernde Fackeln, Wünschelrutengänger beiderlei Geschlechts — einige davon, zum Entsetzen der Ortseinwohner, in ›himmlischem Gewande‹, also splitterfasernackt — mit gegabelten Haselruten in den Händen, die um Mitternacht Einlaß auf das Gelände des Court verlangten, weil sie — wie sie behaupteten — eine Ley-Linie entdeckt hätten, die zu dem vergessenen Standort des heidnischen Tempels führe ...

Aber Cedric war bei diesem Anlaß ebenfalls ziemlich high gewesen, und er konnte sich jetzt nicht mehr so recht erinnern, wer die Leute waren, denen er in dem Durcheinander begegnet war, und auch nicht, wie es ihm gelungen war, sie zu überreden, sie möchten von ihrem Vorhaben Abstand nehmen. Er erinnerte sich allerdings, daß während der folgenden zwei oder drei Tage seine beiden Eltern ihn mit ungewöhnlicher Herzlichkeit behandelt hatten ...

Also fragte er schließlich: »Wer ist denn dort?«

»Shit, Mann, ich bin's, Chris-der-Pilger! Du selber hast mir meinen *Namen* gegeben, Mann — und ich hab dich dafür meine Alte, die Rhoda, bumsen lassen!«

»Oh, *wow*«, sagte Cedric leise. Jetzt erinnerte er sich allmählich wieder: ein Scheiterhaufen, der in der Morgendämmerung verglühte, jemand sang leise zur Gitarre, ein schweißiger leidenschaftlicher Körper unter ihm ... — und ein Besuch in der Spezialklinik im Chapminster Hospital, als ihm wieder eingefallen war, worauf er sich da eingelassen hatte. Glücklicherweise lautete das Urteil: Nichts passiert.

Aber er mußte in jener Nacht wirklich — Rhoda hatte den Begriff angebracht, und er ließ ihm auch jetzt wieder das Lachen in die Kehle steigen — *silberzüngig* gewesen sein! Er hatte nicht nur die Wünschelrutenapostel dazu überredet, seinen elterlichen Besitz zu verschonen; er hatte sie auch noch weggelockt und an einen Ort geführt, den er selbst als Kind für magisch gehalten hatte: eine Bodensenke, verborgen hinter Schlehen- und Weißdorngestrüpp; und er hatte sie davon überzeugt, daß hier der wahre Ort für feierliche Rituale sei. Und zusätzlich hatte er auch noch einen stämmigen bärtigen Mann namens Chris dazu beschwatzt, einen neuen Namen anzunehmen und einen Akt der Liebe zwischen dem Spender des Namens und seiner Geliebten als richtig und angemessen zu billigen …

In Cedrics benebeltes Denken zuckte ein leiser Gewissensbiß auf. Er suchte nach den passenden Worten der Entschuldigung. Aber ehe er sie zusammen hatte, kam es eifrig aus dem Telefon: »Hey, Mann, es ist ja nichts Schlimmes, warum ich dich anruf! Ich mein, Rhoda ist nicht schwanger oder so!«

Whoops! Daran hatte Cedric überhaupt nicht gedacht gehabt, obwohl die Zeitspanne so etwa hingekommen wäre, um ihm eine Vaterschaft anzuhängen.

»Nein, ich hab bloß versucht, den Stick zu erwischen, und als der nach dreimal nicht rangegangen ist, ist mir eingefallen, daß du uns ja auch deine Nummer gegeben hast, und weil ich weiß, ihr steht euch nahe …«

»Was genau könnte ich tun, um zu helfen?« Cedric stellte die Frage sehr vorsichtig.

»Also, sagen wir mal …« Eine verwirrte, eine hilflose Pause. Jemand im Hintergrund gab Chris Stichworte, und es gab einen halblauten Wortwechsel, der jedoch zu leise war, als daß Cedric ihn mitgekriegt hätte. Dann: »Yeah, das stimmt. Weißt du, da war doch das Ding in den TV-Nachrichten. Irgend so 'ne Frau mit einer Busladung voller amerikanischer Touristen, die letzte Nacht bei Weyharrow anhalten mußten, weil der Bus 'ne Panne hatte. Und als die nach Stonehenge kam, hat sie angefangen plötzlich die *Wahrheit* zu sagen, Mann! Sie hat alles rausgelassen über die Besucher aus dem Weltraum in Fliegenden Untertassen, die sich nach den Ley-Linien richten ...«

Unterbrechung. Chris sprach ärgerlich weiter: »Okay, also sie hat nicht Ley-Linien gesagt! Aber doch so ziemlich genau fast exakt das gleiche! Und da ist auch der Typ, den wir kennen, der arbeitet für eine von den Zeitungen. Und der sagt, sie haben da diesen irren Anruf gekriegt, heut abend, daß der Ortspope allen Leuten erzählt, der Teufel ist hinter ihm her und zwickt ihn, und so. Haste davon was gehört?«

Ein schreckliches Gefühl der Unabänderlichkeit war über Cedric hereingebrochen. Er wußte auf einmal, glaubte er, haargenau, was er sagen müsse, um seinen verabscheuenswürdigen Vater mit Schande zu bedekken, um seine grauenhafte Mutter in ihrem Ränkespiel zu durchkreuzen, und um den alten Marmaduke, so liebenswert der ihm auch sein mochte, in die Gruft zu schocken. Die Umwandlung von Weyharrow Court in ein Pilger-Hospiz war schicksalhaft vorbestimmt. Wenn er das Erbe antreten würde ...

Er sagte, langsam und deutlich: »Chris, du hast recht. Aber natürlich bedeutet das nicht, was die meisten Leute darunter verstehen.«

»Waaas?«

»Ich meine, die meisten Leute, wenn sie vom Teufel reden, meinen ... ach, Scheiß, Mann, du weißt schon, was ich meine, nicht?« Ihm war auf halbem Wege die Logik abhanden gekommen.

»Du meinst, die meinen damit die Kräfte, die bis ganz weit zurückreichen, die Macht der Alten Religion, stimmt's?«

»Ja, genau!« rief Cedric dankbar. »Und sie brechen sich überall Bahn! Mann, stell dir vor, mein eigener Vater hat heute im Gericht gefordert, daß Leute wegen Schafdiebstahls an den Galgen kommen müßten!«

»He, Mann, ja, davon haben wir gehört ...« Gedämpfte Diskussion von der Sprechmuschel weg. Cedric wartete, vor Ungeduld zitternd.

»Bisde noch da, Mann? Hör mal, wir verziehen uns mal am besten von dieser Nummer — wir haben die bloß sozusagen inoffiziell mal ausgeborgt ... Aber was du grad gesagt hast, das hat uns in unserm Entschluß gefestigt. Es ist egal, was für eine Macht es ist, aber wir wollen dabei sein, wenn es passiert. Wir machen uns sofort auf den Weg. Gleich jetzt!«

»Phantastisch!« hauchte Cedric. »Dann freu ich mich schon auf morgen, wenn wir uns sehen.«

»Ich auch, Mann. Und Rhoda auch. Sie sagt, du hättest sie großartig gevögelt, und wenn du mal wieder anfragst, wird sie nicht nein sagen ... He, Moment, noch eins ...«

»Ja?«

»Zieht Stick immer noch dieses prima Gras?«

»Mann!« Die Stimme voll Mißbilligung. »Müßteste doch eigentlich besser wissen, als sowas übers Telefon zu fragen!«

»Ach, Scheiße! Recht haste. Aber ich bin ziemlich angetörnt ... Du auch?«

»Ich auch«, sagte Cedric feierlich. »Also, bis morgen dann. Und ... he!«

»Ja?«

»Sagt das mal weiter! Bringt alles hier rüber, was ihr nur mobilisieren könnt!«

»Klar doch, Mann! Meinste, wir würden sowas für uns behalten? Also, bis morgen dann!«

»Bis morgen!« respondierte Cedric. Und legte den Hörer auf. Am ganzen Leib verspürte er ein Kribbeln, als stünde er unter Strom.

Oh, wenn erst Chris und seine Pilger angereist waren ... und die anderen Leute, die sie zweifellos mitschleppen würden ... der Schock würde Weyharrow aus seinen hochnäsigen Gummigaloschen kippen lassen!

Und was den Schlag für seine Familie betraf ...!

»War das denn nicht Marge Grewsam?« Seine Mutter unter der Tür zum Eßzimmer.

»Nein. Jemand hat sich verwählt«, sagte Cedric mit Fassung.

»Sich verwählt? Und dazu mußt du so lange das Telefon blockieren.?«

»Manche Fehlverbindungen«, murmelte Cedric, »sind interessanter als die anderen ... Ich glaub, mir reicht's für heute. Gute Nacht!«

8. Kapitel

Abgesehen vom Gejammere des Katers Rufus, das schließlich aber auch verstummte, war es in den frühen Freitagstunden um den Weyharrower Dorfanger ruhig. Mehrere Lichter brannten noch lange, denn eine stattliche Anzahl arbeitsloser Jugendlicher sahen keinen Sinn darin, trotz der Gewöhnungsfallen, in denen ihre Eltern gefangen saßen, vor Mittag aufzustehen. Ihnen war es zu danken, daß sich die leisen Flüstertöne des Spätnachtprogramms der BBC in einen, wenn auch vergeblichen, Wettstreit mit dem Prasseln des Regens draußen einließen. Ansonsten schien alles weitgehend wieder normal zu sein.

Etwa gegen vier Uhr, kurz nachdem die Regenfront ostwärts abgezogen und eine Zone wärmerer und trokkenerer Luft ihr gefolgt war, rollte ein stinkender Bus langsam über die Brücke und hielt neben dem Dorfanger an.

Das Geschrei von Stimmen — »Pscht!« und »Sprecht leise!« — nebst dem Lärm ausgeladener Gepäckstücke garantierte, daß die Bewohner der umliegenden Häuser geweckt wurden. Einige spähten durch die Vorhänge; sie sahen einen Reisebus, vielleicht erinnerten sie sich, daß erst in der vergangenen Nacht ein ebensolcher in der Nähe eine Panne gehabt hatte, wie man aus den Nachrichten im TV erfahren hatte, und dann stiegen sie wieder in dem beruhigenden Gefühl in ihre Betten, daß Tom oder Fred Fidger bestimmt aufstehen und das Ding in Ordnung bringen würden, wenn man sie brauchte.

So brach also die Morgendämmerung herauf — klar und trocken wie tags zuvor —, ehe irgend jemand ernstlich den Veränderungen Beachtung schenkte, die Jenny Severance über Weyharrow und seine Geschicke heraufbeschworen hatte ... mit Hilfe jenes Reporters in London, der sich erinnerte, daß Chris und Rhoda das Kaff ja kannten.

Zum Entsetzen der Mehrzahl der Dorfbewohner, die sich in dem angenehmen Glauben gewiegt hatten, sie wären diese Leute bis zum nächsten Frühjahr losgeworden, die Vic Draycock mit dem Epithet ›Pilger‹ bedacht hatte, errichteten sie auf dem Anger eine pilzartige Wucherung von Zelten, worauf knapp eine Stunde später am Flußufer neben der ›Hochzeit‹ sich Camper mit Schlafsäcken und Regenplanen breitmachten, die im weiteren Verlauf des Morgens weiteren Zuwachs erhielten, so daß ihre Zahl um Mittag die sechzig überstiegen hatte.

Gegen halb sieben begannen die Heimsucher an den Türen der Einheimischen zu klopfen und um Wasser zu bitten, denn sie hatten die Dorfpumpe probiert, die sich allerdings als reines unfunktionales Relikt herausgestellt hatte. Viele der Pilger waren schon vorher einmal in Weyharrow gewesen, sei es nur während der letzten Sommersonnwende, und sie erinnerten sich recht gut, wer ihnen damals freundlich oder nicht gar so freundlich begegnet war ... Letztere waren weitaus in der Mehrzahl.

Eine Tür, an der die Besucher es versuchten, die Hintertür zu Miss Knabbes Häuschen, erwies sich als unverriegelt. Zwei Mann traten behutsam ein und füllten Plastikkanister am Wasserhahn über der Küchenspüle.

Im Weggehen kam ihnen eine Katze um die Knöchel geschnurrt. Es sah so aus, als gehörte sie hierher, denn sie strebte direkt auf eine bereitgestellte Schale mit Milch zu.

Sie ließen ein Fenster einen Spalt offenstehen, damit das Tier wieder hinauskönne, dann zogen sie behutsam die Tür wieder ins Schloß und begaben sich zu ihren Freunden.

Inzwischen hatten andere Freiwillige ein Lagerfeuer

gebaut. Wie es der Zufall einmal wollte, war Freitag auch Sperrmüll-Tag, also gab es massenhaft Brennmaterial. Besonders das Ladengeschäft des Mr. Jacksett lieferte zahlreiche hölzerne Fruchtsteigen und Pappkartons.

Nach dem Frühstück, das hauptsächlich aus Getreidebrei bestand, schlug Chris-der-Pilger vor, man sollte feststellen, wann in der Kirche der Frühgottesdienst gehalten werde, und sich — vorsichtshalber — an der Geschichte beteiligen. Sein Antrag stieß auf allgemeine Zustimmung. Auf ihrem Weg trafen die Pilger diverse Freunde und Fremde, die per Autostop aus London angereist waren und darum etwas länger gebraucht hatten. Sie sagten einhellig, daß noch viele, viele mehr auf dem Weg hierher seien; manche davon waren triefnaß von dem Regen, der ostwärts gewandert war, und zogen es vor, sich ans Feuer zu drängen, sich zu trocknen und vielleicht noch einen Löffel Grütze abzubekommen; einige wenige waren bereits zu erhoben-erhaben über Nahrungssorgen und strebten nur danach, möglichst schnell die heidnische Tempelstätte zu erreichen, an der ihnen Erleichterung zuteil werden würde ...

Diese Handvoll Besucher (und später sollte Chris-der-Pilger eingestehen, daß dies ein Fehler gewesen war) wurde abgewiesen; man sagte ihnen, sie sollten ihr Heil auf eigene Faust suchen. Aber — was konnte man schließlich schon anderes erwarten, wenn keiner der Anführer ausreichend Schlaf gehabt hatte?

Außerdem, Chris rechnete damit, Stick und Cedric zu treffen, aber beide hatten sich bisher noch nicht blicken lassen.

Eine andere Person allerdings erschien, und zwar der Konstabler Joe Book, und er steckte voll Grimm, weil er ausrücken mußte, ehe er sein Frühstück hatte zu sich nehmen können. Doch hatte er Chris und Rhoda im letzten Sommer kennengelernt und erinnerte sich, daß sie zu den am wenigsten lästigen Besuchern gehört hatten. Er riß sich also gewaltig zusammen, als er sie vor dem überdachten Friedhofstor stellte.

»Also, was wollt ihr Leute schon wieder hier?« sagte er endlich. »Es ist keine Sonnenwende, es ist kein Äquinoktium — jedenfalls nicht nach meinem Kalender ... also, was habt ihr diesmal für 'ne Entschuldigung?«

»Euer Pfarrer hier glaubt, daß der Teufel hier am Werk ist«, sagte Chris, ohne im geringsten das Gesicht zu verziehen. »Aber wir wissen da besser Bescheid. Also sind wir gekommen, um es ihm zu sagen.«

»Ach, wirklich?« Joe seufzte. Und dann mit verändertem Ton: »Wirklich! Ihr wollt in der Kirche Krawall machen, was? Das laßt mal lieber, oder ich werd euch mir schnappen — wegen öffentlicher Ruhestörung ...«

Rhoda mischte sich ein. »Aber keine Spur! Wir glauben ja nicht an die Religion, die der Pfarrer vertritt, aber wir sind wirklich nicht intolerant, müssen Sie wissen. Wenn er diesem Glauben anhängen will, werden wir bestimmt nicht versuchen, ihn davon abzubringen.«

In der Zwischenzeit hatte sich ein Dutzend oder mehr junger Männer und Frauen eingefunden, manche davon — und zwar beiderlei Geschlechts — mit Papoose-Tragen auf dem Rücken und Babies darin. Unter den gebündelten Blicken begann Joe sich mehr als nur ein wenig unbehaglich zu fühlen. Auch stand er noch unter einem leichten Schock wegen dem, was mit der armen Mrs. Ellerford passiert war. Noch nie zuvor hatte er etwas Ähnliches gesehen, wie sie da einfach wie erstarrt in ihrem Sessel gehockt war, die Augen fest zugekniffen. Der Doktor hatte zwar gesagt, er hätte sowas auch noch nicht gesehen, aber der war schließlich, für einen Arzt, noch sehr jung. Aber was noch schlimmer war, die Männer im Rettungswagen hatten das auch gesagt. Es war nicht einmal möglich gewesen, sie dazu zu bringen, daß sie sich auf die Tragbahre legte; sie hatten sie mitsamt dem Sessel aus der Tür schaffen und in den Krankenwagen heben müssen, steif und sitzend.

Unheimlich!

Und dann jetzt da dieser Haufen Leute, die gekommen waren, um ihm Ärger zu machen …

Aber er konnte sie ja schlecht daran hindern, die Kirche zu betreten, und vom Turm bimmelte die Glocke zum Frühgottesdienst. Er trat also zurück und ließ sie sich mit den Einheimischen vermischen, die sich nun ebenfalls dem Tor genähert hatten und bestürzt zur Kenntnis nahmen, mit was für Leuten sie bei ihrem Glaubensakt zusammensein würden.

Am tiefsten empört war Mrs. Judger, und sie baute sich mit funkelndem Blick vor dem Polizisten auf.

»Joe, Sie werden doch nicht zulassen, daß diese Leute da Mr. Phibson quälen, wie? Sie wissen doch, wie er über diese — diese *Rüpel* denkt!«

»Ich hab keine Möglichkeit, sie daran zu hindern«, erwiderte Joe hilflos. »Aber ich wollte grad die Station anrufen. Wir werden ein paar Bereitschaftswagen hier haben, ehe die Kirche aus ist.«

»Da sorgen Sie aber mal bestimmt dafür!« sagte sie bissig. »Die haben jetzt schon genug Ärger gemacht, müssen Sie wissen, mit dem Rauch von dem Feuer, das sie da angezündet haben, und dann das Geklopfe an den Türen und die Bettelei bei den Leuten …«

Chris war stehengeblieben und hatte den Wortwechsel belauscht. Er rief laut: »Wir haben nur um etwas Wasser gebeten!«

»Das hättet ihr aus dem Fluß haben können!«

»Das hätten wir auch getan, wenn es ungefährlich wäre. Aber wir haben doch gesehen, wie die Bauern hier in der ganzen Gegend ihre Felder mit Gift vollspritzen. Die Bäche sind alle voller Chemie, wissen Sie das denn nicht?!«

Gegen diese Anschuldigung fand Mrs. Judger keine Antwort. Auch sie selbst hegte ihre Zweifel, was diese moderne Landwirtschaft anging … Darum schnaubte sie durch die Nase, packte ihren Regenschirm, als werde sie ihn gleich wie eine Keule zum Einsatz bringen, und schoß an Chris vorbei auf die Kirchentür zu.

Irgendwann während der verflossenen Nacht hatte sich in Mr. Phibson der feste Verdacht eingenistet, daß an diesem Morgen unter den Gläubigen in seiner Kirche sich ein Spitzel befinden müsse, der auf Befehl seines Bischofs ausgesandt worden war, um zu berichten, ob er, Phibson, auch weiterhin häretische Ketzereien von sich gebe. Demzufolge spähte er — während sich die Gläubigen in den Kirchenbänken niederließen ... und wenn man den Lärm bedachte, mußten es weit mehr sein als an irgendeinem sonstigen Morgen seit dem Ostersonntag — durch die Sakristeitür, um festzustellen, ob er vielleicht draußen irgendwen aus dem bischöflichen Stab erkannte.

Das war nicht der Fall. Trotzdem war ihm der Anblick, der sich ihm da bot, ein Greuel. Er war darauf vorbereitet, eine schöne Schar von Einheimischen freudig willkommen zu heißen, die er seit Monaten hier nicht mehr gesehen hatte ... Harry Vikes war beispielsweise da, den hatte seine Joyce mitgeschleppt. Tatsächlich hatte er sich während des Frühstücks ein paar Richtlinien für eine kurze Ansprache zurechtgelegt, in der er seine Gemeinde mahnend daran erinnern wollte, was geschehen könne mit einer Gemeinschaft, deren Bürger ihre religiösen Pflichten vernachlässigten, und wie sehr er hoffe, daß sie nun dem Haus Gottes nicht wieder fernbleiben würden, bis sie, durch ein weiteres Beispiel der Einwirkungen Satans geängstigt, zurückkämen.

Seine sorgfältig ausgedachten Worte verdampften wie Rauhreif unter der Sonne. Was wollten diese abscheulichen Fremden hier? Er hatte es versucht, o ja, sich mit derartigen Leuten zu unterhalten, in diesem Sommer, und auch schon im Sommer davor, denn er wünschte keinesfalls voreingenommen zu sein, und er hatte feststellen müssen, daß es schamlose Heiden waren — ohne Moral, drogensüchtig, in derart scheußlicher sexueller Promiskuität lebend, daß manche der Mütter nicht mit Bestimmtheit sagen konnten, wer der Vater ihrer Kinder war …

Rasender Zorn bemächtigte sich seiner. Er stieß weit die Sakristeitür auf, so daß sie gegen die Wand knallte, und während die erschrockene Gemeinde sich erhob, schoß er vor den Altar und begann zu brüllen.

»Was habt ihr in einer christlichen Kirche zu suchen? Ihr seid keine Christen! Ihr seid noch nicht einmal Ketzer und Abtrünnige! Ihr seid Diener Satans — und euer Platz ist nicht in einem Tempel des Einen Wahren Gottes! Also, laßt uns in Frieden!«

Von seinem Ausbruch erschreckt, begann eines der Babies zu greinen. Unmittelbar danach stimmten die drei anderen in die Klage ein. Doch die ›Pilger‹ bewegten sich nicht und verließen die Kirche nicht.

Der Pfarrer entdeckte Chris, an den er sich als eine Art Sprecher für die Besucher der vergangenen Sommerplage erinnerte, und schoß sich jetzt auf ihn ein. »Hast du mich nicht gehört? Sagen Sie diesen … diesen Ihren Kumpanen, sie sollen verschwinden! Denn wenn ihr das nicht tut, dann bin ich sicher, daß die anständigen gottesfürchtigen Leute von Weyharrow euch hinaustreiben werden, so wie Jesus die Wucherer und Geldwechsler aus dem Tempel getrieben hat!«

Chris warf Blicke in die Runde. Mehrere der Männer nickten grimmig entschlossen.

»Es ist uns schon immer als ein wenig seltsam erschienen«, sagte er mit klarer lauter Stimme, »daß eure Kirche in unserer Zeit so schön viel Platz findet für die Geldwechsler und Wucherer — Bankiers und Finanzleute, die Blutegel und Parasiten unserer Gesellschaft. Auch für berufsmäßige Mörder. Ihr habt immer einen Segen für Soldaten parat! Aber ihr haßt Leute wie uns, die nur unser eigenes Leben leben und die allen Besitz miteinander teilen, genau wie es in frühchristlichen Gemeinden der Fall war. Das ist der Grund, weshalb wir keine *Christen* in eurem Sinne sind — *weil nämlich Jesus und die Jünger ebenfalls keine waren!* Kommt raus hier, Leute! Als nächstes werden sie uns noch beschuldigen, wißt ihr, daß wir die ganzen Typen hier verhext hätten, die gestern hier irrsinnig geworden sind, obwohl wir hundert Meilen weit weg waren!«

»Die Gewalt des BÖSEN kennt keine Grenzen!« donnerte Mr. Phibson.

Chris blickte ihm betont genau und direkt ins Gesicht. »Ja, das sehe ich«, antwortete er ruhig. »Es hat auch Sie schon am Wickel, nicht wahr?«

Eine Hand packte ihn am Arm und zerrte ihn herum. Eine Faust fuhr ihm schmetternd ins Gesicht, so daß sein Kopf nach hinten geschleudert wurde und die Unterlippe an den Zähnen aufplatzte. Rhoda schrie entsetzt auf.

Keuchend stand ein Mann mit einer Art Pflasterverband auf der Nase vor Chris. »Dazu hassde kein Recht, sowas zu unserm Pfarrer zu sagen!« nuschelte er.

Chris betastete vorsichtig seinen Mund und betrachtete dann das Blut auf seinen Fingern. Nach einer Weile sagte er: »Warum denn nicht? Hat er denn nicht genau dies selbst gestern abend gesagt? Hat er da nicht mehr oder weniger gesagt, daß er in die Gewalt des Teufels geraten ist?«

Mr. Phibson packte Harry am Arm, ehe dieser einen weiteren Hieb landen konnte. Die Bestürzung über die Gewalttätigkeit, die in seiner Kirche zum Ausbruch gekommen war, hatte seinen Zorn vertrieben.

»Gott vergebe mir«, sagte er mit gebrochener Stimme, »aber dieser Mensch hat recht. Ich war gestern um diese Zeit vom Teufel besessen. War es nicht so, Mrs. Judger?« Er wandte sich ihr zu.

Sie befeuchtete die dünnen grauen Lippen und blickte hilfesuchend um sich. Aber da kam von nirgendwo Hilfe; also mußte sie die Entscheidung selber treffen.

Schließlich gab sie soviel zu: »Das haben Sie jedenfalls *gesagt.*«

Dann drehte sie sich mit einem vorwurfsvollen Glitzerblick zu Chris. »Wie kommt es, daß Sie davon wissen? Sie waren doch gar nicht hier. Sie haben doch gesagt, Sie waren hundert Meilen weit fort.«

»War ich auch. Danke!« Letzteres zu Rhoda, die ihm ein Taschentuch gereicht hatte. Er preßte es an die Unterlippe und sprach weiter: »Aber Sie glauben doch nicht, daß man sowas geheimhalten kann, oder? Wir haben von einem Freund davon gehört, einem Journalisten. Hat irgendwer hier schon die Morgenzeitungen gelesen?«

Ein einstimmiger Seufzer des Entsetzens entrang sich den Ortsansässigen. Und Mr. Phibson stöhnte laut.

»Wahrscheinlich nicht«, rief einer der Neuzugereisten. »Ich weiß noch, im letzten Sommer. Die kriegen die Zeitungen hier erst spät.«

»Nun, für einige Leute hier dürfte das 'nen ziemlich ekligen Schock bedeuten. Kann auch sein, daß in ein paar Stunden eine Ladung Reporter hier antanzt. Aber natürlich bedeutet das auch, daß ein paar von euch Leuten die Chance haben, so ganz nebenbei ein paar Kröten zu verdienen, wenn sie ihren persönlichen Bericht verhökern, wie sie Augenzeugen einer Prügelei in der Kirche wurden, deren Pfarrer behauptet, vom Teufel in Besitz genommen worden zu sein ... Bitte haben Sie denn zumindest soviel Anstand und sagen auch, daß *ich* nicht zurückgeschlagen habe! Kommt, Leute, bloß raus hier!«

Er ergriff Rhoda an der Hand und führte sie und seine Gruppe hinaus. Die Gemeinde machte ihnen wortlos Platz.

Als sie draußen waren, warf Rhoda ihm die Arme um den Hals. »Chris, du warst wundervoll!« rief sie. Zwei, drei andere Stimmen schlossen sich an und sagten Sprüche wie: »Umwerfend, Mann! Niedagewesen!«

Doch Chris' Gesichtsausdruck blieb düster.

»Mir gefallen die Vibrationen nicht an dem Ort hier. Ehrlich, ganz und gar nicht. Wenn die Leute schon dermaßen unter Hochspannung stehen am Morgen in der Kirche ... was werden die dann erst heute abend anstellen, wenn es dunkel ist? Weyharrow hat sich noch nie so mies angefühlt. Oder, Rho?«

Sie schüttelte den Kopf. »Wir sollten mal besser Stick aufzutreiben versuchen«, schlug sie vor.

»Genau. Und Cedric. So schnell wie möglich. Bisher sind wir ja bloß auf 'ne Menge Gerüchte hin losgezogen. Aber wir brauchen ein paar handfeste Fakten. Hat jemand noch 'ne Ahnung, wie man zu Sticks Höhle kommt?«

»Is nicht seine«, korrigierte jemand. »Ist *ihre.*«

»Weiß noch einer, wie seine Stammlady heißt?«

»Sheila«, sagte Rhoda sofort.

»Genau. Also schaun wir mal, ob wer in der Nähe ist, den wir danach fragen könnten.«

Moira war an diesem Morgen recht bedrückt. Sie hatte ja doch gar nicht wirklich beabsichtigt, ihre Drohung wahrzumachen, daß sie sich einen Mann für die Nacht suchen wollte; vor allem schon deshalb, weil es in Weyharrow so verflucht wenige Männer gab, die sie attraktiv fand. Sie hatte ja bloß Phyllis Knabbe mit der Nase in die Scheiße reißen wollen, die sie da produziert hatte. Aber dann war ihr natürlich allmählich aufgegangen, was sie selber da angestellt hatte: Wenn sie wieder zurückging und mit Phyllis in dem Häuschen lebte, nachdem sie derart lautstarke Proteststürme um sich gewirbelt hatte, *mußten* ja die Leute fast zwangsläufig auf die Idee kommen, daß sie beide eine ›unnatürliche‹ Beziehung haben *müßten.* Auf der Basis eines einsamen Sandwichs hatte sie sich dann im ›Marriage‹ von Männern zu endlosen Drinks einladen lassen — Männer, die samt und sonders nur allzu bereit waren, den Beweis ihrer weiblichen Normalität zu unterstützen; verheiratete Männer und Einspänner ... schließlich war sie dann mit Jerry, dem jüngeren, unverheirateten Bruder von Bill Blocket zu ihm nach Hause gegangen.

Es war dann auch so ziemlich ein Flop. Als sie endlich aus der Kneipe loskamen, war aus Jerry ein schwerer Fall von ›Nichts-steht-mehr‹ geworden, und schließlich war sie ja stets dankbar gewesen, da nie ein Gegenmittel gelernt zu haben, wenn derlei Probleme ihren Ex-Ehegemahl Declan inkapazitiert hatten. Hätte es nicht dermaßen vom Himmel gepißt, sie wäre aus Jerrys Bett gestiegen, so scheußlich spät in der Nacht es sein mochte, und wäre über die Brücke und am Dorfanger vorbei in das Häuschen zurückgelaufen.

Nun, genau dies tat sie jetzt, im hellen Tageslicht, und zwar weil ihr nichts anderes übrigblieb. Ihre gesamte Habe befand sich dort, und sie mußte sich umziehen und auch etwas essen, denn am Freitag und Samstag hatte sie einen Halbtagsjob in Mr. Jacksetts Ladengeschäft und mußte die Regale neu auffüllen und die Truhe mit Tiefkühlfleisch, vielleicht auch mal mit zupakken, wenn der Laster des Großhändlers entladen werden mußte.

Sie begegnete kaum jemandem, bis sie die Brücke überquert hatte, und dann sah sie die Zelte, die auf dem Anger aus dem Boden gewachsen waren. Sie blieb abrupt stehen, dann jedoch eilte sie weiter.

Als sie allerdings an der Kirche vorbeikam, zwang eine Horde von verlotterten Fremden sie zum Halten, und sie antwortete ihnen, wobei sie ihre Handtasche fest mit beiden Händen umklammert hielt.

Aber wie sich erwies, wollten diese Leut weiter nichts von ihr als eine Auskunft darüber, wo ›Sheila wohnt‹. Die einzige Person dieses Namens, die Moira in Weyharrow bekannt war, war diese Sheila Surrean, und mit der war sie alles andere als auf freundschaftlichem Fuß. Im tiefsten Herzensuntergrund war Moira einfach etwas neidisch. Der Stick galt nämlich als ausgesprochen netter Typ, und Sheila war mit ihm nicht einmal verheiratet, und Declan war ein derart brutaler Widerling gewesen ...

Aber sie gab dennoch die besten Richtungsauskünfte, die sie über sich brachte, und die Leute dankten ihr geradezu höflich.

Als sie am Häuschen angelangt war, trat sie durch die Hintertür ein, wobei sie hoffte, unbeobachtet zu sein. Glücklicherweise war von Phyllis nichts zu sehen — und von Rufus ebenfalls nicht, außer einer leeren Futterschale und einem offenen Fenster kein Hinweis auf ihn oder sie. Als sie zu ihrem Zimmer hinaufstieg, sah sie, daß die Tür des anderen Zimmers geschlossen war; sie wusch sich, putzte die Zähne, legte frisches Make-up auf, bürstete sich die Haare und zog sich um. Das ließ ihr gerade noch Zeit genug, sich eine Tasse Tee aufzubrühen und ein paar Löffel Flocken hinunterzuschlingen, aber auch da war Phyllis noch immer nicht auf der Bildfläche erschienen.

In ziemlicher Erleichterung verschloß und verriegelte sie die Hintertür — was in der Regel keiner von ihnen beiden je tat, aber mit all diesen Fremden im Dorf war es wohl das Vernünftigste — und verließ das Haus durch die Vordertür. Sie kam am Schulbus vorbei, in den gerade die Kinder einstiegen; Fred Fidger fuhr heute, und sie zwang sich auf seinen lauten Gruß hin ein Lächeln ab.

Würden die Leute heute den ganzen Tag sie mit mitleidigem Gesabber überschütten, wegen dem, was Phyllis versucht hatte?

Sie hoffte und betete aus ganzem Herzen, es möge nicht der Fall sein. Roy und Judy Jacksett jedenfalls schienen mit ganz anderen Dingen beschäftigt zu sein; sie trugen ihr sofort auf, Ware, die gestern irrtümlich geliefert worden war, wieder an den richtigen Platz zu sortieren. Und als es dann Öffnungszeit war und die ersten Kunden hereinkamen, fühlte Moira sich beinahe wieder normal.

Bis ihnen bewußt wurde, daß diese ersten Kunden schmuddelige, ungekämmte, bärtige und/oder langmähnige Fremde waren. Sobald die wieder draußen waren, kamen die Stammkunden, die allesamt bereits die Neuigkeit gehört hatten, daß Mr. Phibsons Behauptungen über den Teufel in die Zeitungen gekommen sei, und die ebenso einmütig zwischen Erleichterung und Enttäuschung schwankten, weil sie leider nirgendwo in einer Zeitung eine Erwähnung dieses Faktums finden konnten.

Jenny ihrerseits, die aus dem Haus gestürzt war, sobald die Poststelle-plus-Zeitungskiosk aufmachte, und sämtliche Zeitungen gekauft hatte, war eindeutig erleichtert. Sogar wenn die Story morgen landesweit publiziert werden sollte, würde sie immer noch genug Saft abgeben für die Sonntagsblätter.

»Tschüs, Chapminster«, hörte sie sich selber murmeln. »Fleet Street, ich komme!«

Sie sang vor sich hin, während sie in die Redaktion fuhr. Der einzige Gedanke, den sie an Steven flüchtig verschwendete, war der, daß sie sich per Gedächtnisnotiz vornahm, ihm die Würmer aus der Nase zu holen, sobald sie dazu Gelegenheit finden würde.

Selbst vor seiner allerersten Solosprechstunde als Praxisvertreter war Steven seiner Erinnerung nach nicht dermaßen nervös gewesen. Die wortkarge Reaktion von Mrs. Weaper, als er ihr einen Guten Morgen entbot, war geeignet, alles nur noch schlimmer zu machen. Sie blickte dermaßen mißbilligend drein, daß klar war, sie rechnete durchaus damit, daß er den Patienten Schröpfköpfe ansetzen oder sie zur Ader lassen werde, oder ihnen befahl, nackt bei Neumond Bockstänze um ein Feuer zu veranstalten.

Letztere Vorstellung hatte sich ganz natürlich ergeben. Als er aus seinem Fenster geblickt hatte, waren ihm der Bus am Dorfanger, das Lagerfeuer und die Zelte aufgefallen.

Er erkundigte sich bei Mrs. Weaper danach, doch sie sagte nichts weiter, als daß sie zum heiligen Himmel hoffe, ›das‹ werde ebenso schnell wieder verschwinden, wie es aufgetaucht sei. Seufzend zog Steven sich ins Sprechzimmer zurück. Er war verblüfft über die Zahl der bereitgelegten Patientenblätter — er hatte so halbwegs erwartet, daß gar keiner sich einfinden werde. Er stählte sich also und rief den ersten Patienten herein. Nach dem ihm vorliegenden Krankenblatt handelte es sich um eine junge Frau namens Penny Wenstowe, achtzehn Jahre alt.

Und es war auf den ersten Blick unübersehbar, woran sie litt. Sie hatte lockige braune Haare, eine wohlgeformte Figur, ein attraktives, pikantes Gesicht ... aber sie litt so ziemlich an der schlimmsten Akne, die ihm jemals unter die Augen gekommen war.

Beim Überfliegen des Behandlungsberichts stellte er mit wachsender Mutlosigkeit fest, daß Dr. Tripkin bereits sämtliche gängigen Medikamente verordnet hatte, außer Isotretinoin-Präparaten. War die Patientin nur gekommen, um sich ein neues Rezept zu holen? Kaum; das hätte Mrs. Weaper ausschreiben und ihm zum Unterzeichnen vorlegen können ... Er sagte also in bester Onkel-Doktor-Manier:

»Nun, junge Frau? Was haben wir denn heute?«

Die Antwort verblüffte ihn.

»Sie haben gestern Willy behandelt, nicht? Mr. Cashcart, der bei meinem Papa arbeitet. Mein Papa ist Mr. Wenstowe, das Bauunternehmen.«

Stevens Herz erbebte, aber er bekannte sich zur Wahrheit.

»Also, und der Willy hat das gemacht, was Sie ihm gesagt haben. Er sagt, das hat gut geholfen. Er sagt, er macht damit weiter. Also, nicht grad jeden Tag oder so, bloß wenn die Schmerzen zu schlimm werden. Und mein Papa sagt, das ist wahrscheinlich viel besser als diese ganze Tablettenschluckerei, von der die Leute bloß verkorkst werden und einschlafen, wenn sie bei der Arbeit sein sollen, oder so, oder von denen sie ...« — sie wurde blutrot — »Durchfall kriegen ... Mein Papa, der hält es nämlich stark mit der Natur. Also hätte ich jetzt gern gewußt ...«

Und sie fuhr, nach zahlreichen Fehlstarts und Peinlichkeitspausen, fort zu erklären, daß ihre Großmutter, die zwar schon taub sei, aber noch ganz und gar nicht vertrottelt, ihr gesagt habe, sie solle sich das Gesicht mit Urin waschen. Sie brauchte etwa fünf Minuten, ehe sie diese schlichte Erklärung über die Lippen brachte, und danach waren ihre Wangen feuerrot, doch da Steven geduldig zuhörend dasaß, kam Penny schließlich zum Ende: »Ich hab das dem Dr. Tripkin sagen wollen, aber er hat mich gar nicht ausreden lassen und gesagt, das ist alles ›Quacksalberei‹ und ich solle seine Pillen nehmen und die Salben draufschmieren ... Aber *Sie* sehen doch, wieviel das ganze Zeug genützt hat, oder?«

Steven zögerte sehr lange. Dann kam ihm die Erinnerung an einen seiner Professoren an der Fakultät plötzlich zu Hilfe. Der außergewöhnlich unvoreingenommene und höchsterfahrene Mann hatte gern Ambroise Paré zitiert — »Ich behandle die Wunden, aber Gott heilt sie« — und seinen Studenten nachdrücklich immer wieder gesagt, daß es eine Unmenge Heilmittel gebe, deren Wirkungsweise noch immer ein Rätsel sei, daß das jedoch in keiner Weise dazu veranlassen dürfe, sich ihrer nicht zum Nutzen der Kranken zu bedienen.

Außerdem hatte der Professor anhand von Beispielen gleichfalls demonstriert, daß eine Vielzahl von Hauterkrankungen wissenschaftlich nachgewiesen auf autosuggestivem oder hypnotischem Wege geheilt werden können.

Steven holte tief Luft. Wie konnte er seiner Entscheidung den Klang fachmännischer Gewißheit verleihen? Ach ja!

»Rauchen Sie, Miss Wenstowe?«

Sie schüttelte den Kopf.

»Trinken Sie? Alkohol, meine ich.«

»Also — also, am Samstag geh ich schon manchmal ins Pub.«

»Mehr nicht? Wie steht es mit Tee oder Kaffee?«

»Kaffee, nicht viel, aber — na ja, ich hab schon recht gern mein Täßchen Tee ...«

Tannin, die Gerbsäure im Tee könnte ja eigentlich ganz hilfreich sein. Aber lief es unabgebaut durch die Nieren in den Blasentrakt? Zu seiner Bestürzung stellte er fest, daß er sich nicht mehr erinnern konnte ... aber es spielte ja eigentlich auch keine Rolle, oder? Er bremste sich in dem instinktiven Impuls, nach einem der Lehrbücher über dem Tisch zu greifen.

»Ich will Ihnen gegenüber ganz offen sein«, sagte er in ernstem Ton. »Die vorgeschlagene Behandlungsmethode ist unüblich, doch ich erinnere mich an zumindest ein Leiden, bei dem sie anerkannt hilfreich ist, nämlich bei Frostbeulen. Und da Ihre Beschwerden teilweise durch eine Mangeldurchblutung der Epidermis bedingt sind — das ist die äußere Hautschicht —, denn wenn das angemessen funktionieren würde, dann würden ja die natürlichen Heilmechanismen des Körpers durchaus mit diesen ärgerlichen Schönheitsfehlern fertigwerden können, und da Frostbeulen das Symptom einer vergleichbaren Metabolismusinsuffizienz ... ah ... Mangelfunktion des Stoffwechsels sind ...«

Offensichtlich hatte er den rechten Ton angeschlagen: dickaufgetragenen, autoritätsschwangeren Fachjargon, dann übergehend zu abschließender Genehmigung.

»Ich kann nur sagen, daß Sie das ohne Zögern und unbesorgt versuchen können. Schließlich leidet die Menschheit ja an Akne schon lange, längst bevor die entsprechenden modernen Mittel erfunden wurden, und Unzählige haben das bekanntlich überwunden und wurden geheilt. Ich würde Ihnen besonders die Anwendung am frühen Morgen empfehlen, aber auch spät nachts, ehe Sie ins Bett gehen, so daß Sie es drauflassen und eintrocknen lassen können ... Ich muß Sie allerdings noch etwas fragen ... verzeihen Sie, aber ich sehe, Sie tragen keinen Ring ... aber trotzdem, in unserer Zeit natürlich ... Aber ... ah ... haben Sie einen — Freund?«

»Also ...«

»Um es ganz brutal und offen zu sagen: Schlafen Sie allein?«

»Ja«, flüsterte sie, und aus dem einen Wort war sehr klar erahnbar, daß sie wünschte, es möge nicht so sein. Abgesehen davon: Ihr Problem würde sich höchstwahrscheinlich von ganz alleine lösen, wenn sie mit jemandem schliefe. Akne war schließlich bekanntermaßen mit dem Hormonhaushalt verbunden.

»Also, dann verfahren Sie nach den Richtlinien, die ich Ihnen vorgeschlagen habe. Sollte es Ihnen peinlich sein, was Sie da tun, dann brauchen Sie es ja schließlich niemandem zu sagen. Wenn eine Besserung eintritt, was — wenn wir Glück haben — in etwa vierzehn Tagen der Fall sein kann, dann sagen Sie den Leuten eben ganz einfach, daß Sie darüber hinaus sind, und lachen darüber. Wie wär's damit?«

»Ooooh, Herr Doktor!« Sie sprang auf. »Wenn Sie wüßten, wieviel leichter mir schon ist, dank Ihrer ...«

Und was werde ich machen, wenn es nicht hilft? Schön, ich bin ja nicht mehr hier, wenn es soweit ist, oder? Aber hätte ich nicht vielleicht doch besser sagen sollen, nach einem Monat, statt nach vierzehn Tagen ... Ach, was soll's!

Aber das war erst der Anfang! Allem Anschein nach hatte Dr. Tripkin durch seine schroffe, überhebliche Art die Hälfte der leidenden Einwohner von Weyharrow vor den Kopf gestoßen, welche sich nun zögerlich anschickten, ihre Wehwehchen einem Arzt zu unterbreiten, der ihrem Gefühl nach ein wenig moderner und zugänglicher war. Die Sprechstunde dehnte sich weit über die normale Mittagszeit hin aus; es war schon fast Viertel vor eins, als Steven sich endlich erleichtert in seinen

Stuhl zurücksinken lassen und über den Sprechapparat sagen konnte: »So, damit haben wir es wohl geschafft, Mrs. Weaper, oder?«

In einem Ton, der deutlich herzlicher war als am Morgen, antwortete sie: »Da wartet noch jemand auf Sie.«

Steven überprüfte rasch noch einmal die Faltkarten auf seinem Tisch. »Sieht aber so aus, als wäre hier kein weiterer Fall ...«

»Aber nein, nicht ein Patient«, unterbrach sie ihn. »Es ist ein Reporter.«

Stevens Herz machte einen Satz. »Sie meinen doch nicht etwa Jenny Severance?«

»Nein, Doktor, die mein ich nicht. *Er* kommt aus London, und er legt besonderen Wert darauf, mit Ihnen persönlich zu sprechen.«

Und deutlich aus dem Hintergrund hörbar: »Fragen Sie ihn doch, ob er Lust hat, mit mir zu Mittag zu speisen, wenn Sie so gütig sein wollen.«

Steven zögerte. Eigentlich wollte er nicht. Aber — es konnte sich ihm da ja auch die Möglichkeit bieten, den Schaden teilweise wieder auszubügeln, den seiner Vermutung nach Jenny angerichtet hatte, obwohl man ja in den Zeitungen noch nichts gelesen hatte ...

Er faßte einen plötzlichen Entschluß.

»Sehr schön. Es liegen heute keine Hausbesuche an, oder?«

»Ich glaub nicht ... Nein.«

»Gibt es was Neues über Mrs. Ellerford?«

»Ja. Wir hatten einen Anruf vom Allgemeinen in Chapminster. Die haben beschlossen, sie nach Hatterbridge zu verlegen.«

Stevens Nacken spannte sich. »Sie meinen also, es ist ein psychiatrischer Fall? — Nein, antworten Sie darauf jetzt nicht; ich ruf heut nachmittag selbst in Hatterbridge an.« *Und außerdem ruf ich mal auf jeden Fall Mr. Phibson an oder schau nach dem alten armen Soundso ...* »Ich komme ...«

Der Reporter war ein kleines Fäßchen von Mann mit fahlgelbem Schnauzbart, und er trug unter einer Safarijacke, deren sämtliche Taschen so vollgestopft waren, daß sie zu platzen drohten, ein braunes, am Hals offenes Hemd.

»Dr. Gloze? Ich bin Wallace Jantrey vom *Sunday Banner.* Wenn Sie mir eine Stunde Ihrer Zeit opfern könnten, wäre ich Ihnen zutiefst dankbar. Ich bin jetzt schon lang genug hier am Ort, um zu kapieren, daß sich hier etwas Seltsames abspielt, aber genau deswegen will ich auch nicht riskieren, alles, was man mir hier erzählt, als bare Münze zu nehmen. Ach — und im übrigen gleichfalls lang genug, um herauszufinden, daß das einzige genießbare Essen hierorts im Bridge Hotel serviert wird. Meine Bildkollegin dürfte bereits dort sein. Sie hat Fotos von diesem Hippie-Lager da geschossen.«

9. Kapitel

Wallace Jantrey und Lisa Jopp — letztere vierzigjährig und ziemlich groß, mit prognathisch-progenischem Gebiß und ergrauendem Haar — hatten ihr Eintreffen in Weyharrow auf elf Uhr getimed, weil da die Kneipen aufmachen. Wallace hatte seine ewige Standardpredigt losgelassen und gesagt, daß man die besten Informationen immer nur in den Pubs aufschnappen könne.

Er hatte es mit einigem Verdruß zur Kenntnis genommen, daß es vor Ort quasi nur eine echte Kneipe gab, und die war außerdem bis auf die Besitzer, Colin und Rosie, leer. Noch nicht einmal die Hippie-Gäste hatten sich bereits eingefunden, und der Wirt gab einigermaßen düstere Äußerungen von sich, was für ein Empfang sie erwarten würde, sollten sie sich hier blicken lassen. Als sein eheliches Gespons darauf hinzuweisen wagte, daß diese Leute sich ja im Sommer *mindestens* so ›anständig‹ betragen hätten wie die üblichen Stammgäste, fauchte er sie an: »Was für Gäste? Ich sehe keine! Nie hätte ich es für möglich gehalten, daß jemand die Joyce ernstnimmt! *Sündenpfuhl,* also wirklich!«

»Aber, es ist doch nicht bloß die Joyce, oder?« sagte seine Gemahlin bedrückt. »Der Pfarrer doch auch!«

»Aaah, der Pfarrer!« Wallace beugte sich eifrig über die Bartheke vor. »Stimmt es, daß ...?«

»Ich sag kein Wort mehr!« fauchte Colin.

Nach dem vergeblichen Versuch, den Wirt während des Intervalls anzuzapfen, das er brauchte, eine Halbe Bitter zu verputzen, während Lisa einen Gin-Tonic trank, gab Wallace auf und trottete auf der Suche nach anderen Aufhängern davon. Aber seine Gralssuche entpuppte sich sehr rasch als noch weitaus frustrierender.

Diese Miss Severance, die seiner Zeitung die Story zugespielt hatte, erklärte man ihm fest, nachdem er die Adresse aufgespürt hatte, unter der sie in Untermiete hauste, sei ›in der Arbeit‹. Aber als er dann das Büro des *Chronicle* anrief, stellte er fest, daß sie nicht dort war. Sie war losgeschickt worden, um über eine Hochzeit zu berichten, oder über eine Beerdigung oder irgend sowas, und sie werde erst so um drei Uhr zurück sein. Und als er fragte, wieso die Lady nicht in Weyharrow sei, gab die Person am anderen Ende ein Geräusch von sich, das zwischen einem Lachen und einem höhnischen Schnauben lag, und hängte einfach ein.

Nach Wallaces Gefühl war dies nicht gerade eine Reaktion, die geeignet schien, der Story mehr Gewicht zu verleihen, die sie gestern abend rübergebracht hatte ...

Kein Mensch in den Geschäften war bereit, mit ihm zu reden, nicht einmal in der Poststelle; im Pfarrhaus wurde er von einer grimmigen ältlichen weiblichen Bulldogge abgefangen, die ihm bissig erklärte: »Mr. Phibson wünscht zu niemandem zu sprechen, er redet ja nicht mal mit mir!« Und als Jantrey in seiner Verzweiflung ein paar von diesen Hippy-Besuchern anzubohren versuchte, merkte er sehr rasch, daß keiner von denen viel mehr wußte als er selber, außer daß der Ortspope noch immer offensichtlich geistesgestört sein müsse, da er sie beim Frühgottesdienst aus der Kirche gescheucht habe.

Sowas könnte vielleicht — wie Wallace bedrückt zu Lisa sagte — Schlagzeilen in der *Church Times* machen, aber es reichte ganz sicherlich nicht aus für die Bedürfnisse des *Banner*.

Schließlich verzog sich Lisa dann, um ein, zwei Patronen Film runterzuknipsen, ehe das Licht schlecht wurde, und damit der Trip nicht ganz in die Hosen ging; der morgendliche Sonnenschein wich immer mehr — wie es bereits tags zuvor der Fall gewesen war — einer dicken Wolkenfront, die von Westen heranzog. Wallace strolchte trostlos allein umher, bis er endlich eine Glückssträhne erwischte, als er sich ganz zufällig auf einen Schwatz mit einem bärtigen, apfelgesichtigen Mann in Arbeitskleidung einließ, den er auf den ersten Blick irrtümlich für einen der Außenseiter gehalten hatte, der aber mit Harke und Besen und Schubkarren zugange war.

»Ich bin Stick!« verkündete der Mann fröhlich. In seiner deprimierten Stimmung hörte Wallace das als »Ich bin *sick**!«, und er zuckte zurück, weil er fürchtete, es mit einem der Irren zu tun zu haben, die dank der Regierungspolitik allüberall im Land aus den Anstalten auf die Menschheit losgelassen wurden. Doch eine Wiederholung des Namens beseitigte seine Befürchtungen.

»Und was halten Sie von diesen Vorfällen?« fragte er direkt.

»Och, *ich* weiß nicht!« Stick arbeitete gelassen weiter, während er sprach, und seine Worte wurden untermalt von dem Scheppern leerer Soft Drinks-Dosen und dem Rascheln von Papier und dürrem Laub. »Dazu sollten Sie eigentlich Cedric fragen.«

»Wen?«

»Cedric Goodsir. Droben im Court. Dem sein Alter ist gestern auch übergeschnappt, genau wie der Pfarrer. Und anscheinend auch noch 'ne ganze Menge andrer Leute. Ich auch. Aber mein Trip war nicht weiter ernst.«

Dabei überkam Wallace von neuem eine heftige Nervosität, aber er blieb am Ball.

»Wer ist dieser ›Alte‹ von Cedric?«

»Der? Na, sein Vater, klar. Heißt Basil. Aber ich glaub eigentlich nicht, daß der darüber mit irgendwem reden möchte.«

»Trotzdem, vielen Dank.«

»Och, gern geschehen!«

Aber als Wallace dann die Telefonnummer anrief, stieß er auch dort wieder auf eine glatte Abfuhr. Na,

---

* krank — *Anm. d. Übers.*

vielleicht würde er dort heute nachmittag persönlich mal aufkreuzen; bis dahin aber schien es vernünftig, wenn er diesen Stick noch etwas weiter ausquetschte.

»Die Leute hier wollen nicht mit mir reden. Wer, außer Ihnen, käme da eventuell in Frage?«

»Also, Sie könnten es ja mal mit Chris-dem-Pilger versuchen.«

»Mit *wem?*«

»Ja, so nennt er sich jetzt. Sein richtiger Name ist Utterley, also kann man ihm das ja wohl kaum verübeln, oder?«

»Ein Ortsansässiger?«

»Aber nein, der gehört zu der Truppe da« — Armbewegung zu dem Zeltlager auf dem Dorfanger. In der Annahme, er habe ihnen zugewinkt, winkten zwei, drei der Frauen und Kinder zurück und befaßten sich dann wieder mit ihrer Arbeit, nämlich der Mittagessenszubereitung aus den Zutaten, die sie sich käuflich leisten konnten, plus jenen, die sie aus den Abfalltonnen gerettet hatten, ehe der Abfall der Woche im Müllwagen zermantscht wurde.

»Danke«, sagte Wallace trocken. »Mit ein paar von seinen Genossen habe ich es bereits versucht, aber die wissen auch nicht mehr als ich.«

»Tja ... da wäre dann vielleicht noch Joe Book, der verlängerte Arm des Gesetzes. He, mißverstehen Sie mich da mal nicht, der Typ ist eigentlich ganz anständig. Aber ich hab ihn eigentlich hier im Dreh nicht mehr gesehen — wie spät issen das gewesen, als Sie hier eingetrudelt sind?«

»So um elf.«

»Na, dann müssen Sie ihn verpaßt haben. Der hatte so ein paar Wagenladungen voller Polypen hier rangeholt, so um die Frühstückszeit ... wegen irgend 'nem Krawall in der Kirche, den es aber, wie der Chris gesagt hat, gar nicht gegeben hat, und das glaube ich ihm gern, weil die Bullen, die haben da auch gar keine Aggro veranstaltet deswegen. Dann ist er mit denen weggegangen. Hab keine Ahnung, wo der jetzt ist. Also, Sie könnten's ja mit seiner Frau versuchen, der Yvonne, bloß die ist, glaub ich, drüben in Chapminster zum Einkaufen. Macht sie am Freitag meistens so. Mit dem Schulbus am Morgen. He, Sie sind doch sowas wie'n Reporter, was? Mann, warum reden Sie denn dann nicht mit Jenny — Jenny Severance?«

»Würde ich liebend gern, wenn das möglich wäre«, sagte Wallace knurrig. »Gibt's denn *überhaupt* keinen in diesem Dorf, in dem gestern was Komisches passiert ist, der bereit wäre, mir alles darüber zu berichten?«

»Also, ich nehme an, Sie könnten es mal mit dem Harry Vikes probieren«, sagte Stick mit etwas Zweifel in der Stimme. »Allerdings glaub ich nicht, daß der grad besonders gute Laune hat. Dem ist bei 'ner kleinen Auseinandersetzung mit Ken Pecklow gestern früh die Nase ein bißchen eingedrückt worden, dann ist eins von seinen Kälbern draufgegangen, dann kam seine bessere Hälfte sturzbesoffen ins Pub geschwankt, bezichtigte ihn, daß er ein ›Satansbraten‹ sei, und hat 'ne Menge Bier über die Leute verschüttet ... Ich war dort. Ich hab's gesehen. Können Sie das für Ihre Zeitung brauchen?«

»Eigentlich nicht so recht«, seufzte Wallace, während er sich ausmalte, was sein Chefredakteur sagen würde, wenn dem dämmerte, daß er zwei seiner besten Redaktionsfüchse auf eine tote Hose angesetzt hatte. »Ist denn da gar keiner *sonst?*«

Langsam dämmerte eine Erleuchtung auf Sticks Gesicht herauf. »Haben Sie's schon mit Dr. Gloze probiert?«

»Nein!«

»Also, der hat jetzt ja wohl noch Morgensprechstunde, glaub ich. Da drüben in dem Haus, sehen Sie? Das mit dem Messingschild an der Veranda? Der war auch einer von denen, die merkwürdige Erfahrungen gehabt haben.«

»Wirklich?« Der Profi in Wallace spitzte die Ohren. »Tausendfachen Dank! He! Lisa!« Er sah sie gerade aus dem Friedhof kommen und beeilte sich, zu ihr hinüberzueilen, um einen Treff im Hotel zu verabreden.

Er war gar nicht entzückt, als er kurz darauf aus einem Ford Sierra mit Auto-Funkantenne, der gerade vor den Zapfsäulen der Fidger-Garage vorgefahren war, einer seiner Kollegen, wenn schon nicht einen direkten Rivalen, auftauchen sah. Natürlich war er darauf vorbereitet, Reporterkollegen zu begegnen, doch warum, zum Teufel, sollte ein Blatt wie der *Globe* es wichtig genug finden, Donald Prosher hierher zu schicken?

Und war der auf dem Beifahrersitz nicht Wilf Spout, der letztes Jahr einen Preis gewonnen hatte für seine Berichterstattung über diese Kinder in Cumbria, die an Strahlenkrankheit litten? Dann war das hier keine tote Hose.

Himmel! Aber die müssen was wissen, wovon wir keine Ahnung haben! Aber — was?

Zum Glück war heute erst Freitag. Er nahm sich vor, rasch ein Zimmer im Hotel für sich und Lisa zu buchen, bevor Don und Wilf und alle übrigen auf der Szene auftauchten ...

»Ich weiß nicht so recht, wie ich die Sache angehen soll«, sagte Wallace mit gespielter Schüchternheit, nachdem er, Lisa und Steven der Kellnerin die Speisekarten zurückgereicht hatten. »Aber ich weiß aus zuverlässiger Quelle ...« — er senkte die Stimme —, »daß auch Sie persönlich von diesem seltsamen Phänomen betroffen waren, das gestern in diesem Dorf auftauchte.«

Er blickte sich vorsichtig um. Immerhin, wenigstens waren Don und Wilf bislang noch nicht hierher vorgedrungen. Aber was die wohl treiben mochten, während er hier festsaß? Zogen die vielleicht gerade zum Court hinauf, um sich die Goodsir-Familie vorzuknöpfen ...?

Also, es würde eben ein kurzer Lunch werden müssen. Man konnte bloß beten, daß die Bedienung hier rasch ging! Er beruhigte sich und zwang sich, Steven zuzuhören.

Der junge Arzt sagte gerade: »... weiß ich also nicht, um es ganz offen zu sagen, wieviel ich zu sagen das Recht habe.«

»Die Wahrheit, so wie Sie sie sehen«, konterte Wallace ernst. »Mehr verlange ich in keinem Fall. Ich weiß nicht, ob Sie mit meinen Arbeiten vertraut sind ...?«

Kurzes um Vergebung heischendes Lächeln. »Ich fürchte, ich bekomme das *Banner* nicht so oft zu ...«

»Genau wie Millionen andere Menschen!« sagte Wallace gutmütig und schoß Lisa einen finsteren Blick zu, weil sie eine Grimasse geschnitten hatte, da sie diese Bemerkung bereits unzählige Male gehört hatte. »Aber ... lassen Sie es mich mal so ausdrücken: Wenn nicht schon morgen, dann doch spätestens am Sonntag ...«

»... wird Weyharrow auf allen Titelseiten stehen und wahrscheinlich auch im Fernsehen kommen«, unterbrach Steven resigniert. »Doch, das ist mir durchaus klar.«

Wallace blinzelte. »Darf man fragen, warum Sie da so sicher sind?«

»Also, angesichts der Tatsache, daß unsere ortsansässige Reporterin sich unendlich angestrengt hat ... Nein, sowas sollte ich nicht sagen. Immerhin ist es ja ihr Job.«

»Sie meinen doch nicht vielleicht Jenny Severance? Ist sie vielleicht eine Bekannte von Ihnen?« Und auf das doppelte Nicken hin: »Wissen Sie vielleicht auch zufällig, wo ich sie auftreiben könnte? Ich habe bei ihrer Redaktion angerufen und ...«

Steven zuckte bedauernd die Achseln. »Keine Ahnung. Ich hab sie erst gestern kennengelernt. Aber — geht sie denn nicht der Story nach, genau wie Sie?«

Es trat eine Pause ein, die voller Unverständnis, Verwirrung und Erstaunen war.

Mitten da hinein ertönte von der Eingangstür des Restaurants ein schriller Schrei: »Ist der Doktor da?«

Aller Augen wandten sich der großen braunhaarigen Frau zu, über deren Gesicht die Tränen strömten und breite grauschwarze Bäche von Wimperntusche über ihre Wangen zogen. Sie entdeckte Steven und kam auf ihn zugestürzt.

»Sie sind doch Dr. Gloze? Es tut mir schrecklich leid, und ich will auch gar nicht stören ... aber ich kann Mr. Book nirgendwo finden, und Yvonne sagt, sie weiß auch nicht, wann er wieder zurück sein wird, und ich ...«

Sie ballte beide Fäuste und preßte sie heftig gegen die Schläfen.

»Sie ist tot!« brach es aus ihr heraus. »Und das, das hätte ich um nichts auf der Welt gewollt! Zwei ganze Jahre lang ist sie so lieb und freundlich zu mir gewesen, viel freundlicher, als mein Declan es jemals war, und wenn sie halt jetzt einmal was Dummes gemacht hat, ein einzigesmal ... Ich halt das nicht aus! Ich kann es einfach nicht glauben, daß ich sie dazu getrieben hab!«

Sekundenlang war der inzwischen von Mittagsgästen volle Speisesaal wie erstarrt. Steven zwang sich aufzustehen und warf seine Papierserviette auf den Tisch.

»Sie sind ...?«

»Moira O'Pheale«, wimmerte die Frau. »Die Untermieterin von Phyllis Knabbe.«

»*Oh ...*«

Wie alle im Dorf hatte auch Steven einiges von dem gestrigen Tratsch mitbekommen, doch da er ein Ortsfremder war, waren die Berichte nicht aus zweiter, sondern eher aus zehnter Hand zu ihm gedrungen. Was er daraus schließen konnte, genügte ihm allerdings, um sich ein oberflächliches Bild der Umstände zu machen.

»Also, was ist geschehen?« fragte er ermutigend.

»Ich hab sie heut früh gar nicht mehr gesehen.« Moira blickte wild umher, entdeckte die Papierserviette und betupfte sich die Augen damit. »Aber zu Mittag bin ich rasch mal nach Haus gelaufen — ich helf im Geschäft von Roy Jacksett. Und sie ist nicht unten in der Küche gewesen. Das Geschirr von meinem Frühstück war noch genauso, wie ich es hab stehenlassen. Also bin ich rauf und hab an ihrer Tür geklopft. Keine Antwort ... Also hab ich gedacht, sie ist bestimmt fortgegangen. Aber wie ich dann mal aufs Klo im Bad mußte, da hab ich was gesehen, was ich vorher nicht bemerkt hab. *Das da!*«

Sie stieß Steven eine verkrampfte Hand entgegen, und er nahm reflexartig, was sie ihm reichte.

Es war eine kleine Plastikflasche mit einem Aufkleber aus Mr. Ratchs Apotheke.

Leer.

Während sich eine eisige Hand um sein Herz krallte, las Steven laut: »Dreißig Tabletten Mogadon. Nur nach ärztlicher Verordnung einzunehmen ...«

»Als ich das zuletzt gesehen hab, war es noch fast voll!« stöhnte Moira. »Also bin ich dann in ihr Zimmer gegangen, und ... und da lag sie ...«

Steven holte tief Luft. »Tut mir leid wegen unsres Lunch, Mr. Jantrey. Mr. Mender!« — er hatte den Hotelier entdeckt, der hereingekommen war, um zu sehen, was die Störung zu bedeuten habe. »Rufen Sie bitte sofort 999 an, man soll einen Notarztwagen herschicken zu Miss ...«

»Miss Knabbe!« rang Moira sich ab.

»... zu Miss Knabbes Haus. Sagen Sie, daß ich sofort hingehe. Ach, und bitte benachrichtigen Sie auch gleich die Polizei.«

Wallace schob seinen Stuhl zurück und warf dabei Lisa einen Blick zu, der sagte: *Na, 'ne Story ist das ja ... wenigstens ...*

»Wir bringen Sie im Wagen hin«, sagte er munter. »Kommen Sie!«

Ehe sie jedoch am Unglücksort anlangten, hatte sich dort bereits eine Menschenmenge versammelt: dicht um das Häuschen Ortsansässige, am Rande, etwas scheu sich herumdrückend, einige spärliche Fremde.

Und mitten unter ihnen, sich mit autoritärem Gehabe durchzwängend, das Tonbandgerät am Riemen über der Schulter baumelnd — natürlich Donald Posher. Woher nahm der Mistkerl bloß die Chuzpe? Wallace selber hatte das ja ebenfalls schon praktiziert, aber dabei festgestellt, daß die meisten Leute eher zu stummen Austern wurden als gesprächsfreudig, wenn man ihnen ein Mikro unter die Nase hielt. Selbstverständlich hatte er auch einen Recorder mit, aber eben bloß ein taschenkleines Modell mit integriertem Mikro, und er holte das Ding wirklich ungern raus, und nur, wenn es nicht anders ging.

So wie eben jetzt! Er schob sich hinter dem Doktor her, während der sich einen Weg zur Haustür bahnte, und es wurmte ihn stark, daß Don sich dicht hinten anschloß. Aber schließlich konnte er hier ja kaum auf Prioritätsrechten bestehen, da sein Rivale schon vor ihm an Ort und Stelle gewesen war, auch wenn er selber mit der Person hergekommen war, die entdeckt hatte, daß es da ...

... eine Leiche gab?

Ja. Leiche. In einem der zwei Zimmer im Obergeschoß. Eine Frau. Das Gesicht teigigfahl, mit einem geisterhaften Rictus, der sogar dem Arzt zu schaffen machte. Was Moira betraf, sie wagte sich nicht ins Zimmer, sondern beugte sich über das Treppengeländer, als müsse sie sich gleich übergeben.

»Und Sie sind ...?« fragte Don mit profihafter Überlegenheit und stieß ihr das Mikrophon entgegen.

Leichenschänder!

Wallace hörte nur mit halbem Ohr zu, während er seine volle Aufmerksamkeit wieder dem Arzt zuwandte, der gerade sagte: »Natürlich wird man eine Autopsie durchführen müssen, aber ich bin mir ziemlich sicher, was dabei rauskommen wird.«

Während er das sagte, betastete er den Hals und die Unterarme der Leiche, um die Starre zu prüfen. »Ist denn die Polizei noch immer nicht da? Himmel, ich wünschte, die würden ihren Arsch endlich in Bewegung setzen. Und wo bleibt die Ambulanz?«

Der Mann schwitzte sichtlich.

»Wo ist die Packung, die Mrs. O'Pheale mir gezeigt hat? Da soll sich mal jemand drum kümmern, bitte!«

Draußen auf dem Treppenabsatz unterbrach sich Moira in ihren Herzensergüssen lang genug, um zu sagen: »Das haben *Sie* an sich genommen!«

»Was? — O ja. Tut mir leid, das hab ich wirklich.« Steven zog die Pillenflasche aus seiner Jacke, während Lisa sich in Wallaces Kielwasser in das Zimmer zwängte. Sie hatte auf der Treppe haltgemacht, um einen frischen Film einzulegen und den Blitz aufzuschieben. Sie machte einen großartigen Schuß von der Leiche.

»Wer ...? Ach — Sie waren das? Verschwinden Sie hier! Raus! Und nehmen Sie Ihr verdammtes Kameraweib mit! Ihr alle, raus hier, und zwar sofort!«

»Aber, Doktor ...«, begann Wallace.

»Nach dem, was Ihre Kollegin da grad getan hat, habe ich Ihnen kein Wort mehr zu sagen! Nicht ein Wort! Haben Sie kapiert? *Verschwinden Sie, alle!*«

»Aber ...«

»Bevor ich euch alle die verdammte Treppe runterschmeiße!«

Die Neuigkeit, daß Steven Front gegen die Zeitungsinvasoren gemacht hatte, die im Dorf sogar noch herzlicher verabscheut wurden als diese Hippies, verbreitete sich in Windeseile. Urplötzlich, also innerhalb eines Zeitraumes von ein, zwei Stunden, gelangte Weyharrow zu der Kollektivüberzeugung, daß dieser neue Arzt, den man da hatte, der Aushilfsdoktor, alles in allem gar kein so übler Typ sei. Noch bevor im Hotel der Speisesaal geschlossen wurde, hatte man Nigel Mender während der

Mittagszeit beiläufig erwähnen hören, daß Dr. Tripkin — soweit man gehört hat, nicht wahr? — ja schließlich gesagt haben soll, er denke daran, sich irgendwann in Kürze zur Ruhe zu setzen ...

Und wenn man bedachte, was da mit Mr. Phibson passiert war, der ja auch nicht gerade schon sehr lange hier lebte und die Stelle ja wohl bloß angenommen hatte, um die Zeit zwischen dem Ableben seiner Gattin und seiner eigenen Pensionierung zu überbrücken ... also, es war doch wohl klar, daß man auch in Kürze mit einem neuen Pfarrer rechnen müsse ...

Aber ein Ort wie der hier, an dem brauchte man eben ein paar verläßliche Bezugspunkte, sozusagen. Und Basil Goodsir, na ja, also, der sah ja wohl nicht so aus, als wenn er das so tun könnte, wie sein Vater das gemacht hatte, bevor ihn seine Arthritis unterkriegte, den armen alten Kerl — schon gar nicht, wenn man diesen außergewöhnlichen Ausbruch gestern im Gericht in Betracht zog.

Nein, vom Standpunkt der — wie man so sagen könnte — Bewahrung eines Stabilitätszentrums in der Gegend her gesehen könnte man eine viel schlechtere Entscheidung treffen, als wenn man einen jungen aufstrebenden Arzt ermutigte, sich hier fest niederzulassen. Vielleicht brauchte er ja 'ne Weile, bis er sich daran gewöhnen würde, wie das hier so alles lief, aber wenn man andererseits bedachte, daß die Leute sich ja bereits so anerkennend über ihn äußerten ...

Mehrere Persönlichkeiten von Gewicht versprachen daraufhin, sie würden, wenn Dr. Tripkin aus Spanien heimkehren würde, mal ein persönliches Wörtchen mit ihm sprechen. Inzwischen jedoch, wie ging es Basil denn heute, da man ihn grade erwähnt habe? Und wie stehe es mit Mr. Phibson, weil man schon mal dabei sei?

Schrecklich, das mit Mrs. Ellerford, was? Und Miss Knabbe — wer hätte denn je sowas gedacht? Aber natürlich wußte diese Person O'Pheale bestimmt mehr, als sie gesagt hatte ... bisher ...

Freudig und genüßlich köchelten die Sprudelquellen des Klatsches vor sich hin und kochten schließlich über. Und Wallace — im Zentrum eines so schönen Hexenkessels üppigster Gerüchte — war auf dem Siedepunkt und bot Drinks und sogar Geld als Bestechung an — und stieß rundum auf lauter erstaunte Dementis.

Und Don Prosher und Wilf Spout waren völlig von der Bildfläche verschwunden ...

Nigel Mender hatte sich schon die ganzen letzten Stunden nicht wohl gefühlt in seiner Haut. Es war einfach bestürzend, wenn man mitanhören und mitansehen mußte, wie Leute, die normalerweise durchaus ihren Kopf beisammen hatten, auf das senile Gewäsch des alten Phibson über den Teufel hereinfielen. In seiner Funktion als Vorsitzender des Kirchengemeinderats hatte er das Diözesanamt angerufen und gehofft, man werde ihn mit dem Bischof sprechen lassen, doch leider war der Hohe Herr bis Sonntag auf Reisen. Doch der Erzdiakon, Mr. Thummage, hatte versprochen, Mr. Phibson einen Besuch abzustatten, wenn es ihm möglich sein würde, aber die beiläufige Art, in der er dies geäußert hatte, machte deutlich, daß er die ganze Angelegenheit für übertrieben hielt, daß da sozusagen aus einer Mücke ein Elefant gemacht werde. Könnte es sein, hatte der Geistliche Herr gefragt, daß Mr. Phibson sich in letzter Zeit überarbeitet hätte? Er war, recht verstanden, natürlich kein Jüngling mehr, und außerdem auch noch verwitwet ...

Und als Mr. Mender erwähnt hatte, daß — wie man höre — die ›Hochzeit zu Kana‹ am heutigen Tage so gut wie überhaupt keinen Umsatz gemacht habe, hatte der Geistliche Herr ein trockenes Glucksen von sich gegeben.

»Nun, ich nehme doch an, daß deren Wirtshausschild ja wirklich beinahe gotteslästerlich ist, nicht wahr? Vielleicht werden die Jeggs ja wieder mit etwas besserem

Geschäft gesegnet werden, wenn sie sich endlich entschließen, den Namen ihres … Lokals zu ändern.«

Idiot!

Die Nachricht von Miss Knabbes Selbstmord trieb für Nigel Mender die Dinge auf die Spitze. Von dem Gespräch in seiner Bar während der Mittagszeit inspiriert, rief er im Verlauf des Nachmittags so viele Mitglieder des Kirchengemeinderates an, wie er erreichen konnte, um sie auf ihre Ansicht hin abzuklopfen, wie es wäre, wenn man am folgenden Tag eine öffentliche Gemeindeversammlung einberufen würde. Der dabei erzielte Meinungsquerschnitt war positiv. Die Versammlung würde unter seinem persönlichen Vorsitz stattfinden — und Mr. Phibson würde man, leider unvermeidlicherweise, bitten müssen, sich öffentlich zu äußern. Die Leute erwarteten das, sogar jene, die sonst nie in die Kirche gingen. Andererseits mußte man jemand finden, der von einer gewissen Autoritätsposition aus Gegenargumente gegen den Pfarrer anbringen konnte, ganz besonders wo da dieses Gerücht über uralte ›psychische Kräfte‹ umging, was diese Horde von Hippies, mehr als sechzig waren es inzwischen, sagte Constable Book, in den Ort gelockt hatte, denen ohne Zweifel noch viele weitere nachfolgen würden …

Da ist natürlich dieser Lehrer. Der taucht ganz bestimmt bei der Versammlung auf — hat noch nie bei einer Kirchengemeinderatsversammlung gefehlt. Könnte sich vielleicht — im Lauf der Jahre — noch zu 'nem brauchbaren Ratsmitglied entwickeln. Eigentlich schade, daß der selber so ein bißchen in die mystische Richtung neigt. Wie heißt er gleich? Ja, Draycock, so heißt er mit Namen. Aber wenn er sich nicht auf die Seite vom Ollen Phibson geschlagen hat, dann tut er's bestimmt bald, oder? Also, wie steht es mit Basil?

Unter den momentanen Umständen auf keinen Fall?

Aber klar doch, gewiß … Was für ein Jammer, daß der alte Marmaduke es nicht mehr schafft. Der hatte immer einen klaren Kopf behalten ... Ja, und natürlich, der alte Tripkin ist ja immer noch fort ... Wie wäre es mit seinem Vertreter? Wie ich gehört habe, hat der bei den Bauern inzwischen ziemlich eingeschlagen — haha!

Na ja, fragen kann man ja doch wohl mal, oder?

Und so arrangierte sich alles, eben genauso und auf jene Art, wie derlei in englischen Dörfern geregelt zu werden pflegte.

Nach der Nachmittagssprechstunde wartete eine Delegation von zwei Gemeinde-/Kirchengemeinderäten auf Steven, um ihn zu einem Drink im ›Hotel‹ einzuladen. Dort wurde ihm deutlich eröffnet, daß bei der Versammlung — welche nach Beschluß des Rates am Abend des folgenden Tages im Saal der Pfarrgemeinde, direkt neben der Kirche anberaumt worden war — jemand die Seite der Vernunft werde zu vertreten haben, auch wenn das bedeutete, daß man den guten alten Phibson den Löwen zum Fraß vorwerfen mußte, hahahaha!

Steven mühte sich, sein Beben nicht sichtbar werden zu lassen. Er sagte: »Aber ich habe doch gar keine Erklärung anzubieten ... Ich weiß doch auch nicht mehr, als daß ein paar recht merkwürdige Sachen passiert sind, einer ganzen Anzahl von Menschen, und daß davon eine oder zwei außerordentlich übel waren. Diese Tatsachen kann ich doch nicht wegwischen, oder?«

»Aber das verlangt doch auch keiner von Ihnen, *lieber* alter Freund! Das einzige, was wir hören wollen, ist ja bloß, daß es nichts mit — Teufeln zu tun hat. Sie nehmen doch noch einen Drink? Übrigens ...« — und hier senkte sich die Lautstärke —, »man hört da so überall, daß Sie 'nen recht angenehmen Eindruck machen, wissen Sie. Und Sie haben ja bestimmt auch schon gehört, daß Dr. Tripkin daran denkt, sich zur Ruhe zu setzen ...?«

Ach, du meine Güte, dachte Steven. *Ach-du-liebe-himmlische-Scheiße ...*

10. Kapitel

Cedric hatte vorgehabt, gleich nach dem Frühstück ins Dorf hinunterzugehen. Aber das war am Abend zuvor gewesen. Im Licht des jungen Tages erschien ihm die Aussicht, Chris-den-Pilger und sein Mädchen und die restliche Truppe, die da in diesem aufgemotzten Bus herumreisten, wiederzusehen, unendlich weniger verlockend.

Überdies war mit Sicherheit anzunehmen, daß Leute, die er verabscheute, ihn festnageln und nach seinem gräßlichen Vater fragen würden.

Also trödelte er fast den ganzen Morgen herum, bis Peter Lodd, der Warenausfahrer von Mr. Jacksett, keuchend und schnaufend auf seinem Fahrrad den Hügel heraufgestrampelt kam. Die Familie Goodsir kaufte zwar vorwiegend die Lebensmittel in Chapminster und Hatterbridge ein und ließ sich Luxusgüter aus London schicken, doch man legte Wert darauf, den Anschein zu erwecken, als unterstützte man auch die Geschäfte im Dorf.

»Also, das überrascht mich aber mal, daß Sie noch hier oben sind«, sagte Peter. (Ziemlich keß, sowas, aber Cedric hatte sich geschworen, derartige Reaktionen hinter sich zu lassen und ein echter Ègalitarist zu werden!)

»Wieso denn das?« fragte er zurück.

»Na, im Dorf wimmelt's bloß so von Ihren alten Kumpeln. Die, mit denen Sie im Sommer so dick waren. Und die fragen alle nach Ihnen!«

Nun, in diesem Fall ...

Cedric raffte sich zusammen und schob sein Fahrrad aus der Garage, die es mit dem Mercedes seines Vaters und dem Fiat seiner Mutter teilte, und dann sausten sie gemeinsam den Hügel hinunter.

Als er am Dorfanger anlangte, wurde er auch wahrhaftig wie ein alter Freund begrüßt, und man bombardierte ihn mit Fragen über die jüngsten Vorfälle im Dorf. Die Antworten bereiteten ihm einige Schwierigkeit; er hatte noch nichts von dem Fall Mrs. Ellerford gehört und schon gar nicht von Miss Knabbes Tod oder dem Schlagabtausch in der Kirche, und so lief das Ganze darauf hinaus, daß er mehr Informationen erhielt, als er zu bieten hatte.

Bestrebt, möglichst bald dieser peinlichen Zwangslage zu entrinnen, warf er einen Blick auf seine Uhr und entdeckte, daß es schon fast eins sei.

»He, was meint ihr, ziehn wir rüber in die ›Hochzeit‹?« schlug er vor.

Chris und sein Clan wechselten bedeutungsschwangere Blicke.

»Seit er heut früh aufgemacht hat, schickt der Wirt unsere Leute andauernd weg«, sagte Rhoda. »Wegen dem Gedöhns da mit dem Teufel. Keiner von seinen Stammgästen läßt sich heut bei ihm blicken, und er glaubt, wenn er uns reinläßt, dann bleiben sie ihm ständig weg.«

Cedric blinzelte verwirrt, fand aber einen Ausweg. Er sprang auf.

»Ich geh und werd mal ein Wörtchen mit dem reden!« rief er. »Das ist womöglich gegen das Gesetz!«

»Ja, und isses nich dein Papa, der hier die Gesetze macht!« murmelte jemand in der Gruppe deutlich genug, um gehört zu werden.

»Ja, und 'n komisches Gesetz außerdem!« sagte jemand anderes.

»Du, das tut mir leid, Ced«, murmelte Chris. Doch Cedric schüttelte nur den Kopf.

»Habt ihr also gehört, daß er Leute an den Galgen bringen will, wenn sie ein Schaf geklaut haben, was? Ja, das hab ich auch gehört! Bloß, ich muß, verdammt noch mal, mit dem Mann leben, wißt ihr!«

Und ohne die offensichtliche Gegenfrage abzuwarten — »Ja, warum haust du denn dann nicht ab und kommst zu uns?« —, kehrte er ihnen den Rücken zu.

»Ich werd die Jeggsen mal gradebiegen!« versprach er und schritt in Richtung Fluß.

Auf der anderen Seite des Dorfangers stieß er auf Stick, der gerade Rechen und Schaufel auf seiner Karre deponierte, offensichtlich dabei, seine Mittagspause zu halten.

»Stick!« rief Cedric. »Haste Zeit für 'ne Halbe?«

»Klar! Moment, muß erst mal meine Brote rausholen ...« Er bückte sich und brachte einen Plastikbeutel zum Vorschein, der unter dem Karren gehangen hatte. »Colin ist zwar nicht grad begeistert, wenn Leute sich ihr eignes Futter mitbringen, aber alles in allem dürfte er ja sogar dankbar sein, wenn er heut irgendwem 'nen Drink servieren kann. Gestern abend hat der noch 'nen ziemlich normalen Eindruck gemacht, aber ...«

»Geht wirklich keiner hin?«

»Die Liste der Leute, die der ›Hochzeit‹ zueilen, sobald die aufmachen, könnte ich dir auswendig aufzählen ... und die dann dortbleiben. Plus die andern, die nur rasch mal vor dem Mittagessen auf die Schnelle vorbeischaun. Plus die andern, die manchmal nach dem Mittagessen. Plus ...« Er breitete die eine, leere Hand aus und begann neben Cedric herzumarschieren. »Aber heut — kein Schwanz. Kein einziger Schwanz! Nicht einer! Außerdem, er schickt Gäste weg! Diese ... ah ... unsere Besucher, mein ich.«

»Ja, das haben Chris und Rhoda mir auch schon gesagt«, erklärte Cedric nachdenklich. »Weißt du, allmählich glaub ich wirklich, daß da was Schiefes abläuft — und daß es nicht bloß so'n Ausrutscher ist. Im Sommer hat er doch ihr Geld ganz gern eingesteckt, oder?«

»Viel wird's ja vielleicht nicht gewesen sein«, stimmte Stick ihm zu. »Aber er und Rosie haben eingesackt, was sie nur kriegen konnten. Aber heute habe ich nur zwei

Leute aus der Kneipe kommen sehen, und das waren die beiden Reporter.«

»Reporter?«

»Haste das nicht gewußt? Vom *Banner* oder so, haben sie jedenfalls gesagt. Der Typ hat mich ein bißchen angemacht, und da hab ich dann auch dich erwähnt. Hat er sich nicht bei dir gemeldet?«

Das Telefon droben im Court hatte zwar so vor etwa einer Stunde oder so geklingelt ... aber Cedric war in Gedanken mit anderen Dingen beschäftigt gewesen. Er schüttelte den Kopf.

»Wenn er es versucht hat, dann muß er wohl an meine *geliebte* Frau Mutter geraten sein. Was nimmst du?« Und er stieß die Tür zum Pub auf.

»Cider, bitte.«

»Ne Pinte?«

»Ne Pinte.«

Sie tranken unter dem bösartig funkelnden Blick Colins, der sogar noch saurer dreinsah, als Stick seine belegten Brote auspackte und zu essen begann. Cedrics Bestellung — Fleischpastete und Salat — besänftigte ihn, aber nur ganz wenig.

»Weißte was?« sagte Cedric nach langem Nachdenken.

»Was?« Stick wischte sich die Krumen aus dem Bart.

»Ich hab dem Chris versprochen, daß ich mit Colin ein Wörtchen reden werde, weil er die Pilger nicht reinläßt. Soll ich's riskieren?«

»Also, versuchen kannstes ja mal. Schließlich, *dich* wird er ja nicht grad mit 'nem Lokalverbot bedenken, oder? Und wenn, dann kannst *du* ja immer noch drüben auf der andren Straßenseite ...«

»Weiß ich doch«, sagte Cedric unglücklich. »Und das isses nämlich, was in diesem beschissenen Land so beschissen ist ... tschuldige! Colin!! Meine ... ah ... meine Freunde Chris und Rhoda haben mir gesagt, daß Sie sie hier nicht hereinlassen, sie und die Leute, die mit ihnen gekommen sind. Aber im letzten Sommer hatten Sie gar nichts gegen sie, und es sind doch mehr oder weniger dieselben Leute, nicht wahr?«

Colin wechselte Blicke mit Rosie, dann trat er vor und stützte sich mit gefalteten Armen auf die Bartheke.

»Damals, da haben wir ja auch nicht gewußt, was da vorgeht«, sagte er. »Jetzt wissen wir's!«

Colin zuckte zurück, denn die Worte hatten ihn wie eine Ohrfeige getroffen. Mit schwacher Stimme sagte er: »Ich versteh nicht.«

»Aber wir! Wir haben uns das genau auseinandergetüftelt. Wir sind jetzt fünf Jahre hier. Es ist unser drittes Pub, und wir haben in allen ganz gut gelebt. Das hier haben wir gekauft, gutgläubig und vertrauensvoll, weil wir gewußt haben, es gibt hier einen flotten Umsatz im Sommer und zumindest ein stetes Geschäft im Winter. Und die ersten zwei Jahre war das auch so — war es nicht so, Rosie?«

Sie nickte so heftig, daß ihre stark gepuderte Halswamme bebte.

»Aber in letzter Zeit hat sich das geändert. Das Geschäft geht flau. Wir kriegen nicht mal mehr die Hälfte an Laufkundschaft wie früher — und nicht mal die Hälfte der Stammgäste dazu. Ist doch so, Rosie?«

»Und da haben wir uns eben erinnert und nach 'ner Erklärung gesucht. Der Geschäftsrückgang, der hat so ziemlich genau zu der Zeit angefangen, als wie diese — diese Heiden, mit denen Sie so gut befreundet sind, hier aufzutauchen angefangen haben mit ihrer sogenannten verruchten gottlosen Pilgerei!« Heftiges Schnauben. »Und da sag ich Mr. Draycock aber ganz und gar nicht Danke, daß er denen das vorgeschlagen hat und daß die sich jetzt so nennen!«

In Cedrics Hirn stiegen Gegenargumente auf: Inflation, Arbeitslosigkeit, die Auswirkungen des Fernsehens, die Eröffnung einer Getränketheke in einem Hinterzimmer der Jacksetts, daß immer mehr junge Leute ein Auto besäßen und damit zu den Pubs in Chapminster oder Powte oder Fooksey fahren könnten, wo es Diskos und andere Unterhaltungsmöglichkeiten gebe ... Aber er war zu langsam, denn Colin sagte mit unendlicher Bestimmtheit: »Das war wie ein Loch.«

»Ein — was?« fragte Cedric.

»Ein Loch in der Gasleitung!« sagte Rosie, wälzte ihren gewichtigen Leib vom Hocker und stabilisierte ihn, indem sie sich mit einem Arm um die Schultern ihres Mannes verankerte.

»Genau, das ist es«, sagte Colin. »Wir haben darüber geredet, und wir sind zu diesem Schluß gekommen. Am Anfang riechst du ab und zu mal was Merkwürdiges, und du hast keine Ahnung, was es ist. Dann wird Loch immer größer. Und dann, wenn dir dann nicht ein Experte kommt und sagt, was los ist, findste das eben auf die unsanfte Tour raus, nicht? Alles fliegt in die Luft!«

»Und Mr. Phibson, der hat uns doch gesagt, was da vorgeht«, erklärte Rosie mit Festigkeit. »Und ich hab immer wieder zu Colin gesagt, daß wir eher auf die Joyce Vikes hätten hören müssen! Und *deshalb* wollen wir Ihre heidnischen Genossen hier nicht haben!«

Tödliches Schweigen. Schließlich trafen sich Sticks und Cedrics Blicke, und in gegenseitigem Einverständnis leerten sie ihre Krüge und strebten auf die Tür zu.

Auf der Schwelle drehte sich Stick allerdings noch einmal um und sagte in allersanftestem Ton: »Da ist bloß noch eins, Colin.«

»Ja?«

»Rosie sagt, ihr hättet schon lang auf die Joyce hören müssen.«

»Ja?«

»Wie bringt ihr zwei es dann unter einen Hut — eure Klagen über das schwindende Geschäft und daß *sie* eure Kneipe als Lasterhöhle bezeichnet hat? Sollen wir da jetzt annehmen, daß ihr es herzlich gern dabei gelassen hättet, solang nur euer Umsatz hoch bleiben würde?

Komm, Ced. Lassen wir die zwei das in Ruhe austüfteln.«

Und mit ganz ungewohnter Wucht schmetterte Stick die Tür ins Schloß.

Wieso habe ich die verdammte Auffahrt nicht teeren lassen? Das Knirschen von Reifen auf Kies geht mir auf die Nerven!

Wutschnaubend riß Basil Goodsir die Eingangstür des Court auf und schritt hervor, um den Fahrer des Sierra, der da gerade zum Halten kam, in die Schranken zu weisen.

»Wer sind Sie? Und was, zum Teufel, wollen Sie hier?«

»Hier meine Karte, Sir«, sagte der Fahrer, während er ausstieg. »Donald Prosher — vom *Globe*. Und dies ist mein Kollege Mr. Spout. Er wird wahrscheinlich im Gesicht gleich so rot werden wie auf dem Kopf, wenn ich es erwähne, aber Sie erinnern sich vielleicht, daß er im letzten Jahr einen bedeutenden Preis für seine photographischen Leistungen verliehen bekam. Sie sind nicht etwa Basil Goodsir?«

Basil hatte eigentlich beabsichtigt, diese Leute aufzufordern, das Grundstück zu verlassen. Jedoch — der *Globe* war eine der drei meistgeschätzten britischen Sonntagszeitungen, wenn auch nicht jene, die er selbst las. Er nahm also die Visitenkarte entgegen und gab zu: »Also ... hmm ... ja, ich bin Basil Goodsir. Aber ...« — ihm fiel plötzlich wieder ein, daß Helen da so etwas gesagt hatte, nachdem sie einen Telefonanruf entgegengenommen hatte — »ich dachte, es ist dieser Skandalfetzen *Banner*, die Reporter hergeschickt haben!«

»Also, man sagt ja nicht gern was Schlechtes über Kollegen«, sagte Don in mißbilligendem Ton. »Aber ... Ja, ich fürchte, Sie haben recht. Und ein paar von den anderen ... ah ... um es deutlich zu sagen, ein paar von den anderen Skandalblättern planen gleichfalls, über diese bezaubernde Ortschaft herzufallen. Aber ich hege die sozusagen aberwitzige Hoffnung, daß man etwas unternehmen kann, um zu verhindern, daß der Name Weyharrow landesweit mit Schmutz besudelt wird.«

»Wirklich?« knurrte Basil.

»Ja, wirklich! Wenn man bedenkt, wie manche unserer Zeitgenossen es ... ah ... ausschlachten würden, daß ein Geistlicher von der Kanzel aus behauptet hat, daß hier am Ort der Teufel am Werk sei ...! Also, das übersteigt doch die Grenzen der Glaubwürdigkeit, oder? Und deshalb wenden wir uns an Sie. Meine Zeitung, wie Sie ja sicherlich wissen, läßt sich nicht auf das Niveau eines derartig vulgären Sensationsjournalismus herab. Andererseits genießen unsere Artikel den Ruf, stets erstklassig recherchiert und geschrieben zu sein. Und ich befürchte doch stark, daß morgen in den Printmedien zumindest hier und da ein paar verstreute unfundierte, ja falsche Gerüchte über Weyharrow auftauchen könnten ... Unser Chefredakteur hat uns hergeschickt, sozusagen mit dem Ziel, in der Sonntagsausgabe da völlige Klarheit zu schaffen. Die zusätzlichen vierundzwanzig Stunden dürften es ermöglichen, daß wir die Ereignisse in die nötige ... ah ... richtige Perspektive bringen. Vorausgesetzt natürlich, es gelingt uns, ausreichende Informationen zu sammeln, um gegen diese absurden Gerüchte anzugehen, von denen Sie zweifellos auch schon vernommen haben.«

Dann wartete Donald Prosher lächelnd ab. Er konnte in Basils Gesicht lesen, als stünde der Text da wie ein Vierspalterbalken. Es überraschte ihn also kaum, als Basil kehrtmachte und sie ins Haus bat; und er war gleichfalls nicht erstaunt, in der Eingangshalle einer dürren Blondine zu begegnen — das mußte ja wohl Basils Frau sein, Helen, Ex-Modell, von der es eine Reihe vorehelicher Aufnahmen im Archiv gab, darunter auch einige Aktaufnahmen —, zu der Basil sagte: »Das sind zwei Gentlemen vom *Globe.* Sie wünschen ein Interview!«

Das Gesicht der Frau war eine Eismaske gewesen. Plötzlich zerschmolz es.

»Ach, kommen Sie doch in den Salon!« flötete sie. »Ich laß gleich Kaffee bringen. Oder hätten Sie lieber etwas Stärkeres? Ich weiß noch aus meiner Zeit als Modell ...«

Don unterdrückte einen Seufzer. Das würde wieder eines von *diesen* Interviews werden.

Doch er zwang sich zu einem Lächeln, das breiter wurde, als Marmaduke aus einem der Räume ins Foyer gehumpelt kam: mit ärgerlich pochendem Krückstock auf dem Steinboden und der barschen Frage, was dieser ganze Lärm zu bedeuten habe.

Er hatte von Marmaduke gehört. Und er wollte mehr über ihn erfahren. Was für ein Jammer, daß der junge Herr, Cedric hieß der ja wohl, sich auf Anfragen als außer Hauses weilend erwies. Aber, nun ja, diese drei da dürften wahrscheinlich reichen, um das Backgroundmaterial zu liefern, das er brauchte.

Sein Lächeln lief Gefahr, in ein starres Grinsen umzukippen. Also wechselte er über zu jenem ernst-ergebenen Ausdruck, der sich für einen Unterling gebührt, dem der Zugang zu den bevorzugten Gefilden weitaus höherer Wesen gestattet wird, und folgte — mit aufnahmebereitem Taschenrecorder — der unablässig honigseimenden Helen.

Unseligerweise aber entpuppte sich Marmaduke als eine scheußliche Pleite.

Die durch das Eintreffen des Hippy-Busses und den Aufbau der Zelte auf dem Dorfanger ausgelöste allgemeine Erregung an diesem Morgen hatte Vic Draycock verpaßt; dies kam daher, daß er und Carol am anderen Flußufer, an der Straße nach Chapminster, wohnten und er zur Schule in Powte fuhr, während sie ihren Sohn, Tommy, zur Grundschule in Weyharrow brachte.

Aber er fand dann doch ziemlich rasch heraus, was

los war, nämlich in dem Moment, wo er die Anwesenheitsliste überprüfte und fragte, wieso denn Harold Ellerford fehle.

Auf die Frage gab es nur Gekicher.

»Haben Sie das denn nicht gehört?« sagte schließlich einer aus der Klasse. »Seine Mamma is inne Irrenanstalt!«

Und ein anderer sagte: »Geschieht denen ganz recht! Dem und seinem mistigen Paul!«

»Wollen Sie wissen, was die Eunice Hoddie zum Paul gesagt hat?« fragte eine dritte Stimme, die eines Mädchens, und die ganze Klasse wieherte und schüttelte sich vor Lachen.

Als Victor endlich ein paar Strähnen vernünftiger Information aus den Kindern herausgeholt hatte, fühlte er sich, schon von Berufs wegen, verpflichtet, ihnen einen Hauch mitmenschlicher sozialer Empathie einzupfropfen, anstatt sich auf den nächsten Abschnitt der Eroberung Kanadas für das Britische Weltreich zu konzentrieren. Er hatte nie Sympathien für Imperialismus gehegt, allerdings hätten wahrscheinlich Dreiviertel seiner Schüler nichts dagegen gehabt, wenn der Geburtstag der Königin Victoria, der vierundzwanzigste Mai, weiterhin als *Empire Day* schulfrei gewesen wäre.

Bei derselben Gelegenheit wurde er auch in Kenntnis gesetzt über die Anschuldigungen, die Mrs. O'Pheale gegen Miss Knabbe erhoben hatte, daß Tom Fidger den Bus auf der falschen Straßenseite gefahren habe ... und eben auch, daß Eunice den Paul Ellerford hatte absausen lassen ...

Er kam sich vor, als hätte er den vergangenen Tag auf einem fremden Planeten zugebracht. (Und das wäre ja durchaus gar nicht so ausgeschlossen, nicht wahr?) Er schluckte seine ursprüngliche Wut hinunter und verlangte genauere Informationen.

Sie wurden ihm zuteil, aber sie gefielen ihm gar nicht. Obgleich aus seiner weit überbelegten Klasse bisher nur die aus Weyharrow stammenden Schüler sich geäußert hatten, war doch der Rest (obwohl man sich durchaus einig war in einem gemeinsamen Abscheu gegenüber der Ellerford-Brüdern) durchaus *bestens au fait*, was den Skandal betraf. Sie wußten, daß dort der Pfarrer verrückt geworden war; sie wußten von Ken Pecklow und seiner Prügelei mit Harry Vikes; daß Mary Flaken die ganze Küche der Blockets mit rohen Eiern bombardiert hatte ... undsoweiter. Und sie erklärten, es geschehe Weyharrow ganz recht so, weil es dort von schlimmen Leuten nur so wimmele.

»Wie kommt ihr denn darauf?« fragte Vic herausfordernd. Er erwartete, aus der Reaktion deduzieren zu können, daß die Kinder von dem öffentlichen Aufsehen beeinflußt worden waren, das die paar Festnahmen wegen illegalen Drogenbesitzes im Sommer bewirkt hatten.

Aber als Antworten bekam er immer nur: *Das haben wir von* denen *immer schon gewußt.*

Allmählich zwang sich Vic die Schlußfolgerung auf, daß er hier den Brunnen einer Volkstradition angezapft haben müsse. Irgendwie mußte seinen Schülern beigebracht worden sein, daß Weyharrow ein Schauplatz ›böser‹ Vorgänge sei, und zwar lang bevor die Kinder eingeschult wurden. Und das konnte ja nur bedeuten, daß diese Tradition bis in die Frühzeiten der vordringenden Christianisierung zurückreichten!

Dann kam die Pausenklingel.

In seinem Überschwang testete Vic seine Theorie während der Morgenpause und beim Mittagessen an seinen Kollegen, die größtenteils aus der Gegend stammten oder doch weitaus länger hier gelebt hatten als er. Aber die zeigten sich alles andere als beeindruckt davon, sondern sie löste nur scharfe bis säuerliche Bemerkungen aus. Ob er denn nicht berücksichtigt habe, daß die alte Kneipe, ›Slaking House‹, seinerzeit so gut florierte, und was für Neidgefühle dies ausgelöst haben mußte, beispielsweise in Trimborne, als die einst so gewinnträchtige Mühle mehr und mehr verkam? Ob er denn nicht bedacht habe, welche Auswirkung es gezeitigt haben müsse, als der Herrensitz als Erbe an den Ehrwürdigen Matthew gefallen sei, diesen berüchtigten Frömmler aus dem hohen Norden, der das Dorfvolk des Genusses ihres Ale und ihres Apfelweins berauben wollte? Und wie es denn mit der Tatsache stehe, daß Weyharrow ehedem flußaufwärts der letzte beschiffbare Ort gewesen sei, an dem die Schmuggler auf dem Wasserweg von der Küste heraufgeschaffte ausländische Güter hatten absetzen können?

»Und dabei haben wir immer geglaubt, *Sie* hätten das ganze Zeug von Grund auf gebüffelt!« sagte einer der Kollegen.

Innerlich kochend, war Victor dann sogar noch unfairer als üblich zu den Schülern seiner Nachmittagsklassen, obschon er im innersten Herzen erleichtert war, daß sein Artikel nun doch nicht im *Chronicle* erscheinen werde, zumindest nicht in der Fassung, die er noch in Erinnerung hatte.

Aber — er hatte Jenny Severance den Text versprochen. Er würde sie anrufen und sich entschuldigen müssen.

Glücklicherweise hatte er es für dieses Schuljahr so hindrehen können, daß er freitags keine zusätzlichen schulischen Aufgaben mehr zu erledigen hatte. Er konnte sich also sofort in seine Karre schmeißen und nach Hause fahren, sobald die Schulklingel schrillte.

Oder, um präzise zu bleiben, er konnte zum Dorfanger von Weyharrow fahren. Denn er wollte unbedingt mit den wiedergekehrten Pilgern reden.

Allem Anschein nach würde es die Nacht über wieder regnen. Chris sah dies mit Erleichterung; das würde bestimmt dazu führen, daß das Dorfvolk deshalb keine Lust mehr haben würde, später noch einmal aus dem

Haus zu gehen und in seinem Lager Stunk zu machen. Eine ganz schön stattliche Zahl der jüngeren Dorfbewohner, deren Bekanntschaft er im letzten Sommer gemacht hatte, war vorbeigekommen, um sie zu begrüßen — und ein paar davon ganz sichtlich in starker Versuchung, hier die Scholle von den Würzelchen abzuschütteln und sich auf Pilgerschaft zu begeben, anstatt hier nur weiter herumzuhängen, wo es weder Arbeit gab, noch eine Spur von Spaß ... und einige darunter hatten Chris ganz genau vor dem gewarnt, was er befürchtete: einen Angriff auf die Hippies im Schutz der Dunkelheit.

Andererseits würde es dieses Nieselwetter schwierig machen, das Feuer in Gang zu halten ...

Aber derlei Probleme verblichen zu bedeutungslosem Nichts, als Chris den vertrauten orangeroten Wagen hinter dem Bus anhalten sah: einen Baby-Renault. Er rief laut und freudig:

»Leute, das ist doch Vics Karre? Vic Draycocks Kutsche!«

Und so war es. Mit zerzausten Haaren und einem gehetzten Ausdruck im Gesicht stieg Vic aus und schüttelte Hände und küßte ein paar Wangen. Natürlich wirkte er mit seinem Anzug nebst Krawatte immer noch extrem respektabel, aber schließlich, da mußte man ja ein bißchen tolerant sein; das war ja bloß, weil sein Schuldirektor so ein Reaktionär war und Vic es riskierte, seinen Job zu verlieren, wenn er dem Typ Bescheid stoßen würde.

Die Pilger hatten im vergangenen Sommer ausgiebig über dieses Problem diskutiert und waren — wenn auch widerwillig — zu dem Schluß gelangt, daß es alles in allem denn doch besser sei, wenn sich da ein paar Leute wie Vic betätigten, die einen Beitrag leisten könnten, um Verstand und Bewußtsein der Kinder ein klein bißchen zu öffnen.

Als sie ihn dann aber einluden, in den Bus, ins Trokkene zu steigen, war seine allererste Lautäußerung höchst unbefriedigend: »Ich fürchte, ich kann leider nicht lang bleiben. Carol wartet mit dem Abendessen auf mich. Und ich bin bloß schnell mal vorbeigekommen, um euch Hallo zu sagen und mal rauszufinden, was da so alles runterkommt.«

Was da so runterkommt? Na ja, aber wirklich …

Chris zuckte die Achseln. »Wir haben den ganzen Tag lang drüber diskutiert. Wir glauben, daß die uralte Kraft sich wieder regt. Wir wissen nicht, warum, aber es könnte mit dem Wetter zu tun haben oder mit dem Modell, das wir hier geschaffen haben, als wir im Sommer hier waren … Was glaubst du denn?«

Nach einer Pause murmelte Vic, ohne Chris anzublikken: »Fast schäme ich mich, es zu sagen, aber ich hab ziemlich stark den Kontakt verloren. Mir haben die Kinder sagen müssen, was sich abspielt.«

»Aber du weißt doch noch, daß wir da so 'ne Reihe von Ritualen abgehalten haben … Sag mal, wir haben heut mittag kurz mit Cedric geredet. Hat du den heute nachmittag zufällig gesehen?«

Vic schüttelte den Kopf. »Ich war doch in der Schule.«

»Also, das ist nämlich sehr komisch. Der ist losgezischt und wollte Colin und Rosie rumkriegen, daß die uns wieder in den Pub reinlassen — die haben nämlich Barrikaden gegen uns gemauert — und der Stick ist mit ihm hingegangen, und seitdem haben wir beide nicht mehr gesehen … Ach, wenn man vom Teufel spricht!«

Stick hämmerte gegen die Bustür und grinste wie die sprichwörtliche Cheshire-Katze aus *Alice im Wunderland* in Person. Der Regen fiel inzwischen dichter, und Rhoda beeilte sich, ihn hereinzulassen.

Er schüttelte sich die Nässe aus den Haaren, kam hereingeklettert und setzte sich. Er verteilte ringsum sein Lächeln und Grüße. »Hi! Hi, du! Hi, Vic! Hi! Hört mal, Cedric hat gesagt, ihr habt ihn gefragt, ob ich was an der Hand hab, und die Antwort lautet: Ich hab. Also …«

»Aber was ist mit Cedric passiert?« fragte Rhoda mitten in seine Ankündigung.

»Der kneift.«

»Was?«

»Also, wie wir aus der ›Hochzeit‹ raus waren, hat er sich gleich wieder auf sein Fahrgestell geschwungen. Ich nehme an, er ist heimgeradelt. *Ich* hab keine Ahnung, warum! Und ich glaub auch nicht, daß ich ihn mit irgendwas vergrätzt hab, was ich gesagt hab ... Aber ich hab da so 'ne Vermutung ...«

Aller Augen waren erwartungsvoll auf ihn gerichtet.

»Es hat da im herrschaftlichen Haus 'ne Krise gegeben. Seinem Alten ist gestern, genau wie dem Pfarrer, irgendwie das Hirn abhanden gekommen, stimmt's?« Stick bedachte ernsthaft sämtliche seiner Zuhörer der Reihe nach mit einem Blick. »Und wie ich Cedric kenne, hat der Schiß gekriegt. Er hat feststellen müssen, daß Colin und Rosie den Quark über den Teufel wortwörtlich ernstnehmen. Sowas wäre ihm vorher nie in den Schädel gekommen. Ich kann zwar nicht sicher sagen, daß es das war, aber das hätte es sein können. Vielleicht.«

Er lehnte sich zurück und verschränkte die Hände über einem aufgestützten Knie.

»Aber deswegen bin ich nicht hier. Ich wollte euch eigentlich was andres sagen.«

»Ja, was denn?« fragten ein paar.

»Ihr habt da so 'nen Schwanz von Mitläufern. So ein paar verzopfte Schwellschädel, die sich für heilige Bettler halten. Und anscheinend haben ein paar von denen entschieden, daß hier genau der Winkel auf unsrer Erde ist, der ihnen heute gefälligst ihren Lebensunterhalt zu spendieren hat. Und deshalb sind die Bullen wieder angerückt. Und zwar in Massen.«

Chris fuhr hoch. »Wir haben nichts gehört von ...«

Und fast im selben Moment sagte Vic: »Wo? Ich hab nichts von denen gesehen.«

»Weiter unten am Fluß. Kein Blaulicht und keine Sirenen. Ich war auf dem Heimweg, und ich hab halt gesehen, wie sie sich eine Gruppe von den *samideanoj* geschnappt haben.«

»Den *was?*«

»Das ist Esperanto.« Stick hustete unentwegt die unwahrscheinlichsten Informationsfetzchen aus; manchmal nervten ihn manche Leute mit Fragen über seine Vergangenheit, aber darüber sprach er nicht, nicht einmal zu Sheila. »Bedeutet: ›Leute mit gleichen Ideen‹, ›Gleichgesinnte‹. Dabei fällt mir ein, daß jemand mal den Vorschlag gemacht hat, man müßte das Wort ›heisern‹ prägen, weil es für gewisse ›eiserne‹ Personen hierzulande einfach keinen Reim gibt ... Aber, wo war ich grad? Ah, ja — bei den Bullen!«

Stick fuhr fort: »Ich hab mich kurz mit Joe Book unterhalten, und wie es aussieht, hat Tim — das ist der Koch im Hotel — sie dabei erwischt, wie sie grad seine Speisekammer geplündert haben.«

»Das war keiner von uns!« rief Chris empört.

»Keiner, den ich erkannt hätte«, stimmte Stick zu. »Aber Joe hat gesagt, die haben ein Trumm Rindfleisch mitgehen lassen ...«

»Aber wir *essen* kein *Fleisch!*« rief Rhoda laut.

»Weiß ich doch. *Ich* weiß das! Aber diese Typen wollten das ebenfalls nicht zum Essen haben. Die haben gesagt, sie brauchten das für ein Blutopfer um Mitternacht. Bloß, ich seh ja nicht so recht, wie das funktionieren soll, mit dem Blut. Ihr vielleicht?«

Rhoda sagte mit ausdrucksloser Stimme: »Das klingt mir stark nach den Leuten, die wir heut früh nicht bei uns haben wollten, in der Kirche.«

Chris biß sich auf die Lippe, leider bevor ihm bewußt wurde, wie schmerzhaft geschwollen diese noch war. Er stieß einen Seufzer aus.

»Da könntest du recht haben. Scheiße! Das haut uns die schlimmste Publicity rein, die wir je erlebt haben!

Da sitzen wir, versuchen, gewaltlos zu sein und die Ideen von andern Leuten zu respektieren, auch wenn wir gegen Privateigentum sind, und dann sowas ... Ein *Blutopfer!* Oh, verdammte *Scheiße!* Ich hab es ja gewußt, die Vibrationen hier sind derzeit mies. Aber das da, das ist wirklich schlimmer, als irgendwer von uns sich gedacht hätte. Stimmt's«

Der Chor murmelte zustimmend.

»Vielleicht sollten wir *diese* Typen irgendwie absondern«, schlug jemand vor.

»Schon zu spät.« Stick breitete die Arme aus. »Das haben die Bullen schon für euch erledigt.«

Es folgte Schweigen, das Vic durchbrach, indem er sich auf die Füße rappelte. »Also, Freunde, wir sehen uns dann morgen früh. Es gibt 'ne Menge Sachen, über die ich gern mit euch reden möchte. Aber jetzt ...«

Stick unterbrach ihn: »Aber jetzt — wieso sagen Sie den Leuten nicht jetzt und hier was über die morgige Versammlung?«

Vic schüttelte den Kopf. Eine Hand bereits am Türgriff.

»Wie kommt das bloß, daß ich anscheinend immer schneller bin mit den Neuigkeiten als alle andern?« Stick schnitt eine Grimasse. »Also, das Meeting ist für acht Uhr angesetzt, im Gemeindesaal. Wir brauchen weiter nichts zu tun, als die nächsten vierundzwanzig Stunden zu überleben. Habt ihr irgendwas an Ritualen vor?«

Chris und Rhoda besprachen sich mit Blicken. Schließlich sagte sie: »Vielleicht ein kleines, privates, ganz intimes ...«

»Also, wenn ich euch raten darf, dann macht es so privat wie möglich. Nach dem, was diese hirnlosen Strohköpfe angestellt haben ... Schön, aber ich sollte mich jetzt wohl besser auf den Weg machen.«

»Ich auch!« sagte Vic. Es klang, als sei er urplötzlich irgendwelche Fesselungen im Hirn losgeworden. »Kann ich Sie im Wagen mitnehmen? Es schüttet ziemlich prächtig.«

»Klar, gern. Danke ... Also, ich seh euch dann morgen, Leute.«

Dann knallte die Bustür zu. Verzagt sagte Chris: »Ich hab's ja gewußt, die Vibrationen sind mies. Und ich hab's euch gesagt, oder? Aber *das* da, das ist *übel.* Wir fangen mal besser an und vollziehen das Ritual. Hier sind Kräfte freigesetzt, und es gefällt mir ganz und gar nicht.«

»Das hat gar nichts damit zu tun, ob du es magst oder nicht, es *ist*«, konterte Rhoda düster. »Das ist mehr sowas, was du erdulden mußt. Aber das ist wahr, es ist freigesetzt!«

Während eines der Polizeifahrzeuge mit den Dieben davonfuhr, rief Chief Inspector Chade laut über das glitschige Flußufer: »Constable Book!«

Joe kletterte vorsichtig zu ihm hin.

»Da haben Sie ja 'nen richtigen schönen Misthaufen beisammen, was, Mann?«

»Ach, die sind aber nicht alle so«, sagte Joe nach längerer Pause. Mr. Chade war erst seit dem Sommer der neue Hauptkommissar und saß in Hatterbridge.

»Nein? Heute früh 'ne Prügelei in der Kirche — Beschwerden wegen dem Rauch und der Belästigung durch das Lagerfeuer, das die da abbrennen — Beschwerden über die Bettelei von Tür zu Tür — gestern abend wird eine Dame in den Wahnsinn getrieben, heute findet man eine andre tot im Bett ...! Und das reicht Ihnen nicht?«

Joe murmelte: »Das hat mehr mit dem Pfarrer zu tun als mit diesen Leuten da.«

»Oh, aber klar doch!« Chade klatschte die nassen Handschuhe gegen die geöffnete andere Hand. »Aber er behauptet doch, das sind Teufelsanbeter, hat er das nicht gesagt, der Pfarrer? Und was haben die gesagt, warum sie das Stück Rindfleisch geklaut haben und wofür? Für ein Opfer! Ich weiß ja nicht, wie das bei Ihnen steht, aber ich bin eher ein gottesfürchtiger gläubiger Christ, also neige ich mehr dazu, die Partei von Ehrwürden Phibson zu ergreifen als die von diesen — Leuten. Also?«

Verlegen sagte Joe: »Ja, doch, es ist schon ein Haufen.«

»Es freut mich, daß Sie mir zustimmen.« Chade konnte ziemlich bissig klingen, wenn er Wert darauf legte; im Augenblick war dies der Fall. »Ich denke, wir sollten sie aus unserm Gärtchen rauskomplimentieren, meinen Sie nicht?«

»Sobald die merken, daß sich da nichts tut …«

»Aber es *tut* sich ja 'ne Menge! Oder bringt sich hier jeden Tag eine respektable unverheiratete Dame um, nachdem man sie der Tortur verleumderischer Beschuldigungen ausgesetzt hat? Und dabei fällt mir ein: Ich will mir morgen mal diese Mrs. O'Pheale vornehmen. Das ist doch ein irischer Name, oder? Was wissen wir schon, vielleicht steht die ja mit der IRA in Verbindung.«

Joe sackte der Kiefer nach unten. Doch noch ehe er Einwände erheben konnte, sprach Chade bereits weiter.

»Nein, ich hab mich entschlossen. Gleich morgen früh, sobald es hell ist, werden diese Leute abgeschoben. Am liebsten würde ich es ja jetzt gleich machen, aber das würde bloß 'nen Tumult geben, und da man annehmen muß, daß ohne Zweifel die Hälfte von den Kerlen voll bis über die Ohren sind, möchte ich sie nicht gern nachts auf 'ner öffentlichen Straße auf die Menschheit loslassen.« Er wandte sich ab, um sich einen seiner Leute zu suchen.

»Nur einen Augenblick, Sir!« brach es aus Joe hervor. Chade gloste ihn düster an, doch Joe schob unverdrossen nach. »Sir, da gibt es aber was, woran Sie nicht gedacht haben.«

»Und das wäre?« Chade verzog spöttisch den Mund.

»Im Dorf sind Reporter, Sir. Mindestens zwei, neben unserer eigenen Lokaldame. Einer kommt vom *Banner*, der andere ist ein Gentleman vom *Globe*.«

Chade sagte gedehnt: »Also gut, Constable. Ich glaube, Sie haben da wirklich 'nen Punkt. Irgendwelche Vorschläge?«

»Die wollen hier morgen eine öffentliche Versammlung im Gemeindesaal abhalten. Der neue Doktor soll dabei sprechen — neben Pfarrer Phibson. Mr. Mender hat die Leitung. Ich weiß zwar nicht viel über diesen Dr. Gloze, aber die Leute hier sagen mir immer wieder, daß er sehr vernünftig ist. Zufällig bin ich der Penny Wenstowe begegnet — das ist die Kleine von unserem Bauunternehmer hier —, und die ist ganz hingerissen von ihm. Auch Mr. Mender hält recht viel von ihm. Wäre es also nicht vielleicht besser, wenn ...?«

»Wenn *was*?«

»Wenn wir es dieser Versammlung überlassen, die Leute zu überzeugen, daß sich alles in allem hier weiter gar nichts Besonderes abspielt. Ich meine, wenn auch ein paar Leute hier die Behauptungen des Pfarrers zunächst mal glatt geschluckt haben, so werden sie doch nicht grad sehr lang weiter an eine Heimsuchung durch den Teufel glauben wollen.« Sein Selbstvertrauen wuchs, als er merkte, daß Chade ihm aufmerksam zuhörte.

»Ich nehme an, daß wahrscheinlich der Erzdiakon herkommt, und der kann dann vom kirchlichen Standpunkt aus den Pfarrer zurechtweisen. Und er und der Doktor und Mr. Mender als der Vorsitzende des Kirchengemeinderats — wenn die alle drei fest entschlossen sind, die Geschichte aufzuklären ... Also das müßte doch den Störenfrieden ausreichend den Wind aus den Segeln nehmen, oder?«

»Sie wollen damit sagen, Sie glauben, diese Typen werden nach der morgigen Versammlung ihren Plunder zusammenpacken und freiwillig von hier verschwinden?«

»Da möchte ich drauf wetten«, sagte Joe kühn. »Besonders wenn dann noch ein paar Leute sich über sie lustig machen. Die sind nämlich genauso wie wir alle: wollen auch alle ernstgenommen werden, und wenn alles ringsum über sie lacht, also — dann!«

Chade überlegte eine Weile. Joe fügte schüchtern hinzu: »Außerdem sind die Reporter beide von 'ner Sonntagszeitung. Und wenn wir die Leute morgen mit Polizeiaufgebot abschieben, gibt das bestimmt Schlagzeilen. Wenn wir aber bis Sonntag warten und die dann so allmählich von alleine von hier verschwinden ... Sehen Sie, was ich meine?«

Mit unerwarteter Herzlichkeit sagte Chade: »Sie haben ja tatsächlich was in dem Kopf da auf Ihrem Hals, Mann! Also, schön, Sie haben mich überzeugt. Die Leute können hier noch bis Sonntag rumlungern. Aber falls da noch was passiert wie diese Klauerei aus dem Hotel ...«

»Sir!« sagte Joe. »Der Trupp da, der jetzt noch übrig ist — also, das weiß ich absolut sicher —, die sind Vegetarier. Und äußerst strikte dazu. Sie tragen noch nichtmal Schuhe aus echtem Leder. Und die, die was wir grad abtransportiert haben, gehörten überhaupt nicht zu dieser Gruppe.«

Chade erwog dies eine Weile länger, dann zuckte er die Achseln. »Also, schön. Es ist Ihr Laden hier, und Sie sagen ja, Sie kennen die Typen von früher. Ich verlaß mich da mal auf Ihr Wort. Aber denken Sie dran, wenn Sie sich irren, dann mach ich Hackfleisch aus Ihnen!«

Was war das wieder für ein Tag gewesen! Dieser unglaubliche Andrang bei der Morgensprechstunde — und die am Nachmittag war dann fast genauso voll gewesen — der Tod dieser Miss Knabbe — diese widerliche Fotografenhyäne — dann der Formularkram wegen der Obduktion und der gerichtlichen Untersuchung, obwohl sich darum großenteils die Polizei gekümmert hatte ... und jetzt dieser Überfall von seiten dieser Kirchengemeinderäte ... eine Mischung aus Bestechung und Bedrohung ... Steven hoffte zum Himmel, daß sein Abendessen bei Mrs. Weaper nicht völlig ungenießbar sein möge, da sie es so lange aufwärmen mußte, als er aus der Bar des Brückenhotels wankte und noch einmal, unter der Tür stehenbleibend, die möglichen Weiterungen überdachte. Er stellte verärgert fest, daß es goß. Als er aus dem Doktorhaus getreten war, war das kaum ein Nieseln gewesen, und außerdem saß er danach in einem Auto. Aber jetzt stand sein Wagen — also nicht sein eigener, sondern der von Dr. Tripkin, der ihm während seiner Vertretung zur Verfügung gestellt worden war — mehr als eine halbe Meile weit weg.

Vielleicht konnte er sich von irgendwem hier einen Regenschirm pumpen.

Gerade wollte er wieder ins Hotel zurückgehen, da rauschte Jennys Mini heran, und sie rief ihm zu.

»Steveen! *Steven!* Sie *sind's* doch, oder? Haben Sie 'ne Ahnung, wo ich Wallace Jantrey finde — den Reporter vom *Banner?* Ich hab geglaubt, hier muß es inzwischen von Presseleuten wimmeln, aber er ist anscheinend der einzige, der sich herbequemt hat!«

Sie hatte sich über den Beifahrersitz zum Fenster gebeugt. Das Licht über dem Hoteleingang ließ den Ausdruck von Eifer und Unzufriedenheit auf ihrem hübschen Gesicht deutlich sichtbar werden.

»Anscheinend hat er versucht, sich mit mir in Kontakt zu setzen, aber irgend so ein Blödmann in der Redaktion hat es verschwitzt, mir Bescheid zu sagen! Ich hab bloß ganz zufällig überhaupt davon gehört, als ein paar von uns nach Feierabend noch auf einen Drink losgezogen sind!«

»Ich hab keine Ahnung, wo er ist«, sagte Steven steinern, »und ich leg auch keinen großen Wert drauf, es zu wissen. Nicht, nach dem, was seine Fotografin sich geleistet hat!«

»Steve ...«

Und genau in diesem Augenblick kam von der Brücke her ein Ford Sierra, bremste wild und setzte zurück, bis er mit dem Heck fast die Schnauze des Minis berührte. Ohne sich um den Regen zu scheren, stürzten der Fahrer und die Person neben ihm heraus.

»Miss Severance?« fragte der Fahrer. »Oh, wie schön! Ich war auf der Suche nach Ihrem Wagen — man hat mir die Nummer gegeben.«

»Sind Sie — Mr. Wallace Jantrey?« rief sie aufgeregt.

»Äh ... das nicht. Mein Name ist Donald Prosher.«

»Vom *Globe?* Ach, du meine Güte!« Urplötzlich war ihr Gesicht der reinste Sonnenschein. »Wie geht es Ihnen?«

Achselzuckend drehte Steven sich um und wollte ins Hotel zurück, um dort nach einem Leihschirm zu fragen. Doch der Beifahrer des Sierra packte ihn am Arm und fragte: »Sie sind nicht vielleicht Dr. Gloze?«

Reporter!

Aber der *Globe* war immerhin um eine Klasse besser als das *Banner.* Also bekannte Steven sich mit einem Seufzer zu seinem Namen.

»Ich bin Wilf Spout. Don und ich waren auch nach Ihnen auf der Suche. He, Don, ich hab den Doktor!«

»Grandios! Hören Sie mal, wollen wir nicht lieber alle aus dem Regen da raus und reingehen?«

Jenny sprang sofort aus ihrem Wagen. Doch Steven schüttelte den Kopf. »Tut mir leid, aber für einen Tag hab ich die Presse zur Genüge genossen. Außerdem komme ich sowieso schon zu spät zum Abendessen.«

Jenny rettete sich mit ein paar Sätzen zu den anderen unter das Eingangsdach. Sie sagte: »Also, so wild können Sie ja kaum auf Mrs. Weapers Kochkünste sein — nicht nach dem jedenfalls, was Sie mir gestern dazu gesagt haben.«

Steven sah sich gezwungen, in Verteidigungsposition zu gehen. Er sagte: »Außerdem, ich hab da drin grad mit ein paar Leuten gesprochen und denen gesagt, ich würde gern heimgehen und über die Sachen nachdenken. Das würde doch ziemlich merkwürdig wirken, wenn ich jetzt gleich da wieder reinkomme. Und überhaupt, ich hab alles in allem einen scheußlichen Tag hinter mir.«

»Ich hab da 'ne Idee«, murmelte Don. »Haben Sie heute nacht Bereitschaftsdienst, Doktor?«

»Ah ... Nein, heute nacht nicht.«

»Also, als wir heute morgen durch Chapminster gefahren sind, ist mir ein Chinarestaurant aufgefallen. Wie wär's, dürfte meine Zeitung Sie beide zum Dinner einladen?«

»Oooh, Sie meinen das ›Silver Moon‹!« rief Jenny begeistert. »O ja, das ist sehr gut dort! Steve, nun kommen Sie schon! Wenn Sie wirklich so einen schlimmen Tag hinter sich haben ... Und Ihre Mrs. Weaper können Sie ja dann von dort aus anrufen.«

Und plötzlich erschien ihm dies als eine sehr gute Idee. Er brachte ein blasses Lächeln der Zustimmung zustande, und zwei Minuten später bog der Sierra um den Dorfanger und strebte wieder der Brücke zu, und er und Jenny saßen im Fond.

Eine bescheiden-bissige Bemerkung konnte er sich allerdings nicht verkneifen.

»Sie haben ja Ihre Suche nach Wallace ziemlich rasch aufgegeben«, murmelte er.

»Na ja ...« Jenny biß sich auf die Lippe. »Der könnte ja wer-weiß-wo sein, nicht? Und Mr. Prosher ...«

Der hatte zugehört. Über die Schulter warf er zurück: »Don, bitte.«

»Don ... Der kommt ja nicht mal von einer der Zeitungen, mit denen ich mich in Verbindung gesetzt habe.«

Sie beugte sich vor und krallte die Hände in die Rücklehne des Fahrersitzes, während der Wagen mit platschenden Scheibenwischern die ›Neusiedlung‹ durchquerte.

»Also, wie kommt es, daß Sie nach Weyharrow gekommen sind — eh, Don? Hat jemand Sie informiert, den ich gestern abend angerufen habe?«

Steven hatte den Eindruck, daß Don einen leisen Seufzer unterdrückte, als er am Dorfrand abbremste, ehe er die Scheinwerfer wieder auf Fernlicht schaltete gegen den Regen und die sich verdichtende Finsternis und dann nach links, Richtung Chapminster, einbog.

»Auf die Gefahr hin, Sie zu enttäuschen«, murmelte Don, »muß ich bekennen, daß wir schon viel früher an der Story dran waren.«

»Wie denn das?« fragte Jenny bestürzt.

Steven schnippte mit den Fingern. »Lassen Sie mich mal raten!« rief er. »Diese Bushostess! Die Person, die auf einmal von Fliegenden Untertassen in Stonehenge zu reden anfing!«

»Haargenau!«

»Aber ...« setzte Jenny an, brach aber ab. »Oh. Der Touristenbus ist irgendwo hier in der Nähe steckengeblieben, ist es das?«

»Wir sind grad vorhin genau an der Stelle vorbeigefahren«, sagte Don. »Und der erste Mensch, mit dem ich mich heut morgen unterhalten habe, war der Mechaniker, der die Panne behoben hat.«

»Mr. Fidger«, sekundierte Wilf.

»Genau.«

Im Schimmer der ab und zu entgegenkommenden Wagen sah Jenny aus, als hätte sie sich am liebsten selbst geohrfeigt. Schließlich sagte sie: »Und? Was hatte Tom dazu zu sagen? Oder ist das ein Geheimnis?«

»Aber, keine Spur«, sagte Don und nahm Gas weg, als sie sich Powte und dem Tempolimitschild näherten. »Er hat nur bestätigt, was der Busfahrer uns schon gesagt hatte. Daß Mrs. Kailet sich völlig normal verhalten hat, außer daß sie ein bißchen aufgeregt war, wie man das ja nicht anders erwarten kann. Schließlich war ihr Zeitplan um Stunden verspätet, und die Fahrgäste wurden allmählich leicht grantig.«

Sie kamen an dem Schulhaus von Powte vorbei und dem Freie-Fahrt-Schild, und Don ging wieder auf Tempo achtzig.

»Na, und was folgern Sie aus dem Ganzen?« wagte Steven schließlich zu fragen.

Don zuckte die Achseln. »Natürlich, daß ich auf eine Nicht-Story reingefallen bin. Tatsächlich fragte ich mich schon, warum uns unser Chef hierhergeschickt hat, denn es hatte ja wirklich den Anschein, als wäre die arme Person schlicht und einfach unter übermäßigem Streß zusammengeklappt ... Aber das war noch, bevor ich die Sache mit dem Pfarrer gehört hatte. Danach dachte ich allerdings völlig anders darüber.«

»Ne ziemliche Wucht, unser Chef«, grunzte Wilf. »Der hat den *schärfsten* Riecher für 'ne Story, den ich je erlebt hab.«

»Genau«, pflichtete Don ihm bei. Vor ihnen glommen die Lichter von Chapminster auf, und er nahm plötzlich Gas weg. »Jenny, sagen Sie, muß ich bei der nächsten Gabelung links oder rechts abbiegen?«

»Das Restaurant liegt rechts, aber weiter unten wird das da Einbahnstraße. Biegen Sie links ab. Ich sag Ihnen, wo Sie parken können, direkt an einem Gäßchen, durch das wir abschneiden können, ohne arg naß zu werden.«

»Wunderbar.«

Und dann sagte keiner mehr etwas von Bedeutung, bis sie am Tisch saßen und die Speisekarte studierten.

Es würde, befürchtete Steven, nicht gerade eine fröhliche Dinnerparty werden. Er selbst war mit den Gedanken woanders; Jenny war niedergeschlagen — entweder erstarb sie vor Ehrfurcht vor diesem Don, weil der für den renommierten *Globe* arbeitete, oder sie war einfach wütend auf sich selbst, weil sie nicht darauf bestanden hatte, selber dem Geheimnis von Weyharrow weiter nachzugehen, und sich statt dessen lammfromm zu einer Beerdigung oder sowas hatte abkommandieren lassen; und Wilf war offensichtlich von Natur aus ein Schweiger und beschränkte sich auf knappe Äußerungen mit ausgedehnten langen Pausen dazwischen.

Also blieb noch Don. Und der verwandelte die Atmosphäre in knapp zwei Minuten, indem er seine Speisekarte dem Ober zurückreichte und ihn auf chinesisch anredete.

Verblüfft begann dieser zu strahlen, zu nicken und wieder zu strahlen. Dann raffte er auch die anderen Speisekarten zusammen.

»War das echt Chinesisch, was Sie da eben geredet haben?« hauchte Jenny. »Wo haben Sie das denn gelernt?«

»In Hongkong ... Ich hoffe, Sie halten mich nicht für impertinent, aber in derartigen Restaurants gibt es meistens ein paar kleine Köstlichkeiten, die *nicht* auf der Karte stehen. Die heben sie sich nämlich sogar in so einem Laden wie dem hier für ihre ganz speziellen Gäste auf. Ich habe ihm nur gesagt, sie sollen mal schauen, was der Koch uns bereiten kann, ist das in Ordnung?«

Und es war allerdings sehr in Ordnung. Auf winzige Täßchen mit einem feurigen Apéritif folgten Teller mit irgendeinem knusprigen dunkelgrünen Zeug — fritierter Seetang, wie Don erklärte. Danach kamen Krabben mit Ingwer, und danach Huhn auf viererlei verschiedene Weise zubereitet, und dann zwei Varianten Schweinefleisch mit Gemüsen und Strohpilzchen und — aber erst ganz am Schluß — eine Schüssel Reis. Und ganz am Ende, als Steven mit einem Dessert gerechnet hätte, kam eine kochendheiße klare Suppe von derart kräftigem Aroma, daß es das halbe Restaurant durchduftete, ehe der Kellner sie noch servieren konnte.

Von anderen Tischen spähten Gäste neidisch herüber und fragten sich wohl, wer diese Leute sein mochten, daß man sie so auszeichnete.

»Möchte jemand noch etwas Süßes?« schlug Don vor.

Steven lehnte sich auf seinem Stuhl zurück, und es mißlang ihm, ein wohliges Rülpsen zu unterdrücken. Er schüttelte nur den Kopf. Eine Speisenfolge wie diese vermochte die ganze Welt zu verwandeln, und für ihn war dies jedenfalls heute Wahrheit geworden, und dies genügte ihm. Auch die anderen lehnten dankend ab.

»Tee?«

Dazu erklärten sich alle bereit. Während sie darauf warteten, fiel Steven zu seiner Bestürzung ein, daß sie ja während des ganzen Essens kaum ein Wort gesprochen hatten.

Aus vollem Bauch und Herzen sagte Steven: »Don, meinen millionenfachen Dank! Ich bin zwar erst seit einer Woche in Weyharrow — nein, stimmt nicht, weniger als 'ne Woche, weil ich erst am vergangenen Sonntag ankam —, aber ich hatte schon völlig vergessen, wie richtiges Essen schmeckt!«

Don reagierte mit einem Lächeln der Bescheidenheit. Jetzt — zum ersten Mal — fiel Steven auf, daß der Mann recht gut aussah: um die Fünfzig vielleicht, aber schlank, zerfurchtes Gesicht, dichte Ringellöckchen zwischen braun und grau. Während er in seine Tasche griff, fragte er: »Hat jemand was dagegen, wenn ich eine Zigarre rauche? Ich werde versuchen den Rauch von euch weg zu blasen ... Danke. Möchte jemand auch eine? Nein?«

Als die Zigarre brannte — der Kellner war sofort mit einer Schachtel Streichhölzer herbeigeeilt —, lehnte Don sich zurück und hauchte die ersten Rauchwölkchen zur Decke hinauf. Dem Rauch zur Decke nachblickend, sagte er: »Steven, was werden Sie morgen bei dieser Versammlung sagen?«

»Keine Ahnung«, gestand Steven nach einer Pause.

»Ich hatte eigentlich vor, darüber heute abend nachzudenken.«

»Ich hätte gedacht, da ließe sich was in Richtung ›Lügen, verdammte Lügen‹ aufbauen. Und ...«

»Statistisches Material«, ergänzte Steven automatisch, ehe er an seinem Tee nippte, der ihm jedoch noch zu heiß war. »Ich bin nicht sicher, daß ich das ganz kapiere.«

»Also, schauen wir uns doch mal an, was wir haben.« Don stützte die Ellbogen auf den Tisch. »Nehmen wir mal an, wir machen den Anfang bei unserer unglückseligen Touristenhostess. Schließlich, die hat ja Wilf und mich hierher gebracht.«

»Sie haben aber gesagt«, mischte Jenny sich ein, »daß die höchstwahrscheinlich unter Stress zusammengeklappt ist. Und sie kam in Kontakt zu jemand aus Weyharrow, der dann selber was Blödes getan hat: Tom.«

»Ich vermute, Sie denken in der gleichen Richtung, wie ich auch — anfangs«, sagte Don, so herzlich, daß Jenny vor Vergnügen errötete. »So etwas in der Art von ansteckender Hysterie, ja? Und was sagt der Mediziner zu dieser Idee?«

Steven runzelte die Stirn. »Sie meinen etwas in der Art, wie es sich manchmal in Nonnenklöstern und Mädchenschulen tut?«

»Ja, vielleicht.«

»Das würde nicht ziehen.« Kräftiges Kopfschütteln. »Ich meine, sofern wir jetzt immer noch davon reden, was ich morgen auf der Versammlung sagen kann.«

»Völlig Ihrer Meinung.« Der Kellner brachte einen Aschenbecher, und Don klopfte behutsam die Asche ab. »Das Allerletzte, was die Leute hier in Weyharrow hören wollen, wäre, daß sie an irgendeiner Kollektivstörung leiden. Wenn es sich aber andererseits durch irgendeinen ungewöhnlichen verrückten statistischen Umstand herausstellen sollte, daß eine abnorm hohe Zahl von *Individuen* in einer örtlich geringen Population plötzlich Störungen aufzeigen, wie sie die ganze Zeit über im ganzen Land immer wieder auftreten … über die man aber weiter nicht groß in den Medien berichtet, weil — sagen wir — der oder jener vereinzelte Nervenzusammenbruch eben keine Schlagzeilen wert ist … Hab ich mich klar genug ausgedrückt?«

»Ganz klar.« Steven nickte mehrmals.

»Also, ich weiß nicht, ob ich das unterschreiben würde«, sagte Jenny störrisch. »An den Ereignissen ist doch wirklich was Kollektives. Angefangen hat es mit dem Pfarrer, Mr. Phibson, aber dann hat es sich ausgebreitet.«

»Sie beziehen sich auf die Tatsache, daß sogar ein sturer und realistischer Gastwirt nebst Frau — ganz zu schweigen von der an religiösem Irrsinn leidenden Gemahlin eines geplagten kleinen Bauern — auf diese Spinnerei hereingefallen ist, daß der *Teufel* dort an die Macht gelangen will? Ach, ich denke doch, daß dies noch am simpelsten und ganz leicht wegzuerklären wäre, meinen Sie nicht auch, Steven?«

Urplötzlich schien Stevens Gehirn mit Höchstgeschwindigkeit zu arbeiten. Er sagte: »Mir fällt mindestens ein halbes Dutzend Erklärungen ein, wie man das vom Tisch wischen könnte. Ich könnte zum Beispiel damit beginnen, daß ich ein paar witzige Sticheleien loslasse, gegen Leute, die sich im Fernsehen zu viele Horrorfilme angeschaut haben.«

»Genau in diese Richtung hatte ich auch gedacht«, sagte Don beifällig. »Und — weiter …«

»Und wenn man dann jeden Fall einzeln und der Reihe nach untersucht und zunächst mal alle anderen außer Betracht läßt … Doch, das gefällt mir, denke ich. Don, ich bin Ihnen sehr dankbar.«

»Buchstabiert mir das mal im Klartext!« sagte Jenny hartnäckig. »Ich hab immer noch das Gefühl, ich komm nicht so recht mit!«

»Also schön.« Steven probierte erneut den Tee, fand

ihn weniger heiß und trank einen großen Schluck davon. »Wenn man jeden einzelnen Fall getrennt untersucht, lassen sich die Kausalfaktoren höchst leicht aufspüren. Fangen wir bei Mr. Phibson an. Wenn ich dies in der Öffentlichkeit tun müßte, dann wäre das natürlich ziemlich grausam, aber ...«

»... immer noch besser, als zuzulassen, daß sich diese Idee von einer Teufelsbesessenheit immer weiter fortfrißt«, schlug Don vor.

»Ja, genau. Also, ich weiß nicht allzu viel über die betroffenen Leute, aber ich hatte eine ziemlich lange Unterhaltung mit Mr. Phibson, und ich hab auch ein Wörtchen mit seiner Haushälterin gesprochen, mit Mrs. Judger — übrigens hat er versucht, sie aus dem Pfarrhaus zu vertreiben, wußten Sie das ...? Aha, Sie haben davon gehört, Don. Hätte ich mir ja denken können. Sie sind wirklich ein scharfer Spürhund, Don, wie?«

Dies bewirkte bei Don erneut ein bescheidenes Lächeln. Steven trank wieder einen Schluck Tee, dann hakte er mit Hilfe der Finger die Namen ab.

»Mr. Phibson ist Witwer, schon etwas alt, und er trinkt zuviel Sherry. Die Belastung in einer sogar so wenig anspruchsvollen Pfarrgemeinde wie Weyharrow erwies sich für ihn als zu schwer, genau wie sich ihr Job für die bereits erwähnte Reiseführerin als zu drückend erwiesen hat. Ah ... Miss Knabbe, eine unverheiratete ... ah ... nicht mehr ganz junge Dame, wahrscheinlich mitten in ihrem Klimakterium ... allerdings weiß ich, bei Gott, nicht, wie ich das in Worte fassen soll, ohne daß die Hälfte der Leute im Saal die Flucht ergreift.« Er zögerte.

»Sie, Jenny ... Nein, Sie haben wohl ebenso geringe Lust wie ich, daß man öffentlich über Ihren Lapsus redet.«

Mit feuerroten Wangen starrte sie auf die Tischdecke. Dann sagte sie: »Es wär mir nicht angenehm, wenn das rumtrompetet würde, bestimmt nicht. Aber wenn Sie es unbedingt tun müssen ... ich glaube auch nicht, daß sich die Leute meinetwegen sehr aufregen würden. Ich lebe erst seit sechs Monaten in Weyharrow. Wichtig sind die Einheimischen und die andern, die schon lang dort leben. Mary Flakes zum Beispiel, die auf einmal von Eifersucht gepackt wird.«

»Ja, genau.« Steven hakte einen weiteren Namen ab. »Und Tom Fidger, der gehört auch dazu, oder?«

»Richtig. Der jammert die ganze Zeit davon, was für schwere Zeiten sie durchmachen. Wissen Sie, die hatten mal ein regelrechtes Busunternehmen mit drei Wagen. Jetzt haben sie nur noch den einen, mit dem sie die Kinder zur Schule fahren. Und wenn der mal ausfällt, müssen sie für Ersatz sorgen und sich einen leihen, und das bedeutet, daß sie draufzahlen.«

»Und das ist allgemein bekannt«, sagte Steven. »Ich meine, sogar ich weiß das schon, nach knapp einer Woche. Also bleibt noch ... Hmm! Ich hab ja Basil Goodsir vergessen!«

»Ist pleite«, sagte Don lakonisch.

»Was?« Steven mußte blinzeln. »Aber seiner Familie gehört doch der Court und so ziemlich der halbe Grundbesitz hier in der Gegend ebenfalls!«

Don blies sacht den Rauch zur Decke. »Ich hab fast eine geschlagene Stunde heute im Court verbracht«, sagte er. »Und ich kann die Zeichen lesen, wenn Leute sich mühen, den Schein zu wahren. Ich würde wetten — und ich hab ein paar Freunde in London, die das gerade für mich nachprüfen —, daß euer lieber Freund Basil überreif ist, um nicht zu sagen oberfaul, was seine Finanzen angeht. Würde das als kausaler Auslöser genügen?«

»Aber kann ich sowas denn ohne weiteres öffentlich sagen?« flüsterte Steven. »Der ist doch bestimmt morgen abend dort.«

»Geben Sie ihm vorher unter vier Augen zu verstehen, daß Sie genau das tun werden, wenn er nicht den

Mund hält. Er ist ein gräßlicher Egozentriker. Der macht alles, was Sie von ihm verlangen — unterstützt alles, was Sie sagen werden —, wenn Sie ihm bloß andeuten, daß Sie über sein Geheimnis Bescheid wissen.«

Steven nickte nachdenklich, aber er war in Gedanken anderswo. Schließlich sagte er: »Schön, also damit hätten wir rationale Erklärungen für sämtliche wichtigen Fälle, ja?«

»Sie haben Ursula Ellerford ausgelassen«, sagte Jenny. »Aber ich weiß schon, wie man das drehen kann. Verwitwet, der Mann hat nicht genug Geld hinterlassen, um die Söhne auf seine alte Internatsschule schikken zu können, sie müssen die staatliche Schule in Powte besuchen und sind dort gründlich verhaßt, weil sie als hochnäsig gelten ... Aber, Don, was ist denn mit Ihnen?«

»Das ist ein Name, von dem ich anscheinend nichts gehört habe«, sagte der Reporter schleppend. »Sagten Sie — Ursula Ellerford?«

Jenny nickte.

»War sie wohl jemals in Hongkong?«

»Doch, ich glaub schon. Warum? Haben Sie sie dort gekannt?«

»Und hieß ihr Mann vielleicht Ted?«

»Ja, genau!«

»Also, da soll mich doch der ... Und was ist los mit ihr?«

»Das fragen Sie besser Steven.«

Dieser berichtete von dem bedauernswerten Zustand der Frau.

»Sie hat zwei Söhne, sagten Sie? Wie alt sind die jetzt?«

Jenny überlegte. »Vierzehn und sechzehn, glaube ich.«

»Und wer kümmert sich jetzt um die?«

Steven zuckte zusammen. »Himmel! Ich hab nicht die geringste Ahnung! Hat sie irgendwelche Verwandte hier in der Gegend, Jenny? Engere Freundinnen, Freunde?«

»Sie ist die Sekretärin der Weyharrow Society«, sagte Jenny. »Ich glaube nicht, daß man sich da Sorgen machen müßte.«

»Nein. Wahrscheinlich nicht.« Aber Don holte die Brieftasche hervor und blickte sich nach dem Kellner um. »Trotzdem glaube ich, ich sollte mich — wegen der alten Zeiten — dort mal blicken lassen, ehe ich mich ins Bett verziehe. Und weil mir das grad in den Kopf kommt, ich glaube, wir sollten für heute Schluß machen. Ich habe gar nicht bemerkt, wie spät es schon geworden ist.«

Oh, sie auch nicht, sagten Steven und Jenny nach einem Blick auf die Uhr.

Als sie wieder in Weyharrow waren, wollte Jenny vor dem Hotel in ihren Wagen umsteigen und schlug vor, Steven die paar hundert Meter bis zum Doktorhaus mitzunehmen. Don erhob keine Einwände. Nachdem er sich genau hatte beschreiben lassen, wie man zu den Ellerfords komme, schien es ihn merkwürdig eilig dorthin zu drängen. Nach Dankesbezeugungen und Gutenachtwünschen stürzten sich Jenny und Steven in den Mini. Es regnete immer noch, wenn auch nicht mehr so heftig wie vorher.

Auf der kurzen Fahrt sagte sie: »Was, glauben Sie, macht Don sich wegen dieser Jungs Sorgen, weil er schon in Hongkong ein Freund von den Ellerfords war?«

Steven warf ihr einen Seitenblick zu. »Was meinen Sie damit? Was sollte er sonst für einen Grund haben?«

»Also — diese Ursula ist ja anscheinend so ziemlich die einzige Person, der was Komisches passierte, die er bisher noch nicht aufgespürt und interviewt hatte. Außer der armen alten Phyllis Knabbe, natürlich.« Sie hielt vor der Arztpraxis.

»Ach, vielleicht werde ich nur vorzeitig zynisch«,

sprach sie weiter. »Aber andrerseits ... Also, als man mir endlich ausgerichtet hat, daß Wallace Jantrey mich suchte, habe ich wie irre sämtliche Nummern hier in Weyharrow angerufen, die mir einfielen, und die einzige Person, die ich an den Apparat bekommen konnte, war Moira. Die war drüben in dem Häuschen von Phyllis Knabbe, ganz allein und trauerte. Aber — Sie wissen doch, die arbeitet am Freitag und Samstag für die Jacksetts.«

»Ist sie nachmittag dort wieder hingegangen?« fragte Steven. Mehr fiel ihm nicht ein.

»Anscheinend ja. Sie hat gesagt, wenn sie nicht unter Leute gegangen wäre, dann wäre sie verrückt geworden. Und vielleicht ist sie ja trotzdem verrückt, denn sie hat mir da was sehr Merkwürdiges erzählt. Vom Laden aus hat man doch einen guten Überblick auf alles, was sich so tut, nicht?« Eine Handbewegung in die allgemeine Richtung. »Und als ich sie nach fremden Autos fragte, sagte sie, daß sie, gleich nachdem der Notwagen Phyllis abtransportiert hat, Dons Wagen gesehen hat — und sie wußte, daß es seiner war, weil sie ihn getroffen hatte, als Sie hinkamen, um ... um sich ... die Leiche anzuschauen ...«

»Ja, ich erinnere mich«, sagte Steven seufzend. »Er hat Moira auf der Treppe abgefangen und sie mit 'nem Tonband interviewt.«

»Ja. Also, und später hat sie ihn dann aus dem Dorf wegfahren sehen.«

»Er ist doch zum Court raufgefahren und hat dort mit Basil Goodsir gesprochen. Das sagte er uns doch.«

»Ja. Aber er hat auch gesagt, daß das nicht ganz eine Stunde gedauert hat, und Moira hat gesagt, sie hat seinen Wagen nicht zurückkommen sehen. Und ich glaube auch nicht, daß er zurückgekommen ist, bevor er uns vor dem Hotel geschnappt hat. Also würden Sie nicht auch annehmen, wenn er den restlichen Tag irgendwo im Dorf verbracht hat und die Leute befragte, daß er was von Ursula Ellerford hätte hören müssen, ehe wir sie erwähnten? Und besonders, wo das doch ein Name ist, den er irgendwie kennt?«

Steven spürte seine Müdigkeit allmählich. Wie Don gesagt hatte, sie waren unglaublich lange in dem Restaurant gewesen. Mehr oder weniger gedankenlos sagte er: »Ja, aber die Jungs wären da ja wohl in der Schule gewesen.«

»Ach, glauben Sie?« fuhr sie ihn an. »Heute? Nach dem, was da mit ihrer Mutter passiert ist?«

»Ja, also ... vielleicht auch nicht ... Jenny, es tut mir leid, aber ich bin scheußlich müde. Und ich muß mir immer noch aus den Fingern saugen, was ich da morgen auf der Versammlung sagen werde.«

»Oh, ich dachte, Don hat das Problem für Sie bereits gelöst.«

»Nun, sicher ist mal, daß er mich auf eine gute Argumentationskette gebracht hat ... Danke für's Mitnehmen. Wir sehen uns ja bei der Versammlung?«

»Aber selbstverständlich!«

Es hatte fast den Anschein, als rechnete Jenny so halb und halb damit, daß er ihr einen Gutenachtkuß gäbe, doch er hatte keine Lust dazu. Er öffnete die Wagentür, und sie hielt ihn mit einer leichten Berührung am Arm zurück.

»Ja?«

»Ich komm einfach nicht drüber weg, ich muß mich dauernd fragen, ob es nicht wichtig wäre, da mal nachzubohren, wo Don seinen Nachmittag verbracht hat. Wenn Sie ihn vor mir treffen, fragen Sie ihn doch, würden Sie das machen? Und es mir dann sagen?«

»Ja.« Ein unaufrichtiges Versprechen, weil er dermaßen erschöpft war. »Ja. Und noch mal, danke. Gute Nacht.«

Den Schlüssel in Position vor dem Schlüsselloch, warf Steven einen Blick zum Dorfanger hinüber. Im trüben

Licht der Straßenbeleuchtung schimmerten die regennassen Zelte der Hippies und bewegten sich im Wind wie Lebewesen unter Wasser. Es war jedoch kaum ein Geräusch zu vernehmen, außer dem des Windes, und während er noch so umherschaute, erloschen auch in den letzten paar Fenstern die Lichter.

Plötzlich fror er innerlich und flüchtete sich ins Haus.

11. Kapitel

Es regnete weiter. Gegen Mitternacht konnte man von den Zelten auf dem Dorfanger aus und von dem hinteren Teil des Busses, der zum Teil mit Schlafkojen ausgerüstet worden war, das Wasser in den Rinnsteinen wie zahlreiche winzige Bäche plätschern hören. Trotz der Bemühungen von Stick hatte sich an manchen Stellen doch totes Laub in ausreichender Menge angesammelt, um die Kanalgitter zu verstopfen, und dann hörte man Miniaturwasserfälle rauschen, während sich die Bäche einen anderen Abfluß suchten.

Aber das waren beruhigende Geräusche.

Und beruhigend war auch die Tatsache, daß man ein Ritual vollzogen hatte, auch wenn dieses unter idealen Umständen eigentlich unter freiem Himmel hätte abgehalten werden müssen, etwa auf jener Lichtung, zu der Cedric sie im vergangenen Sommer geführt hatte und die ganz unbezweifelbar von der Aura eines magischen Ortes umgeben war: ringsum fest umschlossen, doch weit offen dem Wolkenhimmel preisgegeben. Ob dort nun wirklich der wahre Ort des alten Heidentempels war, oder nicht — und seit er damals von dem Trip wieder runterkam, auf dem er gewesen war, hegte Chris diesbezüglich doch immer wieder so einige Zweifel, auch wenn ihn dies nicht hinderte Cedric gernzuhaben —, so konnte doch keiner bestreiten, daß es eben doch die *Art* von einem Platz war, wie ihn die gläubigen Alten für *heilig* erachtet *hätten.* Genau wie Delphi, wie Rhoda immer so gern sagte, wenn auch natürlich keineswegs von vergleichbarem Rang. Rhoda war einmal, vor ewiger Zeit, nach Griechenland getrampt, und sie behauptete seitdem, daß niemand auf diesem Berghang stehen könne, ohne sofort zu erkennen, daß hier der rechte Ort sei, sich den Göttern zu nähern. Und obwohl er nur Postkarten von Delphi gesehen hatte, neigte Chris dazu, ihr dies zu glauben.

Doch am allerberuhigendsten war das Bewußtsein, daß der Regen bestimmt eventuellen Dorfbewohnern die Lust verderben mußte, die möglicherweise vorgehabt hatten, bei Nacht und Nebel über die Besucher herzufallen und ihnen die Zelte einzureißen.

Und so schliefen denn sogar die Säuglinge an der Mutter- und Vaterbrust in Frieden.

Das Seltsame, das über Weyharrow hereingebrochen war, verlor sich allmählich aus dem Bewußtsein der Bewohner, als sei es — wie so viele von ihnen es ausgedrückt hatten — nur eine Erinnerung an einen Traum.

Dicht an Sheila geschmiegt, denn die Nacht war kühl, bedachte Stick noch einmal seine trügerische Überzeugtheit, daß Sheilas Kinder Jungs wären, was diese selbst ja auch geglaubt zu haben schienen. Fast schon im Schlaf, murmelte er ihr ins Ohr: »Bin aber doch froh, daß sie keine sind.«

»Was?« Schlaftrunken aus dem Gewirr ihrer Haare.

»Keine Jungen. Hilary und Sam. Erinnert mich an den Knaben, der keine Bananen mochte.«

»Was?«

»Na, der Junge, der sagte: Bin ich froh, daß ich keine Bananen mag. Kennste den nicht?«

Dumpf: »Nein ... Wieso war der froh darüber?«

»Weil wenn ich die mögen täte, dann tät ich sie essen, und sie sind scheußlich!«

»Ach, Stick ...! Mußt du mich unbedingt aufwecken, bloß um mir das zu sagen?«

»Nein. Ich wollte dir bloß sagen, daß *ich* Feigen lieber mag. Schlaf schön!«

Aber an einigen Orten hatte der Traum tiefere Spuren hinterlassen.

Im Ellerford-Haus brannte lange noch das Licht. Paul und Harold hatten eifrig die Gelegenheit ergriffen, die sie vom Schulbesuch entband, und eine Weile hatten sie sich gegenseitig männliche Unbekümmertheit vorgespielt. Es war etwas zu essen im Haus, und im Portemonnaie ihrer Mutter fanden sie Geld; außerdem steckte der Schlüssel zum Getränkeschrank, und als es Nachmittag wurde, veranstalteten sie eine Art Fête, um Ursulas Abzug zu feiern. Sie sagten, was für eine beschissene Mutter sie immer gewesen sei, und wie sie ihnen den ganzen Tag lang gepredigt hatte, sie müßten das tun und dürften das nicht tun, oder daß sie es sich nicht leisten könnte, ihnen dies oder das zu kaufen — wo doch die verdammten ordinären groben breitmäuligen Bauerntölpel der ganzen Gegend — Typen direkt aus dem Kuhstall, du lieber Himmel! — Mopeds bekamen und Heimcomputer und sich protziges Zeug zum Anziehen leisten konnten und Sommerurlaub an Orten, wo die Mädchen oben ohne rumliefen!

Aber beide hatten sie so unbewußt erwartet, daß irgendwer vorbeikommen und sich um sie kümmern werde. Aber erst, als es dunkel wurde, drang dies bis zu einer echten Erkenntnis in ihr Hirn.

Wir müssen allein zurechtkommen.

Es war Harold, der verlegen sagte: »Ich nehm an, wir sagen doch besser jemand Bescheid.«

»Was?« Paul hatte sich der Erforschung der Hausbar sogar noch hingebungsvoller gewidmet, ebenso dem Zigarettenvorrat, den Ursula ausschließlich für Gäste bereithielt, da sie selbst nach Teds Tod das Rauchen aufgegeben hatte, um Geld zu sparen.

»Na, wegen dem Geld zum Beispiel. Mit dem bißchen in Ihrer Tasche kommen wir nicht weit. Und wir müßten sie natürlich auch in der ... in der Klinik besuchen.«

Dank eines Anrufes von Mrs. Weaper wußten sie,

daß man Ursula von Chapminster nach Hatterbridge verlegt hatte. Und wie alle anderen Jugendlichen im Dorf wußten sie natürlich auch, daß nach Hatterbridge die ›Verrückten‹ gebracht wurden.

Paul sabberte bereits undeutlich, und er war bleich im Gesicht, während er die letzte von zu vielen Zigaretten paffte.

»Wenn die uns sehen will, kann sie uns ja 'n verdammtes Taxi schicken!« lautete seine Antwort.

Harold setzte sich. Er umklammerte ein leeres Glas mit beiden Händen und sagte, ohne seinen Bruder anzusehen: »Dazu ist sie überhaupt nicht mehr in der Lage, verstehst du.«

»Dann isses ihr eigner blöder verdammter Fehler!« schrie Paul und versuchte gleichzeitig sein Glas auf einem Seitentischchen abzustellen und die Zigarette im danebenstehenden Aschenbecher auszudrücken — was ihm mißlang, so daß Harold die Glut vom Teppich aufheben mußte. Dann rannte Paul aus dem Raum, und sofort drangen laute Würgegeräusche aus dem Bad.

Blöder Arsch!

Harold wartete und schaute auf den Fernseher, der den ganzen Abend lang eingeschaltet gewesen war, und auf einmal merkte er, daß es kalt hier drin war. Sie hatten vorher zwar Feuer im Kamin gemacht, aber das war fast heruntergebrannt. Er ging hin, um Kohle nachzulegen, stellte jedoch fest, daß die Schütte leer war.

Der Kohlenschuppen lag im Hof hinter dem Haus, und der Regen peitschte gegen die Fensterscheiben.

Sehr langsam begann ihm zu dämmern, was alles er und Paul für selbstverständlich gehalten hatten.

Nachdem er sich übergeben hatte, brach Paul stöhnend auf seinem Bett zusammen und schlief kurz darauf ein. Seufzend schaltete Harold den Fernseher aus und begann aufzuräumen. Morgen, so entschied er, während er die Teller abwusch, von denen sie ein provisorisches Abendessen gegessen hatten, morgen würde

Zwischendurch: [redacted] Harold hat Probleme mit seiner Männlichkeit. Er möchte nicht beim Spülen gesehen werden – denn das erscheint ihm als „Weiberarbeit". Doch wo gegessen wird, müssen gemeinhin auch Teller gespült werden – oder? [redacted] Doch da gibt es etwas für zwischendurch, das man ganz ohne diese ungeliebte Tätigkeit genießen kann: die... [redacted]

das anders werden. Paul würde sich daran gewöhnen müssen, sein Teil beizutragen.

Es läutete jemand an der Tür.

Er war schon halbwegs dort und ganz aufgeregt, als er merkte, daß er den ganzen Teppich mit Spülmittelschaum vollgetropft hatte. Eine Woge von peinlicher Verlegenheit überrollte ihn. Von frühester Kindheit an war er mit sehr klaren Vorstellungen davon indoktriniert worden, was ein *Mann* tun konnte — und was *Weiberarbeit* war. Kochen konnte man gelten lassen; waren nicht schließlich alle die bedeutendsten Meisterköche männlich? Ganz gewiß *nicht männlich* hingegen war es, an der Haustür zu erscheinen und auszusehen wie eine gewöhnliche Hausfrau!

Er zog sich in die Küche zurück, trocknete sich die Hände ab und rollte die Ärmel herunter. Es klingelte noch einmal.

Und dann merkte er bestürzt, daß er höchst dringend pinkeln mußte. Wahrscheinlich eine Nebenwirkung des Wassers, das in die Küchenspüle plätscherte ...

Die Vorstellungen, wie er mit zusammengekniffenen Schenkeln einen Besucher begrüßte, tauchten, Entsetzen auslösend, in seinem benebelten Hirn auf. Er raste die Treppe zum Bad hinauf. Und als er danach wieder hinunterlief und die Haustür aufriß, war nirgends etwas zu sehen. Nur ein Auto, das er nicht kannte, startete und fuhr davon.

Er lief hinaus und winkte, aber er kam zu spät.

In dieser Nacht — und es war das erste Mal, seit er noch ein kleiner Junge war — weinte er in sein Kissen.

Auch Moira O'Pheale weinte, wenn auch aus einem anderen Grund.

Sie war den Jacksetts unendlich dankbar dafür, daß sie ihr erlaubt hatten, ihre Halbtagsarbeit im Laden zu beenden. Auch wenn dies bedeutete, daß sie die Neugier der Kunden ertragen mußte, sie brauchte dringend irgendwie Ablenkung. Doch nach Ladenschluß hatte sie dann sich auch noch gegen die Sympathiebekundungen ihrer Arbeitgeber wehren müssen, ehe die sie in ihr Zimmer im Häuschen zurückkehren ließen.

Und dort hockte sie nun im Finstern und wand sich in Selbstverachtung und hoffte inständig, aber eigentlich ohne Überzeugung, daß nicht etwa der Pfarrer vorbeikommen werde, oder der Doktor, oder Jerry Blocker ... oder *sonstwer.*

Als das Telefon schrillte, versuchte sie es zu ignorieren, stellte fest, daß das nicht ging, und hob schließlich seufzend den Hörer ab. Es war Jenny Severance, die anrief. Zu ihrer ungeheuren Erleichterung merkte Moira, daß sie über eine fremde Person reden sollte, über diesen Reporter vom *Globe.* Also sprudelte sie beinahe über von Informationen, und Jenny bedankte sich ebenso überströmend, ehe sie das Gespräch beendete.

Bereits ein wenig fröhlicher geworden, erlaubte Moira sich erneut, ans Telefon zu gehen, als es klingelte, obwohl sie gerade dabei war, sich ihr Abendessen aufzuwärmen — eine Hackfleischpastete in der Dose. Aber es war nicht noch einmal Jenny.

»Mrs. O'Pheale? Sie kennen mich nicht«, sagte eine Männerstimme. »Aber ich habe diese furchtbare Nachricht über Miss Knabbes gehört.«

Himmel! Wieder so ein verdammter mitfühlender Mensch! Reicht es denn nicht wirklich für heut?

»Hören Sie mich?«

»Ja« — mit dumpfer Stimme.

»Ich hab mir gedacht, ich sollte Ihnen mein Beileid aussprechen ... Ach ja, ich bin Ralph Haggledon. Von Morris und Haggledon, verstehen Sie?«

»Oh, ach ja.« Während der zwei Jahre, die sie bei ihr gewohnt hatte, hatte Moira oft Briefe für Phyllis an deren Anwalt zur Post gebracht, dessen Kanzlei in Chapminster war. Der Mann kümmerte sich um sämtliche geschäftlichen Dinge, einschließlich der dürftigen Einkünfte aus Investitionen, die ihre Eltern ihr hinterlassen hatten.

»Also ... ich hoffe, ich handle nicht übereilt, denn an und für sich ist es üblich, bis nach der ... ah ... Bestattung zu warten, ehe der Inhalt eines Testaments bekanntgemacht wird. Doch ich fühlte mich irgendwie gedrängt, es Sie wissen zu lassen: Also, es besteht nicht die Gefahr, daß Sie Ihre derzeitige Wohnung aufgeben müssen.«

Lange stand Moira wie eine Wachspuppe da, die einen Telefonhörer in der Hand hält. Schließlich brachte sie heiser hervor: »Sie können aber doch wohl kaum meinen ...«

»Ich glaube, Sie wissen es schon ...« Ein trockenes Glucksen am anderen Ende des Drahtes.

»Sagen Sie bloß, sie hat mir das Häuschen hinterlassen?«

»Wie ich bereits andeutete, Mrs. O'Pheale, Sie sind mir weit voraus. Aber lassen Sie mich Ihnen einfach sagen, falls Sie in Zukunft meinen sachkundigen Rat einholen möchten ...«

»Oh, verdammt! O nein. Mein Gott! Sie wollen mir sagen, sie hat mir *alles* vererbt ...«

Ihr Mund war ganz trocken geworden, die Hände flogen, es schwamm ihr vor den Augen. Sie schwankte und mußte sich gegen die Wand lehnen.

»Miss Knabbe besaß weder nahe Verwandte noch direkte Erben. Also dürfte es ja für Sie nicht so völlig unerwartet kommen ...«

Du Mistkerl! Du bist genauso ein glattzüngiger Schweinehund wie mein Declan! Was du sagen willst, ist, du hast 'nen schönen Schnitt gemacht bei der Verwaltung von dem Geld von Phyllis, und jetzt, wo es auf mich übergeht, möchtest du davon keinen Penny verlieren ...!

Schön brav den Löffel in der Torte behalten, was?

»Ah ... Verzeihung?« — mit frostiger Stimme.

Entsetzt wurde Moira bewußt, daß sie den letzten Satz laut gesagt hatte.

Sie holte tief Luft, überdachte es noch einmal und gelangte zu dem Schluß, daß es vollkommen richtig war, wie sie das gesagt hatte.

»Ich sagte«, wiederholte sie präziser, »Sie möchten wohl gern Ihren Löffel in der Torte behalten, verdammt noch mal, was? Tun Sie sich keinen Zwang an! Ich kann den ganzen beschissenen Krempel ja immer noch an 'ne Wohlfahrtsorganisation übergeben!«

Sie schmetterte den Hörer auf die Gabel.

Als sie dann, viel später, endlich ihr Abendessen aß, war es versalzen von ihren Tränen.

Tim Wamble schlief gut. Nachdem am Morgen der Diebstahl dieses Rinderviertels erfolgt war — welches, selbst wenn es nicht als Beweisstück beschlagnahmt worden wäre, sowieso durch das teilweise Auftauen für die Küche unbrauchbar geworden war —, befanden sich im Gefrierschrank des Hotels nicht mehr genügend Vorräte, um all die vielen Leute zu verköstigen, die sich so urplötzlich entschlossen hatten, mal rasch zum Dinner nach Weyharrow rüberzuflitzen, um herauszufinden, was denn nun hinter diesen ganzen aufregenden Gerüchten steckte. In dieser Beziehung wurden allerdings nur wenige zufriedengestellt, jedoch andererseits verließen nicht wenige Gäste das Hotelrestaurant, die Nigel Mender nachdrücklich sagten, sein Küchenchef sei ein echtes Wunder, wie er so schnell mit dem plötzlichen Ansturm habe fertigwerden können ...

Und dabei hatte er wirklich weiter nichts getan, als ein paar schlichte Gerichte aus den Vorräten, die er hatte, zusammenzuzaubern: Chinesische ›Göttersuppe‹ mit feingehackten Frühlingszwiebelchen, *Spaghetti alla carbonara,* wozu man eben eine *pasta* brauchte und Schinken und Eier, und davon war genug da, und mit Koriander sautierte Pilze (glücklicherweise verfügte er über einen reichlichen Vorrat von Babychampignons, und so ließ sich das wirklich minutenschnell zubereiten), sowie jegliche Art von Gemüsen, denen er habhaft werden konnte, feingeschnitten und ganz kurz sautiert in Fett, und Unmengen von Salaten mit seiner Lieblingssauce, zu der etwas Senf und Meerrettich gehörte ...

Es war das erste Mal in seiner Laufbahn als Koch, daß ihm seine eigenen Concoctionen fast Appetit gemacht hätten, sie auch selbst zu essen!

Und wie hatte Nigel Mender gestrahlt, nachdem er die letzten Gäste hinausbegleitet hatte. »Tim, mein lieber Junge! Sie haben heute abend Wunder vollbracht!«

Müde, aber mit sich selbst äußerst zufrieden, lächelte Tim über die Berglandschaft schmutziger Kochutensilien hinweg.

»Ich bin bestrebt, mein Bestes zu tun, Sir ...«

»Sagen wir — Nigel, ja, mein Bester! Wir kennen uns ja inzwischen gut genug! Und ich glaube, Sie haben sich eine Prämie verdient! Wenn Sie hier drin fertig sind, schauen Sie doch in der Bar rein, dann trinken wir einen Schluck zusammen!«

Eine endlose Sekunde lang glaubte Tim, daß darin seine Prämie bestehen sollte: in einem Drink. Doch Mr. Mender — nein, Nigel, natürlich — gluckste selig: »Wenn die ganzen Gäste wiederkommen, die gesagt haben, sie wollen bald wiederkommen, dann stocke ich Ihren Lohn auf. Hier erst mal ein Fünfer extra als Anzahlung.« Er fummelte in seiner Brieftasche.

»Sehr freundlich von Ihnen ...«

»Das hat gar nichts mit Freundlichkeit zu tun, Junge! Wenn Sie da heute nicht Ihren Mann gestanden hätten ... Na, Sie können sich ja vorstellen, in was für 'ner peinlichen Lage ich gewesen wäre. Ach, kommen Sie doch gleich und lassen Sie uns was zusammen trinken. Einen Brandy?«

Tim schlief in dieser Nacht außerordentlich angenehm.

Ella Kailet hingegen lag die ganze Nacht hindurch wach. Man hatte sie rausgeschmissen. Und am Morgen gab es keinen Job, zu dem sie sich hätte aufraffen müssen.

Bekümmert und verwirrt, gepackt von Mächten, über die sie keinerlei Kontrolle hatte, verließ sie ihre kleine Wohnung in London, ohne auch nur ein paar Sachen in eine Reisetasche zu packen, und ging zu Fuß die anderthalb Kilometer bis zum Chiswick-Kreisel, wo sich der Verkehr auf die Hauptstrecken ins West Country verteilt. Sie trug ein Regencape über einem kurzen Kleid und hochhackige Schuhe. Ganz wie sie erwartet hatte, fuhren ganz schön viele einsame Männer ihretwegen an den Straßenrand. Sie fragte jeden nur: »Weyharrow?«

»Nie davon gehört«, lautete die stereotype Antwort, »aber falls das irgendwo in der Nähe von ...«

Sie konnte sich nicht mehr erinnern, ob der Ort überhaupt in der Nähe von Irgendwo lag. Also ließ man sie in der Kälte stehen, und sie war entsetzt und voll Angst wegen ihres Gedächtnisausfalls, und außerdem konnte sie kaum etwas sehen, weil der Regen ihr ständig die Brillengläser verschmierte.

Erst nach zwei sehr langen Stunden, als der Verkehr schon spärlich geworden war, dämmerte es in ihrem verwirrten Kopf, daß sie sich ja jetzt tatsächlich wieder erinnern konnte, wo etwa Weyharrow lag und bei welchen anderen Orten. Aus dem Gedächtnisnebel tauchten schwach Namen auf: Trimborne, Hatterbridge, Chapminster ...

»Chapminster?« sagte der Fahrer eines kleinen Flachladers mit Sperrmüllmöbeln unter einer Plastikplane, der sinnloserweise an einer Ampel angehalten hatte (sinnlos insofern, als sämtliche anderen Zufahrten in den Kreisel völlig leer waren). »Ja, ich fahr in die Richtung.«

»Und kommen Sie an Weyharrow vorbei?«

»Nehm ich doch an. Da gibt's so'n Richtungsschild ...

Also hüpfen Sie schon rein. Schnell! Die Ampel geht auf Grün. Und Sie brauchen keine Angst zu haben. Ich bin über fünfzig und hab vier Bälger. Aber machen Sie mal rasch!«

Ella tat es.

Nach einem Stop, bei dem er sie mit Gebackenen Bohnen und Chips und heißem, übersüßem Tee traktiert hatte, ließ er sie bei dem versprochenen Richtungsschild aussteigen. Inzwischen hatte der Regen nachgelassen, und es nieselte nur noch. Die restliche Strecke ging sie zu Fuß, wütend über die Schuhe, die sie sich angezogen hatte, und ohne die geringste Ahnung, warum sie eigentlich dorthin gehen wollte, wohin sie ging.

Etwa eine Stunde nach Tagesanbruch stieß sie auf die Hippies, die auf dem Dorfanger von Weyharrow lagerten. Als diese ihren Namen erfuhren, überschütteten sie sie mit peinlichen Fragen, aber als ihnen klar wurde, wie müde sie war, ließen sie davon ab. Sie hängten ihr Cape zum Trocknen auf, teilten das Frühstück mit ihr, drängten ihr eine dünne schäbige Decke auf und ließen sie im Fond ihres Busses schlafen. Außerdem versprachen sie auch noch, irgendeine Art Gebet für sie zu sprechen.

Sie war von einem Gefühl unbeschreiblicher Dankbarkeit erfüllt. Und sie hatte entsetzliche Angst, sie könnte verrückt werden.

So ging es ursprünglich auch Mary Flaken. Wie *hatte* sie nur sowas Scheußliches tun können, und gegen ihre beste Freundin, Hannah? Wie war es nur möglich gewesen, daß sie sich einbildete, tatsächlich mit Bill Blocket verheiratet zu sein, wo sie doch schon über zwei Jahre lang Phils Frau war? Sie wiederholte es immer und immer wieder: »Das war wie ein Traum! Das kann nicht *ich* gewesen sein!«

Zum Glück waren die Blockets ja sehr verständnisvoll gewesen — viel netter, dachte sie, als man das von ihrem eigenen Phil sagen konnte. Der kläffte sie noch immer an, wo er nur konnte. Als sie endlich ins Bett gingen, machte er es genauso wie in der Nacht zuvor, und dabei war er doch an dem Abend gar nicht im Pub gewesen, und drehte ihr den Rücken zu, ohne ihr auch nur den kleinsten Gutenachtkuß zu geben.

Lange lag sie wach und starrte ins Dunkel. Sie hoffte kleinmütig, aber eigentlich unüberzeugt, daß bei der Versammlung am nächsten Abend irgendeine Erklärung gegeben werden würde, die irgendeinen Sinn in dieses schreckliche Erlebnis bringen würde, das sie durchgemacht hatte.

Diese Hoffnung teilte sie mit zahlreichen anderen Menschen. Mit Tom Fidger, dem noch immer jedesmal der kalte Schweiß aus den Poren brach, wenn er daran dachte, wie er einen ganzen Bus voller Leute auf der falschen Straßenseite gefahren hatte. Harry Vikes, wenn er wieder daran dachte, wie er seine Kühe auf einen Rübenacker getrieben hatte. Ken Pecklow, wenn er sich immer wieder neu Gedanken machte über dieses neue chemische Sprühmittel, das Harry gekauft hatte und das er selbst sich nicht hatte leisten können ... Sie dachte an die letzte öffentliche Versammlung, über die sie hatte berichten sollen, und an den unglaublichen Quatsch, den sie davon offenbar mitgebracht hatte.

Die ganze Episode hatte inzwischen etwas Irreales. Abgesehen von der bestürzenden Lebendigkeit, mit der es in ihrem Gedächtnis festsaß und brannte ... sie hätte glauben können, das alles sei nie geschehen.

Ehrwürden Phibson, der sich verzweifelteren Gebetsübungen als je zuvor in seinem Leben hingegeben hatte, stellte gleichfalls fest, daß sein Erinnerungsvermögen an jenen entsetzlichen Donnerstagmorgen-Gottesdienst undeutlich geworden und irgendwie in weite Ferne gerückt war. Er wünschte, ihm wäre möglich gewesen, das gleiche über den Bannfluch gegen Mrs. Judger zu sagen, den er hinter ihr dreingeflüstert hatte; sie hatte sich getreulich an seine Seite geschart und war ihm zu Hilfe geeilt und hatte das Haus gesäubert und ihm sein Abendbrot serviert, als wäre da gar nichts Unschickliches geschehen. Er schämte sich tief über sich selbst und überlegte, ob er sich wegen des Bannfluches bei Mrs. Judger entschuldigen, oder ob man es nicht doch besser unerwähnt lassen solle, da sie ja keine Kenntnis davon hatte, daß sie von ihm verflucht worden sei.

Basil Goodsir droben im Herrensitz The Court fühlte sich angesichts der höhnischen Sarkasmen, mit denen seine Frau, Helen, ihn bedachte, in zunehmendem Maße hilflos, denn wie konnte man etwas dementieren, wenn man inzwischen davon überzeugt war, daß es sich ja überhaupt nicht wirklich zugetragen habe?

Aber es nutzte natürlich nichts, dies zu debattieren. Helen und diese Marge Grewsam steckten ohne Zweifel unter einer Decke, und ihre gemeinsamen Bestrebungen machten auch noch diesen verdammten Anwalt weich, diesen Haggledon.

Wilf Spout schlief selig und tief im Hotel. Im Zimmer daneben jedoch lag Donald Prosher sorgenvoll wach im Bett und dachte an die Ellerford-Jungen. Höchstwahrscheinlich waren sie ja aus dem Haus gegangen, zu Freunden oder Nachbarn, ganz sicher, allerdings, hinter den Vorhängen im Vorderzimmer hatte Licht gebrannt; aber er hatte keine Geräusche gehört. Er mußte unbedingt am Morgen noch einmal hinfahren.

Er hatte natürlich keinem was davon gesagt — und er beabsichtigte, das auch künftig so zu lassen —, doch da gab es durchaus die Möglichkeit, daß der jüngere Ellerford-Junge, Paul, eben nicht Ted Ellerfords Sohn war, sondern sein eigener, die Frucht einer kurzen und belanglosen Affäre. Ursula hatte nie einen Versuch unternommen, ihm die Vaterschaft anzuhängen, aber nachdem er aus Hongkong zurück war, hatte er in *The Times* die Geburtsanzeige gelesen und hatte Monat um Monat zurückgerechnet und ...

Aber er mußte sich mit anderen, wichtigeren Überlegungen herumschlagen.

Am anderen Ende des Hoteltrakts lag Wallace Jantrey neben Lisa im Bett, die wie Wilf friedlich schlummerte, und wälzte sich herum und plagte sich und ließ sich von Sorgen quälen. Dieser ›Skandal in Weyharrow‹ war doch im Grunde für die Leser des *Banner* maßgeschneidert! Er war mit großen Erwartungen in dieses Kaff gefahren, hatte sich bemüht, vor dem großen Presseauftrieb hier zu sein — schließlich wußte er ja, daß Jenny auch noch andere Blätter angerufen hatte, nicht bloß seines.

Ja, aber — wo war der Auftrieb? Wo blieben all die anderen? Wo waren die Leute von der *Sunday Trumpet* zum Beispiel? Oder die von *The World on Sunday?* (Den *Globe* betrachtete er wirklich kaum als Konkurrenz.) Als er am Abend zuvor mit seinem Chef telefoniert hatte, hätte er doch beinahe erwähnt, daß ›sonst keiner‹ da sei, ließ es aber doch lieber. Hier steckte eine Story, da war er ganz sicher, auch wenn es nicht so ganz die Sorte war, mit der er gerechnet hatte ... Wieso eigentlich nagelten die Eingeborenen hier nicht Kreuze an ihre Türen, um den Teufel fernzuhalten? Warum stürmten sie nicht andauernd in die Kirche, um Vergebung für ihre Sünden zu erflehen? Wieso hatten sie das Hippyvölkchen nicht überfallen? Und warum hatte Don Prosher so ein selbstzufriedenes Grinsen im Gesicht?

Angenommen, er hätte da so fünfzig Lappen für Drinks für ein paar von den einheimischen Rumhängern investiert; hätte er sie nicht dazu überreden können, den Hippies die Zelte einzureißen? Daran hätte er mal früher denken sollen! Na, vielleicht morgen abend, falls die Versammlung sich so lahm anließ, wie er es erwartete ...

Und er entschwebte in unruhige Traumgefilde.

Im Erdgeschoß sah sich Nigel Mender, reichlich spät, vor ein Problem gestellt. Wer sollte das Hotel beaufsichtigen, während er selbst bei der Versammlung im Gemeindesaal präsidierte? Er hatte dafür schon früher eine Lösung finden wollen, doch dieser plötzliche Ansturm von Gästen hatte ihn abgelenkt. Ein paar zusätzliche Kellnerinnen und einen Ersatz-Barman hatte er schon organisiert, aber was er brauchte, war eine Respekt einflößende Autoritätsperson, die zuverlässig für ihn einspringen konnte. Das Hotel würde proppenvoll sein; am Nachmittag hatte er vier weitere Zimmerreservationen notiert, und das hieß, es waren nur noch zwei Zimmer frei.

Er schnippte mit den Fingern. Aber ja doch! Jack Fidger war der ideale Mann — der Vater von Tom und Fred. Ehe er nämlich die Autowerkstatt und Garage von seinem Vater übernommen hatte, war Jack ernsthaft am Überlegen gewesen, ob er sich nicht der Gastronomie zuwenden solle, und hatte auch tatsächlich einige Zeit lang in der ›Hochzeit‹ gearbeitet. Das war natürlich vor unendlich langer Zeit gewesen, aber der Alte war ein umgänglicher Mensch und würde sicherlich einem alten Freund gern einen Gefallen erweisen.

Vorausgesetzt, daß er nicht auch an der Versammlung teilzunehmen gedachte ...

Nigel warf einen Blick auf seine Uhr. Viel zu spät, den alten Mann noch anzurufen. Aber gleich morgen früh als erstes ... Und wenn er nicht konnte, dann vielleicht Toms Frau oder die von Fred ... irgendwas würde sich schon arrangieren lassen.

Dennoch brauchte er zur Beruhigung erst noch einen weiteren kräftigen Schluck Brandy, ehe er entspannt genug war, zu Bett zu gehen.

Verschlafen rief Yvonne aus dem Wohnzimmer. »Bist du das endlich, Joe?«

Polizeikonstabler Book schüttelte sein triefnasses Regencape aus und versicherte ihr, er sei es. Dann ging er zu ihr, die vor einem Spätfilm im Fernsehen gedöst hatte.

»Alles in Ordnung?«

»In Weyharrow nichts Neues«, sagte er gähnend. »Mr. Chadee hat versprochen, in der Nacht ein paarmal einen Streifenwagen vorbeizuschicken, aber ich hab ihm gesagt, es wird keinen Ärger mehr geben. Außer natürlich, unsere fangen damit an.«

»Meinst du, die werden?«

»Nicht solang es dermaßen runterpladdert ... Taugt der Film was?«

»Nicht besonders. Ich hab sowieso fast die Hälfte davon verschlafen. Keine Ahnung mehr, um was es da geht.«

»Na, dann geh ich jetzt in die Falle. Das wird ein langer Tag morgen.«

»Mußt du zu dieser Versammlung?«

»Fürchte, ja. Wie's aussieht, wird das ganze Dorf da sein.«

»Meinst du, ich soll auch gehen?«

»Liegt ganz bei dir. Aber ...« Joe zögerte.

»Aber — was?«

Er sagte langsam: »Das könnte könnte 'ne ziemlich dicke Sache werden.«

12. Kapitel

Den ganzen Samstag über war die Atmosphäre in Weyharrow ... ja, wie? — Seltsam? — Absonderlich? — Anders als sonst? — Dies alles zusammen traf zu, aber da war noch etwas darüber hinaus, das sich kaum definieren ließ.

Nicht nur waren die Leute übertrieben höflich zueinander, als fürchteten sie, anderen zu nahe getreten zu sein, ohne daß sie sich jedoch erinnern konnten, daß und wie. Das schwang mit, aber es war eben nur ein Teil der Geschichte.

Das galt auch für die Art und Weise, wie die Dorfleute Front bildeten gegen die Außenseiter — ›die von draußen, die Fremden‹ —, gleichgültig ob sie direkt aus der Nachbarschaft, den Katzensprung von Powte oder Fooksey her stammten, die an diesem arbeitsfreien Tag in den Ort kamen und sich einen Spaß machen oder skandalösen Tratsch aufschnappen wollten. Sogar Philip Flaken und Bil Blocker — und sogar Ken Pecklow und Harry Vikes — verbündeten sich, um diese sensationsgeilen Neugierigen in die Flucht zu schlagen ... zunächst durch finstere Blicke, dann durch Schmähungen und zuletzt mit Drohungen, bis sich der Feind gegen Mittag enttäuscht zurückzog ... Nachmittags allerdings versuchten andere, unvorgewarnt, kühn ebenfalls ihr Glück und stießen auf die gleiche frostige Feindseligkeit.

Ganz im Gegensatz dazu begegnete man den Hippies nun mit ganz ungewohnter Höflichkeit, fast als hätten diese, dank vorheriger Ortsanwesenheit, sozusagen Ehrenbürgerrechte erworben. Auch dies war seltsam. Aber auch dies fiel nicht am schwersten ins Gewicht.

Vielleicht war die wirkliche Erklärung für die Seltsamkeit des Tages darin zu suchen, daß jedermann grimmig entschlossen war, so zu tun, als sei alles vollkommen normal.

So jedenfalls kam es Steven vor. Als er nach der Morgensprechstunde Jenny über den Weg lief und sie zusammen zu einem Frühschoppen in die ›Hochzeit‹ gingen, erklärte er ihr gegenüber etwas in der Richtung. Nach und nach kehrten die Gäste ins Pub zurück, mit einigermaßen verlegenen Gesichtern, und auf Sündenpfuhl und dergleichen wurden weiter keinerlei Anspielungen getätigt.

»Ich weiß ganz genau, was Sie meinen«, murmelte Jenny. »Ich bin ganz früh aufgestanden, weil ich sehen wollte, ob sich in der Kirche irgendwas Außergewöhnliches tut. Es war ein ganz normaler Frühgottesdienst, außer daß Mr. Phibson extrem müde wirkte. Es waren nicht viel mehr Leute da als sonst auch, vielleicht ein Dutzend. Später traf ich dann Don Prosher, der grad von den Ellerfords kam. Der sagte, als er am Abend zuvor dort vorbeigeschaut habe, hat ihm niemand aufgemacht, aber er hat heute früh mit den Jungs geredet. Die hätten gräßlich ausgesehen, sagte er. Anscheinend haben sie sich gestern abend über Ursulas Hausbar hergemacht und des Guten zuviel getan. Also, wahrscheinlich kann man es ihnen ja nicht übelnehmen ... Aber er hat gesagt, daß er sie zu ihr in die Klinik rüberfahren wird, und das fand ich nun wieder sehr nett von ihm.«

»Ja, aber gestern abend«, erwiderte Steven bissig, »waren Sie eher geneigt, ihn für eine doppelzüngige Schlange zu halten. Haben Sie rausgekriegt, wo er sich gestern nachmittag rumgetrieben hat?«

Jenny schüttelte den Kopf. »Als ich das erwähnte, klappte er den Mund zu wie 'ne Auster. Ich glaube, der ist da hinter was her ... Steve? Wissen Sie was? Ich glaub, ich hab einfach nicht das Zeug für einen Reporter ... mir fehlt einfach — das richtige Gespür.«

»Ja, aber wollten Sie denn nicht immer zur Zeitung?«

»Aber ja, so seit ich ungefähr dreizehn war. Aber ...«

Sie schüttelte den Kopf und sah ganz kläglich drein. »Ich geh an den Job noch immer ran, wie wenn das so 'ne Art Schularbeit wäre. Fast als rechnete ich damit, daß meine Arbeit benotet wird und daß da am Rand dann Korrekturen stehen! Und sowas kann ich ja nicht bis in alle Ewigkeit machen, nicht wahr?«

Ihre großen blauen Augen hingen fest an seinem Gesicht. Er wußte nicht, was er sagen sollte. Statt direkt zu antworten, fragte er: »Und was ist mit den Leuten vom *Banner?*«

»Ach, die treiben sich irgendwo rum.« Jenny zuckte die Achseln. »Die hab ich vorhin getroffen, aber die scheinen sich vorwiegend dafür zu interessieren, die Hinterwäldler zum Reden zu bringen — verdammt! Sowas darf ich nicht sagen, was? Damit stoße ich die erst recht vor ihre Dickschädel, und ich hab es dringend nötig, mit allen auf bestem Fuß zu stehen ... Vielleicht ist es das, was ich nicht so richtig kann. Was meinen Sie, Steve? *Sie* haben es ja wohl in den paar Tagen blendend geschafft, beliebt zu werden. Ich bin schon über sechs Monate hier, und irgendwie habe ich noch keine richtigen Freunde gefunden, und ... und ich bin unzufrieden mit mir. Manchmal frag ich mich, ob ich mich vielleicht auch so betrage wie die Ellerford-Jungen, ich meine, so daß die Leute das Gefühl haben müssen, ich komme mir zu gut vor für ihr Dorf und will es bloß so als Sprungbrett benützen für die Fleet Street.«

»Um es mal nüchtern und klinisch auszudrücken«, sagte Steven nach einer Pause, »entspricht das denn nicht den Tatsachen?«

»Ja, ich glaub, so ist es wirklich ... Also, danke für den Drink. Übrigens die *Trumpet* hat dann schließlich doch niemand aus London rübergeschickt, aber als ich heut früh dort angerufen habe, sagte der Chefredakteur, sie sind immer noch an einer Story von mir interessiert. Also setz ich mich mal besser hin und produziere einen Text. Wir sehen uns ja dann heut abend ... Ach, wenn doch bloß der heutige Tag nicht so stinknormal wäre ... wie Sie gesagt haben!«

»Was hätten Sie sich denn erhofft?«

»Weiß ich nicht.« Jenny schüttelte unzufrieden den Kopf. »Jedenfalls was anderes, als was wir da jetzt haben.«

Diese Bemerkung summte noch in Stevens Kopf, als er quer über den Dorfanger zum Gemeindesaal hinüberging, eine Viertelstunde vor Beginn der anberaumten Volksversammlung. Anscheinend war das halbe Dorf entschlossen, dabei zu sein, vielleicht weil es ein schöner, milder Abend war und es im Fernsehen sowieso nichts Interessantes gab. Sehr schnell war er von Leuten umringt, die er gar nicht kannte und die ihn anstrahlten und ihn mit seinem Namen grüßten. Flüchtig überkam ihn eine unbändige Bildvorstellung: Weyharrow als ein ›freundlicher Krake‹ — ein Geschöpf, das — sobald es seinen Kollektiventschluß gefaßt hatte — den Fremdling für immer in seine Fangarme ziehen konnte, und nicht zum ersten Mal fragte er sich, ob es wirklich solch eine gute Idee sei, wenn er die Praxis von Dr. Tripkin übernähme.

Darüber sich weiter Gedanken zu machen, dazu blieb ihm keine Zeit, denn Konstabler Book kam auf ihn zugesteuert.

»Herr Doktor! Chief Inspector Chade möchte gern was mit Ihnen besprechen!«

Auf der anderen Straßenseite parkten zwei normale Polizei-Einsatzwagen in Blau und Weiß und ein dritter dabei, größer und, abgesehen vom Grafschaftswappen auf beiden Türen, ganz in Schwarz. Drei Konstabler und ein Sergeant behielten den Menschenauflauf wachsam im Auge, ganz besonders die Hippy-Gäste. Letztere hielten sich derzeit noch in diskreter Entfernung, doch ihre Absicht war klar: Sie wollten gleichfalls in den Gemeindesaal gehen, wenn man sie ließ.

»N'abend!« sagte der Oberkommissar knapp und stieß eine Hand zum Schütteln vor. »Ich habe gehört, Sie sind einer der Hauptredner. Ich hab es schon Ihrem Versammlungsleiter gesagt, daß wir in Bereitschaft stehen, und beim geringsten Anzeichen von Ärger ...!«

»Ich hoffe, sowas wird es nicht geben«, murmelte Steven und ging weiter.

Dann folgte ein etwas konfuser Empfang in einem winzigen Vorraum, wobei er eine ganze Reihe weiterer Hände schütteln mußte, ohne daß die meisten Namen der Leute ihm etwas sagten, obwohl ihm immerhin soviel klar wurde, daß er wahrscheinlich mit den Mitgliedern des Kirchengemeinderates bekanntgemacht wurde. In einer Ecke, im Begleitschutz von Mrs. Judger saß der Pfarrer, auf dessen Gesicht ein gezwungenes Lächeln aufzuckte und wieder erlosch. Nigel Mender in Person wieselte umher und bot den Leuten halbvolle Gläser eines südafrikanischen Sherrys an — »kleine Aufmerksamkeit des Hotels!« —, und Mrs. Judger verbannte ihn gebieterisch aus Mr. Phibsons Griffweite. Basil Goodsir nebst Gemahlin plauderten mit einem Ausdruck besonders tiefen Unbehagens im Gesicht mit einigen von den Leuten, deren Namen man Steven zwar gesagt hatte, die er jedoch nicht richtig mitgekriegt hatte, allerdings fiel ihm ein Mann denn doch besonders auf, etwa um die vierzig, dunkelhaarig, in einem grauen Mohairanzug, der seine Herkunft geradezu gellend verkündete: »Maßarbeit!!!«

Das Gesicht seines Trägers hingegen war dermaßen unbeeindruckend und leicht zu vergessen, daß es das eines Clowns ohne Maske oder eines Spions hätte sein können! Ein sozusagen ›internationales‹ Gesicht, wie man es in einer x-beliebigen der zehntausend Straßen in fünfzig Ländern zu sehen bekommt. Der Mohairanzug, die Goodsirs und Steven tauschten höfliche Platitüden über das Wetter aus, während Hotel-Besitzer Nigel besorgt von Gruppe zu Gruppe schwirrte und ab und zu vorbeikam, um zu fragen, ob man schon was vom Erzdiakon gehört habe. Dies geschah in Flüstertönen und unter sorgfältiger Wahrung der akustischen Distanz zu Mr. Phibson in der anderen Ecke des kleinen Raumes.

»Es ist schon sechs Minuten drüber«, verkündete Nigel Mender schließlich. »Ich denke, wir sollten jetzt nicht länger warten. Also, wollen wir reingehen, wenn alle einverstanden sind ... Steven?«

»Was? Oh — aber ja, unbedingt.« Steven leerte sein Glas. Er hatte auf eine Gelegenheit gelauert, Basil Goodsir den Stachel seiner geheimen Informiertheit über dessen Bürden unter die Haut zu treiben, genau wie Don Prosher das vorgeschlagen hatte. Aber es hatte sich keine Möglichkeit geboten. Und jetzt blieb ihm nicht mehr Zeit genug dafür.

»Machen Sie den Kerlen die Hölle unterm Hintern heiß, alter Junge«, sagte Nigel und faßte ihn kameradschaftlich am Arm. »Sie wissen ja sicher, daß da Reporter im Saal sind. Also, wir verlassen uns alle auf Sie, daß Sie in diesen ganzen Wirbel da sowas wie 'nen Sinn bringen.«

Sinn?

Steven konnte das Lachen kaum unterdrücken, aber er zwang sich zu einer ausdruckslosen Miene und folgte ergeben Nigel und den anderen.

Er war vordem noch nie in diesem Gemeindesaal gewesen. Irgendwer hatte einmal in seiner Gegenwart erwähnt, daß der Bau um die Jahrhundertwende erstellt worden sei, weil man vorher Gemeindeversammlungen entweder in der Kirche selbst habe abhalten müssen — was den Dorfbewohnern für die Abhandlung säkulärer Dinge als unangebracht erschienen sei — oder in einer nicht mehr benutzten Scheuer auf einem Feld neben der ›Hochzeit‹. Und dies — so die Gefühle der Landbevölkerung — war sogar noch übler; es bedeutete nämlich, daß man nur allzu leicht die öffentlichen Versammlungen mit den Gästen aus dem Pub vollpacken konnte, die man vorher mit Bier und Apfelmost bestochen hatte.

Und das Ergebnis: Ein pseudogotisches Bauwerk nebst Spitzbögen über Türen und Fenstern, eine Balkendecke mit gefirnisten Streben, von der die Spinnweben hingen (Steven hörte einen der Kirchengemeinderäte etwas über ›diesen Kerl Stick‹ brummen, dem man »ja wohl hätte sagen müssen, daß er hier mal saubermacht!«) und ein Fußboden aus unfreundlichen schwarzgrauen Liasschieferplatten. Am einen Ende — eine Art Podium, darauf ein Tisch mit einer Wasserkaraffe und Gläsern für die Hauptredner und den Vorsitzenden; das Podium war mit Teppich bedeckt. Und hinter den Stühlen für den Versammlungsleiter und die Redner befand sich eine zweite Reihe, auf denen die Mitglieder des Gemeinde- und des Kirchengemeinderates Platz nahmen.

Steven ließ sich, auf Nigels Einladung hin, auf dem Stuhl rechts von ihm nieder, dann ließ er die Blicke durch den Saal drunten schweifen. Der war gerammelt voll mit Stühlen. Man hatte zwar zwei Schneisen offengelassen, aber höchstwahrscheinlich waren sie viel zu eng, als daß sie den feuerpolizeilichen Bestimmungen entsprochen hätten ... Doch er würde sich hüten, dazu etwas zu sagen. Unter den schwachen kerzenförmigen Glühbirnen auf radförmigen Kronleuchtern aus schwarzlackiertem Gußeisen versammelte sich das Volk von Weyharrow, um den Urteilsspruch zu vernehmen.

Die Leute von Weyharrow — und andere, Fremde.

In der vordersten Stuhlreihe waren handgeschriebene Zettel auf den Plätzen angebracht: RESERVIERT. Basil und Helen Goodsir nahmen auf zweien der Stühle Platz, der Mohairanzug setzte sich neben sie. (Was hatte man ihm gesagt, wer der Mann sei? Aber Steven hatte einfach den Namen nicht mitbekommen.) Mrs. Judger beanspruchte, schnaubend, einen weiteren der Plätze, nachdem sie festgestellt hatte, daß der Saal bereits bis zur Hälfte gefüllt war.

Und die Presse war natürlich auch da, vornan. Jenny hatte sie zu ihren Plätzen geführt. Die sahen aber gar nicht so aus, als freuten sie sich darüber, ihre Kollegen zu sehen. Don und Wallace setzten sich jeder auf eine Seite von Jenny und wurden ihrerseits jeweils von Wilf und Lisa flankiert. Soweit war alles, wie Steven es erwartet hatte. Auch das ging ja noch, daß Don direkt hinter sich Plätze für die Ellerford-Jungen gefunden hatte. Und daß dieser Chief Inspector Chade den äußersten Stuhl in der ersten Reihe linksaußen für sich beanspruchte, direkt neben der Tür, über der mildleuchtend das Schild ›NOTAUSGANG‹ schimmerte. Neben ihm saß noch ein Mann, den Steven nicht kannte, in marineblauem Blazer und mit Regimentskrawatte, und Chade und er tauschten leise geflüsterte Kommentare miteinander. Joe Book postierte sich neben dem Notausgang, verschränkte die Arme über der Brust und bemühte sich, amtspersonlich zu wirken.

Und was gemurmelte Kommentare anging: Es hatte den Anschein, als sei Don Prosher mit dem Mohair-Mann bekannt. Zumindest wechselten die beiden grüßend ein heuchlerisches Lächeln.

Ein paar Plätze in der vordersten Reihe blieben leer. Eine dunkle, etwa vierzigjährige Frau mit Brille und einem Gang, als hätte sie wunde Füße, deren Gesicht Steven auf unbestimmte Weise bekannt vorkam, obgleich er sie nicht als eine am Ort lebende Person in Erinnerung hatte, versuchte einen dieser vordersten Plätze einzunehmen. Doch Nigel winkte Mrs. Judger heran, flüsterte ihr etwas zu, und die Sitzusurpatorin zog sich in den hinteren Teil des Saales zurück, wo sie gezwungen war, sich zu den Hippy-Gästen zu gesellen, die sich ganz zuletzt hereingeschlichen hatten und nun hinter den Sitzreihen standen und von einem Fuß auf den anderen traten, als fühlten sie sich nicht so recht behaglich neben den übrigen, konventioneller gekleideten Menschen im Saal: Tom und Fred Fidger, Vic Draycock, den Jacksetts, dem Apotheker Lawrence Ratch, den Flakens, den Blockets, Moira O'Pheale, Harry und Joyce Vikes, Ken Pecklow und seiner Gattin und all den anderen.

Bestürzt entdeckte Steven: Abgesehen von Leuten, die andere Verpflichtungen hatten, etwa wie die Jeggs, die ja den Pub geöffnet halten mußten, war nahezu alles anwesend, was er von den Ureinwohnern seit seiner Ankunft im Dorf bisher kennengelernt hatte. Sogar Stick war da, ihre Blicke kreuzten sich, und sie winkten einander zu. Und die attraktive langhaarige Frau neben ihm war wahrscheinlich Sheila Surrean, der Steven bisher noch nicht begegnet war. Ihre Kinder saßen bei ihr und Stick auf dem Schoß. Und war das auf der anderen Seite von Stick nicht Cedric Goodsir?

Er ließ die Blicke bis ans hinterste Saalende schweifen, um die Frau auszumachen, die in der vordersten Reihe Platz zu nehmen versucht hatte. Es ärgerte ihn immer, wenn er ein Gesicht sah, von dem er dachte, er müsse es wiedererkennen, und er konnte es nicht. Doch die Frau hatte den Kopf gesenkt, als betete sie, und ihre Züge lagen im Schatten.

Direkt über ihr hing eine jener Uhren, die Steven immer an seine Schulzeit erinnerten: glattes weißes Zifferblatt, dicke römische Ziffern, und wie üblich ›IIII‹, statt der korrekten ›IV‹ um die Vier zu bezeichnen. Derselbe Dozent, der seinen Studenten von Ambroise Paré gesprochen hatte — war eigentlich Penny Wenstowe im Saal? Nein, dafür aber ihre Eltern! Außerdem, da war ja wirklich außer Jenny, den Ellerford-Jungs und den Surrean-Mädchen kaum jemand anwesend, der jünger war als er selbst ... eindeutig versammeltes Mittelalter — bis Spätmittelalter — derselbe Dozent also hatte ihnen auch erklärt, daß dieser Ziffernfehler Absicht sei, um es Astigmatikern leichter zu machen.

Vorausgesetzt, die Uhr ging richtig, dann war es inzwischen zehn nach acht.

Nigel Mender an seiner Seite erhob sich und räusperte sich.

»Ladies and Gentlemen! Liebe Freunde! Wir *hatten* gehofft, daß der Herr Erzdiakon Thummage unserer heutigen Versammlung die Ehre seiner Anwesenheit erweisen würde.«

Aus dem Augenwinkel sah Steven, daß der Pfarrer sich unmerklich entspannte, wenn auch seine Haltung und sein Ausdruck weiterhin gedrückt wirkten.

»Unglücklicherweise scheint er aufgehalten worden zu sein. Damit ihr also nicht noch länger wartend hier herumsitzen müßt ...«

Und genau in diesem Augenblick gab es am Haupteingang eine Störung, und vom Hinterende des Saales rief eine Frauenstimme: »Alles okay, Nigel! Hier isser!«

Ein hochgewachsener Mann mit einem langen Gesicht, bis auf eine silbergraue seidene Hemdbrust und einen weißen Kragen, symbolhaft das berühmte ›Hundehalsband‹ andeutend, völlig schwarz gekleidet, erschien in der Tür und bedachte alle reihum mit einem Vergebung heischenden Lächeln, während er nach vorne zur ersten Reihe schritt, nicht allerdings ohne ab und zu seinem Begleiter finstere Blicke zuzuwerfen: einem viel jüngeren Mann in ähnlicher Kostümierung (nur mit reinschwarzer Hemdbrust), der hinter ihm hertrottete.

»Mr. Phibson! Mr. ... ah ... Mender, ja? Ich bitte tausendmal um Entschuldigung! Leider hat mein Chauffeur sich verfahren, sonst wären wir schon längst hier. Bitte fahren Sie doch fort, da Sie nun schon einmal beschlossen haben, ohne uns zu beginnen. Was ganz richtig ist!«

Nigel beugte sich zu Steven und flüsterte: »Mr. Thummage haben Sie sicher noch nicht kennengelernt, Steven. Er ist der Erzdiakon der Diözese. Nicht umsonst nennt man die Erzdiakone ›die Augen und Ohren des Bischofs‹!«

»Ach, wirklich?« Mehr brachte Steven nicht zustande.

»Bitte, wie ich schon sagte, fahren Sie doch fort!« befahl Mr. Thummage, ließ sich auf seinen Platz nieder, kreuzte die Füße und verschränkte die Finger vor der Brust. Sein Begleiter sah ausgesprochen unglücklich drein, als er sich ebenfalls setzte, sich nach vorn beugte und die Hände zwischen den Knien verbarg.

»Ich muß wohl nicht extra betonen, wie freudig überrascht wir alle sind, daß es Ihnen doch noch möglich war, zu uns zu kommen!« verkündete Nigel mit Herzlichkeit. »Also werde ich jetzt — wenn wir auch ein bißchen spät dran sind — diese Versammlung hiermit für eröffnet erklären und unsere Redner vorstellen.«

Seine Stimme bekam einen verklemmt-feierlichen Ton.

»Wir sind hier versammelt, weil gewisse seltsame Ereignisse im Verlauf der letzten paar Tage über unsere Gemeinde hereingebrochen sind. Es liegt uns allen viel daran, ihnen auf den Grund zu gehen. Die gewählten Mitglieder eures Kirchengemeinderates, dessen Vorsitzender zu sein ich die Ehre habe, wünschen ebenso dringlich wie wir alle, diese ... ah ... rätselhaften ... ah ... Dinge aufzuklären. Und darum haben wir diese Versammlung einberufen.«

Draußen donnerte jemand auf einem superlauten Motorrad vorbei; ansonsten war kein Laut zu vernehmen.

»Also, nach eingehenden Überlegungen gelangten die Ratsmitglieder zu dem Schluß, daß ihr von zwei Rednern am besten Aufschluß erhoffen dürft, nämlich einerseits von unserem hochverehrten Pfarrer ...«

Das Gesicht des alten Herrn war schon die ganze Zeit blaß gewesen, doch nun nahm es die Färbung von Kerzenwachs an.

»... und andererseits von Dr. Steven Gloze, der, wie

ihr alle ja wißt, Dr. Tripkin vertritt, der sich im Urlaub befindet. Ich mag mir gar nicht vorstellen, was der sagen wird, wenn er rausfindet, was für aufregende Dinge ihm entgangen sind, hähähä …«

Das war ein falscher Ton. Nigel merkte, daß seine Zuhörerschaft finster zu blicken begann, und wechselte die Richtung.

»Na, wie dem auch sein mag, und ich lege Wert darauf, das zu betonen, ohne daß diese heutige abendliche Zusammenkunft etwa zu Zerwürfnissen und Streitereien ausartet und die Leute sich auf die eine Seite oder die andere schlagen, der Kirchengemeinderat hat beschlossen, daß die verschiedenen Standpunkte offen dargelegt werden müssen. Also rufe ich nun Mr. Phibson auf, damit er uns seine Meinung zu der Sache darlegt.«

Er wandte sich mit breiter Geste dem Pfarrer zu und setzte sich dann wieder.

Doch Mr. Phibson hockte nur weiter unbeweglich auf seinem Stuhl; nur hin und wieder fuhr er sich mit der Zungenspitze über die Lippen. Das erneut eingetretene Schweigen dehnte sich.

Schließlich rief irgend jemand aus dem hinteren Teil des Saales: »Na, nur Mut, Pastor! Sie haben's doch allen gesagt, daß es der Teufel war!«

Eine Männerstimme. Steven spähte ins Halbdunkel, konnte den Sprecher aber nicht identifizieren.

Dann kam eine Frauenstimme, gleichfalls ziemlich laut, und diese erkannte er: Joyce Vikes.

»Gott vergebe Ihnen, wenn Sie wieder eine neue Lüge verbreitet haben! Wir alle wissen, was für Ketzereien Sie gepredigt haben! Heilige Küsse …! Der Vater und die Mutter und das Heilige Kind! Wo hat man denn je von so einem höllenteuflischen Aberwitz gehört? Das war das Werk des Teufels, und das haben Sie auch gesagt!«

Nigel warf dem Pfarrer einen besorgt-eifrigen Blick zu, doch der schien endlich seinen Mut zusammenzuraffen. Nach einer weiteren langen Pause höchster Gespanntheit zwang er sich aufzustehen; Stevens geübtes Ohr fing das Knirschen von Gelenkknochen auf, und er machte sich im Geiste einen Vermerk, den armen alten Kerl mal auf Schleimbeutelentzündung hin untersuchen zu lassen.

Dann warf er Mr. Thummage einen Blick zu. Der Herr Erzdiakon hatte die Hände noch immer vor der Brust gefaltet und lächelte gütig vor sich hin.

Steven hatte wirklich, wie er Mr. Phibson gesagt hatte, ›den Glauben‹ verloren. Und jetzt überkam ihn urplötzlich die kategorisch imperative Notwendigkeit, dafür zu sorgen, daß soviele Menschen, wie er nur beeinflussen konnte, gleichfalls zu Ungläubigen würden, nur damit sie nicht weiterhin Opfer und Beute solch aalglatter komplizenhafter Lächler blieben, wie es dieser Erzdiakon war.

Und aalglatt und lächelnd ... wer, um Himmels willen, *war* diese Person neben Basil Goodsir, die Don zu kennen schien? Und was hatte der Mann hier unter den Leuten von Weyharrow zu suchen?

Und was war mit dem Mann an der Seite des Chief Inspectors?

Doch inzwischen war Mr. Phibson immerhin wieder die Gewalt über seine Stimme zurückgekehrt. Sie knarrte und scharrte wie sich reibende Äste einer alten Eiche im Sturm; wie eine alte ungefettete Türangel; wie seine eigenen schmerzknirschenden Knie ...

Ein Schwall von Mitgefühl überrollte Steven. Wie lange würde es dauern, in welch weiter ferner Zukunft erwartete ihn ein ähnliches Schicksal? — Nein! In welch *naher?*

Und angesichts dieser so abrupten Mahnung an seine eigene Sterblichkeit ballte Steven unter dem Präsidialtisch die Fäuste, wo keiner es sehen konnte.

Mr. Phibson begann zu sprechen, ohne jemanden im besonderen anzublicken. »Der Herr Erzdiakon und ich haben uns heute telefonisch unterhalten. Ich wünsche ihm einen guten Abend. Ich weiß, daß ihm die Fürsorge für euer aller Seelenheil am Herzen liegt. Er weiß, daß ich ehrlichen Herzens im Irrtum war in den Dingen, die ich neulich am Morgen in dieser ... ah ... in der Kirche sagte. Und erwartet GOTT nicht genau dies von uns: ein ehrliches Herz?«

Im Publikum machte sich Unruhe breit. Er schien es nicht wahrzunehmen.

»Man hat mir gesagt, daß ich in Kürze abgelöst werden soll. Mir werden die vielen Freunde fehlen, die ich in dieser Gemeinde gewonnen habe. Ich denke dabei mit besonderer Zuneigung an die kleinen Kinder, die ich getauft habe, seit ich nach Weyharrow kam. Und ich hoffe nur, daß dieser heidnische Sündenschorf, der euer Wasser verseucht und sogar die Luft, die ihr atmet, so daß euer über euch gesetzter Herr ... ah ... ich meine, euer geistlicher Hirte ... ah ... gezwungen ist, unter demselben Dach zu verweilen, wie verabscheuungswürdige, dreckige, unmoralische, *widerwärtige* Personen wie jene, die ich da hinten in der Nähe der Tür erblicken muß ...«

Inzwischen hatte er völlig den Faden verloren.

Bestürzt beugte sich Steven zu Nigel. Doch der Vorsitzende machte bereits Mrs. Judger Zeichen. Und sie stampfte die drei Stufen zum Podium herauf, packte den Pfarrer bei der Hand und führte ihn weg. Als die Tür hinter den beiden zugefallen war, hatte bereits der Erzdiakon Thummage auf dem leergewordenen Platz des Redners sozusagen Fuß gefaßt.

»Mit der gütigen Erlaubnis des Herrn Vorsitzenden«, sagte er mit wohltönendem Bariton, »möchte ich um das Privileg bitten, anstelle meines unglücklichen Bruders in Christo einzuspringen. Es liegt mir selbstverständlich vollkommen fern, ihm etwas in den Mund zu legen, jedoch wie es sich nun einmal ergab ...« — er senkte bescheiden den Blick auf die Tischdecke —, »haben wir, Ihr Vorsitzender und ich, heute eine kurze telefonische Unterhaltung gehabt und sind dabei zu einem *Modicum* an Übereinstimmung gelangt... Ich bestreite nicht, noch werde ich dies jemals tun...« — diesmal hämmerte er mit der Faust auf den Tisch und blickte funkelnd in den Saal —, »... daß der Böse Feind existiert! Wie könnte auch jemand es wagen, seine Existenz zu leugnen — angesichts der Realität des Bösen, der wir tagtäglich in unserer modernen Welt ausgesetzt sind? Was ich euch aber sagen will, ist dies!«

Er richtete sich straff in seinem Stuhl empor, riß die Schultern nach hinten und ließ die Augen blitzen.

»Man rechnet nicht damit — *noch* nicht! —, daß Satan seine Herrschaft bereits in einem friedlichen stillen *englischen* Dorf errichten würde! Oh, gewiß, die Zeichen mehren sich, daß auch dies eines Tages der Fall sein könnte.« Der Bariton wurde dunkler: »Überall greift Unmoral üppig wuchernd um sich! Nicht zu zählen sind die Personen, die ein falsches trügerisches Glück in Partnerbeziehungen suchen, die den Segen der *Heiligen Kürrrche* entbehren! Es gibt törichte Menschen, die sich mit den künstlichen Befriedigungen, wie man sie aus Drogen erhält, abfinden, wo doch all diese vergängliche Freude und Lust nichts weiter ist als ein blasser Schatten dessen, was dem Menschen zuteil werden kann, wenn er sich ganz der Liebe Gottes weiht! Vielleicht — ich behaupte nicht, daß es so ist, doch bestimmte Tatsachenbeweise, die man mir unterbreitete, machen mich geneigt, es für wahrscheinlich zu halten — vielleicht, sage ich, haben hier in Weyharrow diese Kräfte, die weniger auf das Böse zurückzuführen sind als auf schlichte Dummheit, den *Geist* des Mannes erschüttert. Ich sage, dieser arme Mensch ist überbeansprucht, überfordert. Er braucht Pflege und eine lange Erholungspause. Dies möchte ich weit eher als Wahrheit annehmen, als zu glauben, daß ihr, ihr anständigen, normalen *englischen* Menschen bewußt und freiwillig zugelassen haben solltet, daß jenes Wesen, das wir als den SATAN kennen, in eure Herzen, euren Verstand und eure Seelen eindringen konnte … trotz eurer bereitwilligen Duldsamkeit, mit der ihr Heiden in eurer Mitte aufnehmt!«

Abschließend schoß er einen funkelnden Blick in Richtung auf Chris und Rhoda.

Jemand blökte schwach: »Heißt das, unser Pfarrer hat sich geirrt? Und der Teufel hat ihn gar nicht in Besitz genommen, wie er gesagt hat?«

Mit einem nachsichtigen Lächeln sagte der Erzdiakon: »Auch jene unter uns, die lange Jahre im Dienste Christi verbracht haben, sind anfällig — wenn auch nicht für den Bösen Feind, so doch für menschliche Schwächen. Man kann wohl kaum von Mr. Phibson erwarten, daß er dagegen gefeit wäre.«

Nigel tippte Steven auf den Arm. Er beugte sich dicht zu ihm und wisperte, fast glucksend vor Vergnügen: »Der nimmt uns die ganze Arbeit ab, was? Sieht ja fast so aus, als müßte ich Sie gar nicht mehr aufrufen!«

Steven schluckte heftig. Dann sagte er: »Ich möchte aber doch gern sprechen. Vorher hatte ich gar keine Lust dazu. Aber jetzt will ich!«

Nigel starrte ihn überrascht, ja fast ein bißchen bestürzt an. Doch schließlich sagte er: »Aha, klar, Sie wollen Ihre Chance im Scheinwerferlicht nicht verpassen, was? Na, dafür hab ich Verständnis. Also, wie wär es — jetzt?«

Der Augenblick schien jetzt so günstig wie irgendwann, sofern er noch hoffen durfte, einen vernünftigen, rationalen Beitrag zu den Geschehnissen zu leisten. Die Hälfte der Zuhörer saß wie betäubt da, als sei es für sie unvorstellbar, daß irgendwer ihrem Pfarrer widersprach. Die anderen flüsterten und tuschelten, und aus dem Stimmengesumm erwuchs allmählich ein Umschwung der anfangs so gedämpften Volksstimmung.

»Wir … ah … wir danken dem Herrn Erzdiakon Thummage für seine klare Bewertung der … ah … Lage«, sagte Nigel, indem er sich erhob und auf das Gebrodel drunten hinabstierte. »Ich rufe jetzt Dr. Gloze auf, den einige von euch — vielleicht sogar die meisten — schon kennen, obwohl er erst so kurze Zeit unter uns weilt. Steven?«

Er stand. Er nickte dankend in die Gegend für den sporadischen Begrüßungsapplaus ... und in seinem Kopf herrschte völlige Leere.

Schließlich sagte er: »Freunde — ich hoffe doch, daß ich Sie so bezeichnen darf, auch wenn ich, wie Nigel so schön sagte, erst so kurz bei Ihnen bin ... Freunde, ich bin sicher, daß Sie genauso froh waren wie ich, als Sie den Herrn Erzdiakon sagen hörten, daß Mr. Phibsons Verhalten auf erhöhte Überbeanspruchung und seelischen Druck zurückzuführen sei und nicht auf irgendwelche übernatürlichen Kräfte. Hätte man mich hinzugezogen, um ein fachliches Urteil abzugeben« — dem Himmel sei gedankt, daß der arme Kerl nicht mehr im Saal war! —, »dann wäre, so leid es mir tut, genau das auch die Diagnose gewesen, die ich abzugeben gezwungen gewesen wäre. Für einen Mediziner ist es irgendwie enorm beruhigend, wenn man die eigenen Vorstellungen von einem Theologen bestätigt bekommt.«

Er machte eine Pause und hoffte, daß hier und da ein Lächeln aufkommen würde, vielleicht sogar ein leises Lachen als Reaktion auf seine sanfte Bosheit. Statt dessen schlug ihm Schweigen entgegen, so gespannt wie eine Geigensaite.

Mit ausgetrocknetem Mund und immer heiserer werdender Kehle stürzte er sich in die sorgsam durchdachte, statistisch untermauerte, ganz und gar absolut logische Argumentation, die er sich in jeder freien Minute des verflossenen Tages zusammengebaut hatte. In der Hand hatte er ein Bündel Papiere, und auf jedem Blatt standen fundierte Zahlen und Fakten, von offiziellen Stellen und mit Belegen ...

Und kein einziger hörte ihm nach einer Minute auch

nur noch zu. Schließlich ging ihm die Luft aus, und er endete mit einem bläßlichen Statement, das sich mehr wie eine Entschuldigung anhörte, auch für seine eigenen Ohren. »Also, Sie sehen, das, was sich hier ereignet hat, hätte sich genausogut anderswo und überall zutragen können.«

Es folgte eine Pause.

Schließlich sagte Nigel — und er strahlte dabei —: »Ich hoffe, damit sind jetzt alle Gemüter beruhigt. Wir hätten uns kaum eine bessere Demonstration der Tatsachen wünschen können, was?«

Und das sollte dann alles sein? Steven starrte auf das Publikum hinunter. Aus den Gesichtern konnte er lesen, daß die Menschen genauso unbefriedigt waren wie er selbst. Aber als dann Nigel weiterquasselte, irgend etwas über ein Dankesvotum an die beiden Redner, begannen seine Mit-Kirchengemeinderäte mit den Füßen zu scharren und sich von ihren Sitzen zu erheben. Ganz offensichtlich, sie waren ausgekochte Experten in der Kunst, wie man Dreck unter den Teppich kehrt. Also ...

Verzweifelt und kurz davor, ein für allemale den Gedanken an eine Übernahme der Praxis Dr. Tripkins fallenzulassen, faltete Steven mechanisch seine Notizen zusammen.

Er hätte zu gern gewußt, genau gewußt, was ihm da passiert war. Was Jenny passiert war — und dem Pfarrer — und allen anderen. Es sah allerdings so aus, als würde er keine Chance bekommen, das herauszufinden. Heute abend jedenfalls bestimmt nicht.

Und dann kam mitten aus dem Saal ein Schrei.

»O nein, das werdet ihr nicht so drehen! Wir sind nicht hierhergekommen, damit ihr uns mit so 'nem Quark abspeist! Wir haben noch ein paar Fragen — 'ne Menge Fragen!«

Dem Himmel sei gedankt!

13. Kapitel

Der Ausbruch war von Mary Flaken gekommen, die sich von dem Versuch ihres Mannes, sie zu beschwichtigen, nicht bremsen ließ. Beinahe wäre es ihm gelungen, wäre da nicht von allen Seiten ein Chor der Zustimmung ertönt. Ella Kailet stieß durch die linke Schneise im Gestühl nach vorn und schrie: »Ich bin den ganzen Weg bis von London hergekommen, um rauszukriegen, was hier passiert ist! Ja, um Gottes willen, ihr könnt uns doch nicht verbieten, darüber zu reden! *Irgendwas ist hier geschehen, und es hat mir den Verstand vernebelt!*«

»Und 'ner ganzen Menge andrer Leute auch!«

Eine Sekunde lang wurde Steven nicht bewußt, daß dies seine eigene Stimme gewesen war, die vom Podium aus ertönte. Dann merkte er, daß Nigel ihn düster anfunkelte und daß im Gesicht des Erzdiakons ein Gewitter aufzog.

Und die Kirchengemeinderäte beugten sich der ›höheren Gewalt‹ und nahmen wieder auf ihren Sitzen Platz.

Verzweifelt suchte Steven nach einer Möglichkeit, wie er seinen Zwischenruf entschuldigen könnte, und erkannte plötzlich, daß dies gar nicht nötig war. Man bedachte ihn mit zustimmenden Rufen. Mehrere Leute waren aufgesprungen und schüttelten die Fäuste. Am lautesten gebärdete sich Tom Fidger, und er zog auch die stärkste Aufmerksamkeit auf sich.

»Doktor! Wir nehmen es Ihnen nicht übel, daß Sie sich gezwungen gesehen haben, uns diese Beruhigungspillen zu verpassen! Das ist ganz genau das, womit sich die meisten von uns inzwischen abfinden gelernt haben! Aber — es hat Ihnen keinen Spaß gemacht, was? Ich hab es gemerkt!«

Nigel kratzte ihn erneut am Arm, doch urplötzlich überkam Steven eine Verwegenheit, genau wie in jenem Moment, da er sich entschloß, Jenny zu einem Drink in die ›Hochzeit‹ einzuladen, anstatt sie als Patienten zu betrachten. Er streifte die Hand des Vorsitzenden beiseite und sprang auf die Füße.

Wo, zum Teufel, lag schon der Unterschied, wenn er es in diesem Loch noch drei weitere Wochen aushalten mußte? Er war schließlich nicht gezwungen, jemals wieder herkommen zu müssen!

»Sie haben recht!« brüllte er. »Sie haben *ab-so-lut* recht! Ich habe Ihnen zwar keine einzige Lüge vorgesetzt, aber ich glaube, ich habe Ihnen auch nicht mal die halbe Wahrheit gesagt!«

»Das kommt bloß, weil Sie se nicht gewußt hamm!«

Tom Fidger schob die Jacke beiseite und hob die Hände zu der klassischen Pose der Daumen im Armausschnitt der Weste — nur um zu erkennen, daß er gar keine Weste anhatte. Also überspielte er seinen Irrtum, indem er zu klatschen begann.

»Also, ich bin ganz der Meinung von Mrs. Flaken! Wir haben da noch Fragen! Und wir wollen darauf Antworten hören! Erstmal darauf!«

Er stieß mit ausgestrecktem Zeigefinger den rechten Arm vor, und sein Ziel war der Mann in dem exzellent gearbeiteten Mohair-Anzug.

»Dr. Gloze kennt Sie nicht, aber ich! Sie sind von der Fabrik in Trimborne! Vor acht, zehn Jahren hab ich Sie tagtäglich gesehen, damals als noch Leute aus Weyharrow bei euch im Werk gearbeitet haben! Ihr habt sie einen nach dem andern entlassen, stimmt's? Unsre Busse fahren nicht mehr zu euch rauf! Ihr habt weiter überhaupt keinerlei Beziehungen mehr zu unserem Dorf! *Also, was, verdammt-noch-mal, haben* Sie *bei einer Versammlung unsrer Pfarrgemeinde zu suchen?*«

Der Mann im Mohair-Anzug wirkte betreten. Steven wünschte sich, daß die hinter ihm Sitzenden den Ausdruck in seinem Gesicht hätte sehen können. Da es aber unmöglich war, sofort einen Spiegel herbeizuzaubern, würden Worte genügen müssen.

Über den wachsenden Lärm hinweg brüllte er: »Und *ich* würde gern wissen, wer die Person ist, die neben Chief Inspector Chade sitzt!«

Nigel Mender neben Steven vergrub das Gesicht in den Händen.

»Ist es einem Fremden vielleicht gestattet, sich einzumischen?« fragte eine sanfte Stimme, die jedoch trotzdem noch im hintersten Winkel des Saales vernehmbar war. »Zufällig bin ich in der Lage, auf beide soeben gestellte Fragen zu antworten.«

Der Mann, der sich von seinem Stuhl auf der für die Presse reservierten Seite erhob, war Donald Prosher. Und im selben Moment begann Wilf Spout die Versammlung mit Kamerablitzen zu beschießen. Der Mann neben dem Hauptkommissar richtete sich auf und versuchte zu protestieren ... doch auf dem Platz direkt hinter ihm saß Harry Vikes, und der legte dem Mann seine Pranke auf die Schulter und drückte fest zu. Wilf schoß auch dies.

»Gut gemacht, Harry!« rief eine Stimme von der anderen Saalseite — die Stimme gehörte Ken Pecklow. Einen Augenblick lang waren die Zuhörer verwirrt und abgelenkt durch die Unwahrscheinlichkeit, daß diese beiden Verbündete werden könnten, doch dann dämmerte allen, daß das in dieser Situation nicht bloß logisch war, sondern pure Notwendigkeit.

»Mr. Chairman!« Das war Vic Draycock, der hinten im Saal aufgestanden war; zweifellos hatte er es vorgezogen, in der Nähe der Ausgangstür zu sitzen, um zu demonstrieren, daß er die Pose freundlicher Patronage gegenüber den ›Pilgern‹ auch weiterhin beibehielt. »Einige von uns wissen nicht, wer da gerade gesprochen hat, aber wenn er uns Antworten zu bieten hat, würden wir alle sie sehr gern hören!«

Prasselnder Applaus.

Nigel Mender blickte sich suchend um, als erwarte er von irgendwoher Anweisungen. Steven gab sie ihm flüsternd.

»Die Geschichte stellt sich leider doch nicht als ganz so leichter Sieg raus. Diese Menschen haben Angst, und ich hab sie ihnen nicht abschwatzen können. Versucht hab ich es. Sie haben mich ja gehört. Aber die Leute haben recht, und ich habe mich geirrt. Rufen Sie Don auf!«

»Wen?« fragte Nigel benommen, während der Erzdiakon ihn am Ärmel zupfte, um seine Aufmerksamkeit in die andere Richtung zu lenken.

Wenig Hoffnung aus dieser Ecke ...

Steven sprang auf und schrie: »Können wir vielleicht ein bißchen Ruhe haben für Mr. Donald Prosher vom *Globe?*«

Er überflog wieder den Flügel der Presse. Wallace Jantrey hämmerte sich wiederholt mit der Handwurzel gegen die Stirn, als versuche er sich für irgendeine Nachlässigkeit selbst zu bestrafen. Aber Lisa Jopp schoß wie Wilf ein Bild nach dem anderen, blitz-blitz-blitz-blitz ..., aber ihre Miene war wutverzerrt.

Und wo, zum Teufel, war Jenny? Ihr Platz war leer.

Als die Leute begriffen, wer Don sei, legte sich der Tumult nach und nach. Bemüht, die parlamentarische Konvention zu wahren, wandte Steven sich Nigel zu.

»Will der Vorsitzende Mr. Prosher das Wort erteilen ...?«

Als einzige Antwort erhielt er ein müdes Handwinken. Steven gelangte zu dem Schluß, daß es ihm obliege, die Show wieder ins Rollen zu bringen. Er fing Dons Blick auf, spreizte die Arme und setzte sich. Dies genügte.

Etwas schulmeisterhaft begann Don: »Üblicherweise gehört es nicht zu den Aufgaben eines Reporters, Nachrichten zu beeinflussen, seine Pflicht ist es nur, über Ereignisse zu berichten. Während meines kurzen Aufenthalts in Weyharrow sah ich mich jedoch zu dem Schluß gezwungen, daß es — wenn ich da nicht doch mehr täte — überhaupt keine Berichterstattung geben würde. Und es muß darüber berichtet werden. Es ist von höchster Dringlichkeit! Denn, sehen Sie ...«

Er zog ein Notizbuch aus der Tasche und begann zu blättern. Auf seinem Sitz lag ein Tonbandgerät, batteriegetrieben drehten sich die Spulen.

»Sehen Sie, Mr. ... Mr. Fidger, nicht wahr? Sie und ich haben uns gestern morgen unterhalten, als ich bei Ihnen volltanken ließ. Die ... der Herr, nach dessen Identität Sie fragten, ist Dr. Walter Frass von der Firma *Helvambrit Pharmaceuticals.* Ich habe ihn gestern nachmittag kennengelernt.«

Stevens Fingernägel bohrten sich in seine Handballen, als er jetzt wieder daran dachte, daß Jenny gesagt hatte, es würde sich lohnen, wie und wo Don seinen Nachmittag zwischen seinem Besuch im Gutshaus und der Rückkehr nach Weyharrow verbracht habe.

Aber — wo war Jenny? Und warum, verdammt, ließ sie sich einen derartig sensationellen Knüller entgehen? Er war im Kopf den Sätzen, die Don sagte, weit voraus, und sie hätte das doch eigentlich ebenfalls kapieren müssen!

Don sprach weiter. Steven konzentrierte sich wieder aufs Zuhören.

»Der Grund für meinen Besuch bei der Firma Helvambrit war, daß ich Erkundigungen einholen wollte — über das Leck, die Produktionsstörung, die sich dort im Werk spätabends am Mittwoch ereignete ... He! Laßt ihn nicht abhauen!« rief er plötzlich sehr laut.

Auf einmal sah man ringsum im Auditorium grinsende Gesichter. Stick sprang auf und stellte sich zwischen Dr. Frass und dem Ausgang in Positur. Und während zwei, drei weitere kräftige junge Burschen es ihm gleichtaten, rief Stick fröhlich: »Keine Sorge, Mann! Mach nur weiter!«

Joe Book sah verwirrt aus, blieb aber stocksteif stehen.

»Ich danke Ihnen ... Selbstverständlich dementierte Dr. Frass, daß es da irgendeine undichte Stelle gegeben hat. Nur leider sprechen die Beweise gegen ihn.«

»Können dich nich hören!« rief jemand aus dem hinteren Teil des Saales. Don warf schweifende Blicke zum Podium. Nigel hatte wieder das Gesicht in den Händen vergraben, und der Erzdiakon machte mit wütendem Gesicht seinem Adlatus Zeichen. Also blieb nur Steven übrig, und der zuckte die Achseln und nickte. Don kletterte auf die Plattform.

»Hört man mich hier besser? Okay, dann fahre ich jetzt fort. Es *hat aber am späten Mittwochabend* bei der Fabrik Helvambrit eine Panne gegeben. Eine chemische Substanz *ist* in signifikanten Mengen ausgetreten — wobei *signifikant* in diesem Fall nur einige wenige Gramm heißt, allerdings äußerst dünn verbreitet ... und — es war möglicherweise auch nicht der erste derartige Störfall. Jedoch — verstehen Sie ...« Er reckte sich hoch auf.

»... in dieser besagten Nacht war jedoch über dem Tal des Chap eine sogenannte Inversion eingetreten: das heißt, wärmere Luft war unter einer höheren kalten Luftschicht eingeschlossen, so daß sich Nebel bildete. Ist jemand hier ...? He, so warten Sie doch! Lassen Sie mich doch erst einmal meine Theorie unter Beweis stellen!«

Steven sah, daß der Mann neben dem Hauptkommissar Chade aufgestanden war. Er gab Stick ein Zeichen, indem er den Kopf leicht schräg neigte. Der Fremde wurde sofort durch drohendes Näherrücken wieder auf seinen Sitz gezwungen.

»Wenn mein Verdacht sich als richtig erweist«, fuhr Don fort, »dann muß jede Person, die unter diesen Dingen gelitten hat, in jener Nacht im Freien gewesen sein — und außerdem auch in der Nähe des Flusses. Beginnen wir mit jemand, der es ganz nachweislich war. Mrs. Kailet?«

Die Augen der Touristen-Hostess waren geschlossen, die Frau atmete stoßweise. Einige der Hippies um sie herum gerieten in Panik und versuchten sie zu trösten und zu streicheln. Sie entzog sich diesen Aufmerksamkeiten und reckte endlich den Kopf wieder hoch, sobald Don ihren Namen ausgesprochen hatte.

»Ja! Ja! Ich hab da fast zwei Stunden lang in diesem Nebeldunst gestanden. Und danach war ich im selben Hotel wie meine Fahrgäste, und am nächsten Morgen ist mir dann dieser Blödsinn passiert!«

»Aber wie ist das mit den Touristen in Ihrem Bus?« fragte Don scharf.

»Die sind im Bus geblieben. Der Fahrer auch.«

»Aber Mr. Fidger, der war doch draußen bei Ihnen?«

Die beiden blickten einander an und nickten.

»Das paßt genau«, sagte Don mit einiger Befriedigung. »Weil sie sich im Businnern aufhielten, blieben die Touristen ausreichend geschützt und verschont. Aber andere Menschen hatten weniger Glück. Wie die Jeggs, zum Beispiel. Ich weiß zufällig, daß sie spät nachts noch auf waren. Na, und haben sie sich nicht seltsam verhalten?«

»Also, was ist denn passiert?« rief jemand aus den hinteren Reihen. Cedric, ungeduldig wie immer.

»Moment-Moment!« bremste Don und schlug eine neue Seite in seinem Notizbuch auf. »Ich hab nämlich noch nicht sämtliche Zusammenhänge geklärt ... Aber fangen wir doch mal mit den Leuten hier oben an. Doktor!«

Steven zuckte zusammen. »Ja?«

»Waren Sie so um Mitternacht irgendwo draußen?«

»Also — also, aber ja! Das war ich! Und Mr. Phibson ebenfalls!« Auf einmal breitete sich in Steven eine Woge der Erleichterung aus. »Wir besuchten beide Mrs. Lapsey, weil sie glaubte, sie läge im Sterben ...«

Das hätte ich nicht sagen dürfen!

Aber das Publikum reagierte mit Lachen. Jemand sagte ziemlich laut: »Ach, du meine Güte! Doch nicht *schon* wieder!«

Steven lehnte sich auf seinem Stuhl zurück. Es kümmerte ihn nicht mehr, was Nigel oder der Erzdiakon denken mochten. Don hatte die Sache in die Hand genommen. Also sollte der ruhig weitermachen. Ganz offensichtlich wußte der viel besser, wie man ein Publikum manipuliert, als irgendwer sonst im Saal ...

Einschließlich Wallace, der sich eifrig Notizen machte.

Aber wo war Jenny?

»Aber wie steht es nun mit den anderen Personen, die es erwischt hat?« fuhr Don fort. »Waren die alle am Mittwoch um Mitternacht im Freien?«

»Ich nicht!« konterte Stick sofort. »Und Sheilas Kleine, die waren auch nicht draußen! Wir haben so Auswirkungen gehabt, wie Sie sie anführen, aber — nein, ich war drin, und die Mädchen waren beide im Bett.«

»Aha!« Don hob eine Hand. »Aber ich weiß, wo Ihre Wohnung liegt. Geht die nicht auf den Fluß hinaus?«

»Also, ja, das Wohnzimmer schon, und auch das Kinderzimmer. Aber ... Oh!«

»Nur weiter!«

»Das könnte hinkommen«, gab Stick zu. »Ich bin da so ein bißchen eingeschlafen im Wohnzimmer, und die Fenster waren offen.«

»*Und?*« Don trat an die Rampe.

»Und Sheilas Zimmer, das liegt auf der anderen Seite, neben Küche und Bad.« Stick holte tief Luft. »Mann-oh-Mann, mir geht ja ein ganzer Kronleuchter auf, wohin Sie rauswollen! Ich hab den ganzen Schwung von dem Mistzeugs abgekriegt — und dann hab ich mir eingebildet, daß Sheilas Kinder Jungens sind, wo sie doch wirklich Mädchen sind. Und die Kleinen schlafen gleich nebenan, auf der Flußseite, und sie ...«

Hilary stieß einen wortlosen Schrei aus.

Stick sagte: »Tut mir leid, Kleines. Aber ihr müßt lernen, daß wir in einer grausamen Welt leben. Na, aber ich will nicht mehr sagen, als daß die beiden am Donnerstag in der Frühe in der Schule ein bißchen Blödsinn angestellt haben. Wenn auch nicht halb so schlimm wie das, was ein paar sehr viel ältere Jungs angestellt haben, deren Namen ich nennen könnte ...«

Die beiden Ellerford-Jungen kümmerten sich und spähten verzweifelt nach einem Fluchtweg, aber da war keiner. Ohne daß jemand es in Worten ausgedrückt hätte, schien es beschlossene Sache zu sein, daß niemand diesen Saal verlassen würde, ehe das Rätsel gelöst war.

Paul krümmte sich, als wollte er sich in den Boden verkriechen. Harold dagegen raffte sich zusammen und bot dem Schlimmsten die Stirn.

Mit klarer Stimme sagte er: »Paul und ich waren in der Mittwochnacht noch ziemlich spät weg. Aber was hat der Nebel damit zu tun?«

»Die Inversion über dem Tal, die diesen Nebel bewirkte«, sagte Don und nickte dem Jungen ermutigend zu, »sorgte gleichzeitig auch dafür, daß die Dunstschicht sich nicht so rasch wie sonst wieder auflösen konnte ... Ich weiß von wenigstens einer weiteren Person, die höchstwahrscheinlich in diesen Dunstschwall geraten ist. Und wenn meine Erklärung zutrifft, müssen es noch ein paar Leute mehr gewesen sein.«

Es folgte ein dumpfes Schweigen. Doch Don schien damit gerechnet zu haben. Er starrte die Ellerford-Jungen mit frostigem Blick an.

»Wie war das beispielsweise mit eurer Mutter? Was tat sie in dieser Nacht von Mittwoch auf Donnerstag?«

Wieder Schweigen.

»Um welche Zeit seid ihr nach Hause gekommen? Und wo seid ihr gewesen?«

»Das geht Sie einen feuchten Dreck an!« quäkte Paul und sprang auf. »Sie klingen ja schon genauso wie *sie*, ehrlich! Und wir kennen Sie verdammt noch nicht mal! Ich hab Sie heut zum ersten Mal gesehen!«

»Ja, das stimmt. Aber dein Bruder hat mich gesehen, auch wenn er sich wohl kaum noch daran erinnern kann. Er war noch ein Baby, als ich mit seinen Eltern in Hongkong befreundet war.«

Die Zuhörer holten wie aus einem Mund Luft.

»Und ich erinnere mich noch gut, wie Ursula seinetwegen beständig in Angst und Sorgen war. Einer der Gründe, warum ich eure Mutter schätzte, war der, daß sie ihren Sohn nicht den ganzen Tag lang in die Obhut einer eingeborenen Kinderschwester abgeschoben hat, wie das dort draußen die meisten europäischen Mütter taten. Und auch nach dem Tod eures Vaters kann sie sich kaum so verändert haben, daß sie sich nicht Sorgen darüber gemacht hätte, wo ihr euch rumtreibt und was ihr anstellt!«

Es war ein meisterhafter Schachzug. Mit einem Schlag hatte er das gesamte Publikum auf seiner Seite gegen die beiden Jungen, und man hörte laute bestätigende Zurufe.

»Ja, das stimmt! Jedesmal, wenn *die* spät noch weg sind, wandert sie im Garten auf und ab — oder auf der Straße — und wartet, bis sie heimkommen! Und wenn die dann ankommen, brüllen sie sie an, weil sie sich in ihre Angelegenheiten einmischt! Wir haben es gesehen! Wir haben es gehört!«

Die Rufer wechselten Blicke und bestätigendes Kopfnicken und lehnten sich wieder auf den Stühlen zurück. Alle außer einer. Moira O'Pheale war aufgesprungen, und sie war sehr bleich und umklammerte krampfhaft ihr schwares Ledertäschchen.

Sie sagte: »Auch Phyllis war am Mittwochabend noch sehr spät auf. Ich konnte sie von meinem Zimmer aus Rufus locken hören. Das ist ihre Katze. Ich weiß nicht, wann genau sie dann wirklich ins Haus gekommen ist, ich hab da schon geschlafen — aber ... Gottogott!«

Ihr Gesicht verknitterte sich wie Seidenpapier, sie sank auf ihren Stuhl zurück und ließ den Kopf nach vorn hängen.

Mit der nackten Zurschaustellung von Gefühlen war das Volk von Weyharrow wenig vertraut. Die Leute traten immer noch verlegen scharrend von einem Fuß auf den anderen, als Judy Jacksett losplärrte: »Roy! War das nicht am Mittwoch, wo der Boyo nicht heimgekommen ist? Das ist unser Hund«, fügte sie erklärend hinzu. »Er ist noch immer nicht zurück, und die Kinder werden ganz verrückt.«

Roy Jacksett fuhr zusammen und sagte: »Aber genau! An dem Tag war das!«

»Also — und du bist ganz spät in der Nacht noch rausgewesen und hast ihn gesucht. Und am nächsten Tag sind diese ganzen Kundenbestellungen falschgelaufen ... na, das erklärt die Sache endlich!«

»Ja, und auch noch was andres!« rief eine weitere Stimme. »Mein Vater war ebenfalls Mittwochabend noch spät auf! Mein Großvater hat ihn um Mitternacht auf der Terrasse auf und abwandern gehört! Und die Terrasse liegt direkt über dem Fluß! Und — na ja, ich muß wohl nicht daran erinnern, was ihm am nächsten Morgen passiert ist, oder?«

Das war Cedric gewesen. Mit zerzausten Haaren stand er da und klammerte sich an die Lehne des Stuhles vor ihm. Wütend drehte Basil sich um und wollte ihn mit seinen Blicken zerschmettern, doch ehe er noch die rechten Worte finden konnte, schrillte Joyce Vikes: »Und mein Harry, der war in der Nacht auch noch spät auf! Bei einem kranken Kuhkalb! Ich hab es ja gewußt, daß mein Harry nicht echt spinnt!«

Jemand — eine Männerstimme — sagte boshaft: »Nein, der hat bloß voller Teufel gesteckt, was?«

War das kein Pecklow gewesen? Steven war zusammengefahren und spähte in die Richtung, aus der der Zwischenruf erfolgt war, begriff jedoch sogleich, daß es nicht Ken gewesen sein konnte, denn der saß auf der anderen Seite des Saales, und mehr noch, er wuchtete sich soeben auf die Beine.

»Ich muß der Joyce rechtgeben! Harry und ich — also, wir sind uns ja schon 'ne ganze Zeit hin nicht so recht grün, aber ich hab ihn nie für verrückt gehalten, und ich hab auch nie gedacht, daß er vom Teufel besessen ist, oder so. Was ich gedacht hab ...« Er machte eine bedeutungsschwangere Pause und warf Blicke nach allen Seiten, um sich zu vergewissern, ob auch ja alle gebührend zuhörten ...

»Was ich gedacht hab, und vielleicht tu ich's ja immer noch, das ist das. Ob das was mit dem chemischen Sprühzeugs zu tun hat, von dem er den ganzen Frühling und Sommer über andauernd geredet hat — dieses allerneuste, allermodernste Teufelszeug? Und isses das, was die da drüben in Trimborne jetzt zusammenbrauen? Und ist das Zeug entwischt und hat diesen ganzen Ärger gemacht?«

Dr. Frass sprang auf.

»Nein, *Sir!* Wir produzieren keine landwirtschaftlichen oder Industriechemikalien! Wir stellen Pharmazeutika her — Heilmittel! Und ich sehe mich veranlaßt, Mr. Prosher zu warnen, wenn er in seinen unbewiesenen Anschuldigungen so weitermacht, wird er es mit unseren Anwälten zu tun bekommen!«

»Und mit mir«, grollte der Mann neben dem Hauptkommissar Chade. »Sie haben doch gesagt, Sie wissen, wer ich bin, Prosher, oder? Dann nehme ich doch wohl an, Sie wissen auch, *warum* ich hier bin.«

Don war jetzt sehr bleich, aber er wich nicht zurück. Er sagte vielmehr: »Selbstverständlich weiß ich das. Sie wollen mir nämlich mit dem Official Secrets Act drohen, weil das Zeug, das da bei Helvambrit entwichen ist, im Auftrag der Regierung produziert und getestet und von ihr bezahlt wird!«

»Schluß! Halten Sie den Mund!« brüllte der Mann.

»Das werde ich *nicht!*« Plötzlich bebte Don vor Wut. »Sie haben überhaupt keine Möglichkeit, mich zum Schweigen zu bringen — *jetzt* nicht mehr, *seitdem ich gesehen habe, was Sie und Ihresgleichen einer Freundin, Ursula Ellerford, angetan haben!*«

Es trat eine Pause allseitiger Verblüffung ein. Dann schob sich Stick an das Podium heran und sagte laut und deutlich: »Verdammt richtig so, Mann!«

Und mit der Hilfe von Chris-dem-Pilger packte er den Fremdling am Kragen, während Ken und Harry bedrohlich über dem Chief Inspector aufragten und Bill Blocker und Phil Flaken sich neben Dr. Frass plazierten, so daß die wortlose Botschaft auch Konstabler Joe Book erreichte, was passieren würde, falls er versuchen sollte, einzugreifen.

Außerdem ersuchten auch die Dorfbewohner, die in näherer Umgebung von Basil Goodsir saßen, diesen höflich, er solle lieber friedlich bleiben.

»Das ist ja ein *Skandal!*« fauchte Helen. »Das ist eine *Unverschämtheit!*«

»Nein, das ist es *nicht!*« rief eine Stimme hinter ihr, so laut, daß die Absicht, gehört zu werden, deutlich wurde. »Das ist ein Ermittlungsverfahren!«

Die Stimme klang wie die ihres Sohnes, doch als sie sich vorsichtig umblickte, entdeckte sie nirgendwo einen Hinweis auf den frechen Sprecher.

»Es ist sowieso schon zu spät, Mr. Pipton«, sagte Don gelassen. »Dieser Gentleman da, Freunde, kommt vom Militärischen Abschirmdienst. Und die chemische Substanz, die aus der Helvambrit-Fabrik entwichen ist …«

Pipton kämpfte wie wild. Zwei von Chris' Freunden eilten herbei und vereinigten ihre Kräfte mit denen von Stick, ohne sich durch Drohungen bezüglich ›Behinderung bei der Ausübung amtlicher Funktionen‹ abschrekken zu lassen.

»Diese Substanz«, fuhr Don fort, »ist möglicherweise das unter der Bezeichnung *Oneirin* bekannte chemische

Präparat. Eine Ableitung aus dem griechischen Wort für *Träume.* Wir haben ja schon eine ganze Weile Gerüchte darüber gehört, aber hier haben wir jetzt zum ersten Mal handfeste Beweise vor uns, wie das Zeug *wirkt.* Allem Anschein nach beeinträchtigt die Chemikalie die Fähigkeit im Gehirn, zwischen Traumerlebnis und tatsächlichem Erinnerungspotential zu unterscheiden. Mit anderen Worten, die Erinnerung an unsere Träume wird zu höherer Lebendigkeit hochgeputscht, als unser Gedächtnis- und Bewußtseinsbestand an Informationen über die wirkliche Welt uns bietet.«

Er machte eine Pause. Er wirkte sehr angespannt. Der Schweiß perlte ihm von der Stirn. Auf einmal summte der Saal von Kommentaren, und Steven wünschte, er hätte sich ebenfalls beteiligen können. Sämtliche Betroffenen sagten: »Ja! Genauso war das, so ist es mir vorgekommen!«

»*Oneirin* wurde anfänglich als Kampfgas für den Einsatz auf dem Schlachtfeld im Krieg geplant«, sprach Don weiter. »Darum auch die gasförmige Anwendungsform. Und als es sich als ungeeignet erwies, feindliche Soldaten kopflos zu machen, schloß man eben huschhusch einen neuen Entwicklungsvertrag. Nämlich über eine Weiterentwicklung für die potentiellen Anwendungsmöglichkeiten bei der Befragung von feindlichen Agenten und Kriegsgefangenen. Betrachtet man sich aber, was gerade hier am Ort passierte, dann scheint es ziemlich klar zu sein, daß Helvambrit schon wieder einmal nicht mit den versprochenen Resultaten aufwarten konnte. Denn schließlich — was, beim Himmel, würden schon Informationen wert sein, die man sich auf diese Weise aus jemandem rausholt, dem man die Fähigkeit genommen hat, zwischen Traum und Wirklichkeit zu unterscheiden? Aber Helvambrit wünscht natürlich keineswegs einen Fehlschlag einzugestehen — und zwar aus dem ganz einfachen, durchaus verständlichen, guten Grund, daß dieser Regierungsauftrag eben pro Jahr sich auf über eine halbe Million Pfund beläuft ... aus Steuergeldern! Also — *euer* Geld!«

Basil Goodsir keuchte einen erstickten Schrei aus der Kehle. Helen rutschte auf ihrem Stuhl zu ihm herum und versetzte ihm eine Ohrfeige. Ihr Gesicht war dabei das einer Furie.

»Schön. Also, nun wissen Sie Bescheid«, sagte Don. Er wirkte auf einmal abgespannt. »Und morgen wird es die gesamte Öffentlichkeit wissen. Ich sagte Ihnen doch, Mr. Pipton, daß Sie zu spät kommen.« Er warf einen Blick auf die Uhr am Saalende. »Ich kann mir nicht vorstellen, daß es Ihnen gelungen sein sollte, sämtliche öffentlichen Telefone in der ganzen Grafschaft zu blockieren, so gern Sie das sicherlich getan hätten. Mittlerweile ist es Miss Severance ganz bestimmt gelungen, wenigstens einige der Telefonnummern zu erreichen, die ich ihr gegeben habe, und die Informationen, die ich Ihnen hier soeben vorgelegt habe. Wallace, warum ergreifst du nicht die Chance und ziehst los? Mein Blatt hat zwar eindeutig einen Vorsprung bei der Geschichte, aber sowas ist viel zu wichtig, als daß wir das exklusiv halten dürften, und ich hätte ganz und gar nichts dagegen, wenn *Banner* das noch in die Spätausgabe reinbekäme. Übrigens, *Oneirin* buchstabiert sich: O-N-E-I-R-I-N!«

»Saukerl«, knirschte Wallace lautlos. »Verdammter Mistarsch!«

Doch auf Lisas hektisches Drängen hin verzog er sich aus dem Saal, und überall machten ihm die Leute vorsichtshalber Platz. Schweigen begleitete seinen Auszug, ein beinahe geschlossenes Schweigen ... bis plötzlich ein Schluchzen in diese Stille drang ... und Weinen.

Moira fing damit an. Gegen ihre Tränen ankämpfend, versuchte sie zu sagen: »Arme Phyllis! Und dabei war es doch gar nicht meine Schuld!«

»Oooh — *Mamma!*«

Das kam von Paul Ellerford, und es war kaum vernehmbar. Er vergrub das Gesicht an der Schulter seines

Bruders, und sein ganzer Körper bebte vom Weinen. Und Sekunden später weinte auch Harold.

Doch bei einigen der Beteiligten äußerte sich die Gemütserregung in etwas heftigeren Ausbrüchen. Und zwar geschah dies gleichzeitig und aus einem Halbdutzend verschiedener Explosionszentren im Saale her, als nämlich das Volk sich um Dr. Frass, Mr. Pipton und Chief Inspector Chade — als die offensichtlichen nächsten Zielobjekte — scharte. Am schrillsten vernehmbar war die Stimme von Joyce.

»Ich bring die um!« kreischte sie. »Ich murks die alle ab für das, was die mei'm Harry angetan haben!«

Steven sprang auf — Nigel schien noch immer in Trance verloren zu sein — und brüllte: »Ruhe! *Ruhe!*«

Und etwas kläglich stimmte der Erzdiakon als Echo in den Ruf ein.

Einen entsetzlichen Moment lang glaubte Steven, es sei schon zu spät. Die rasenden ›Eingeborenen‹ fuhren auf die Ortsfremden in ihrer Mitte los, als beabsichtigten sie im nächsten Augenblick ein schönes Lynchfest. Doch es kam Rettung — und aus einer völlig unerwarteten Richtung.

»Jetzt seid endlich mal still, ihr verdammten Idioten!« dröhnte eine gewaltige Stimme. »Und fangt verdammt endlich an, *erwachsen* zu werden, solang ihr noch die Chance habt!«

Es war Chris-der-Pilger: Bart und Kopfbewuchs struppig wie immer, in fleckigen Jeans, abgelatschten Stiefeln und einem Pullover, an dem der Ellbogen durchschaute ... aber er ergriff die Führerschaft. Ohne sich um die Stufen zu kümmern sprang er einfach auf die Plattform, und Don wich beiseite, um ihm Platz zu machen.

»Wer ist denn dieser Rüpel?« wisperte der Erzdiakon Steven zu. »Einer von euren Rowdies, vermutlich!«

»Tun Sie, was er gesagt hat, und halten Sie den Mund!« murmelte Steven erschöpft. Der Erzdiakon ließ die Augenlider flattern, als könne er nicht wirklich glauben, daß irgend jemand es wagen dürfe, ihn auf solche Weise anzureden, aber nach einem Blick über die Schulter, zu den hinter ihm aufgereihten Kirchengemeinderatsmitgliedern, wich er dem Druck der Umstände und hörte zu.

»Man hat uns reingelegt!« sagte Chris mit Donnerstimme. »Euch, Leute, und uns genauso!«

Aus irgendeinem Grund war Stevens Blick zu Cedric hinübergeglitten, der einen Augenblick lang bänglich dreingeschaut hatte und auf dem Sitz herumgerutscht war, als wolle er sich davonstehlen. Dann aber schien er es sich anders überlegt zu haben, und lehnte sich wieder auf seinem Stuhl zurück.

»Euch hat man ja mehr angeschissen als uns, weil wir, wir verdienen ja nicht genug, als daß die Regierung uns was an Steuern wegnehmen kann — und es *verschleudern* kann, wie wir es ja grad gehört haben! Mr. Reporter, Sir, Sie sind ein mutiger Mensch! Die werden Sie vor Gericht zerren, nicht wahr? Ganz bestimmt, wenn dieser Typ Pipton da was zu sagen hat!«

Don zuckte die Achseln und breitete die Arme aus. »Unsere Chancen stehen nicht schlecht, sagen unsere Anwälte. Und es ist freundlich von Ihnen, daß Sie mich als tapfer bezeichnen. Aber ich bin keineswegs tollkühn. Außerdem, jetzt wo die Sau mal ausgebrochen ist, könnte es ja sein, daß diese Leute vielleicht keine Lust mehr haben werden, den Stall dichtzumachen, aus Furcht, daß der Gestank noch größer werden könnte.«

Chris beantwortete dies mit einem säuerlichen Grinsen. »Das paßt genau ... Aber, wie ich schon sagte!« Seine Stimme nahm wieder den mächtigen Orgelton an. »Man hat uns betrogen, genau wie euch hier! Wie Ella! Und wie den Alten von Cedric — wie heißt du gleich noch? Ah, da unten sitzt du ja ... Basil! Genau! — Aber uns hat man nicht so reingelegt wie euch! — Klar, wir haben uns reinlegen lassen und sind in unsern Bus gestiegen, mitten in der Nacht, und wir sind nach Weyharrow gezogen, weil wir überzeugt waren, daß die Alten Kräfte wieder in Bewegung geraten sind. Wir sind von der Polizei belästigt worden, und die Ortsleute haben uns beleidigt, und andere Leute, die irgendwie erfahren haben, was da im Gang war, sind uns hierher gefolgt und haben sich als absolute Idioten aufgeführt, indem sie unglaublicherweise ein Stück Rindfleisch aus dem Hotel hier geklaut haben, unglaublich, um ein Opfer abzuhalten ... Ja, verdammt, wenn Menschen sowieso schon *so blöd* sein können, *verdammt noch mal!* Wozu braucht man dann erst noch so ein Zeugs wie dieses Oneirin zu erfinden?«

Cedric kicherte in sich hinein; und seine Belustigung schien ansteckend zu wirken, und sogar jene unter der Zuhörerschaft, die aus tiefstem Herzensgrunde eigentlich geneigt gewesen waren, aufzustehen und hinauszugehen, ehe sie sich den Seich von so einem Außenseiter anhören würden, beschlossen nun, daß es sich lohnen könnte, ihm bis zum Schluß zuzuhören.

»Aber wenn sie uns auch reingelegt haben, so waren wir doch nicht ganz so leichtgläubig wie ihr Leute hier und sind nicht dermaßen auf die Schnauze gefallen!« donnerte Chris-der-Pilger. »Ihr müßt nämlich verstehen, daß wir im Grund völlig richtig lagen! Wir glaubten, daß die Alten Kräfte sich wieder regen ... und *selbstverständlich ist genau das der Fall!*«

Von Mr. Thummage kam ein halbherziger Protest dagegen, doch keiner schien ihn zur Kenntnis zu nehmen, außer Steven und Nigel.

»Na und, war es eben nicht der Teufel, wie euer Pfarrer behauptet hat! War es in Wirklichkeit ein chemischer Stoff, der flußaufwärts freigeworden ist ... *Na und?* — Das ist und bleibt trotzdem eine Manifestation der Alten Kräfte! Die Welt, in der wir leben, *ist* ein Traum! Oder genauer gesagt, sie ist eher ein *Alptraum!* Nicht wahr? — Es ist nicht die säuberlich geordnete Welt der wechselnden Jahreszeiten, die immer eintreten wie eh und je und wie es sich gehört — milder Frühling, heißer Sommer, Ernteherbst, weiße Weihnachten, und alle sitzen um das Feuer und singen Weihnachtslieder ... Nein!

Nein, es ist eine stinkende, widerwärtige, scheußliche Welt zum Kotzen ... voller Nahrung, die durch chemische Sprühmittel verseucht ist, voller saurem Regen, der die Bäume umbringt, voller Blei aus den Autos, und euren Kindern vergiftet es das Gehirn, und sie bleiben geistig zurück! Die Welt, die wir haben, ist voll von Terrorismus und Geiselnahme und Wasserstoffbomben ... und von Dr. X-Figuren, die Drogen herstellen, mit denen ihr Wahrheit und Trug überhaupt nicht mehr unterscheiden könnt!«

Die Kraft seiner Suada ließ ihn richtig beben. Für eine Sekunde schien er selbst überwältigt zu sein, und es bestand Gefahr, daß die Zuhörer ihm mit Gegenrufen antworten könnten. Erstaunt merkte Steven, daß er dem durch eifriges Händeklatschen vorzubeugen versuchte; Don, wie stets rasch ein Stichwort aufgreifend, tat es ihm nach, und dann klatschten auch noch andere mit. Ihm schien, daß Ella Kailet als nächste applaudierte, gefolgt von den Hippies, doch fast unmittelbar danach klatschten sämtliche Leute, die betroffen — nein, die ›heimgesucht‹! — waren, ebenfalls.

Sie waren nicht die Mehrzahl, doch die Erkenntnis dessen, was ihnen geschehen war, veranlaßte die übrigen, sich zögernd, abwartend zu verhalten. Inzwischen hatten auch Mr. Pipton und Dr. Frass vor dem Lauf der Dinge resigniert; der Ausdruck auf ihren Gesichtern allerdings war ebenso gewitterdüster wie der des Erzdiakons. Das galt auch für Hauptkommissar Chade. Und Joe Book — *armer Joe!* dachte Steven —, der war von seinem Posten desertiert und hatte die Nähe seiner Yvonne gesucht, die auf einem Außenplatz in einer der mittleren Reihen saß, und da stand er und umklammerte ihre Hand.

Welche Schulung (und in welcher Polizeitruppe) war in der Lage, einen anständigen normalen Durchschnittskerl wie Joe auf einen derartigen Überfall seitens der scheußlichen Welt draußen vorzubereiten, wie dies soeben so lebhaft geschildert worden war?

»Wie es aussieht, ist hier und heute *eine* hübsche kleine Gaunerei torpediert worden!« donnerte Chris. »Aber *wie viele andere* gibt es da noch? Wie viele hundert, wie viele tausend? Und wie viele Bauern wie Mr. Pecklow haben insgeheim Angst davor, was die Sprühmittel, die sie anwenden, eventuell den Menschen antun können? Wie viele ...?«

»Ja! Ja!«

Der Ruf ertönte aus der Nähe des Notausgangs. Sämtliche Blicke richteten sich dorthin, und — verblüffenderweise — es war Mrs. Judger, die zurückgekehrt war, nachdem sie Mr. Phibson ins Pfarrhaus gebracht hatte.

»Ja!« wiederholte sie zum drittenmal, weniger laut, aber dennoch mit Nachdruck. »Ich bin bei Mr. Phibson, seit er hergekommen ist, und ich weiß es. Er ist ein guter Mann, freundlich und vernünftig, auch wenn er ab und zu ... — aber das tut nichts zur Sache! Es muß ein schrecklicher Schlag für ihn gewesen sein, als ihm seine Frau gestorben ist ... Was zählt, ist das!«

Sie richtete sich zu voller Größe auf.

»Ich hab gewußt, daß in so einer gerechten Seele wie ihm nicht der Teufel am Werk sein kann! Auch wenn er selber das geglaubt hat! *Ich* hab gewußt, es waren diese verfluchten Chemikalien!«

Nigel hatte sich mittlerweile wieder so weit im Griff, daß er versuchen wollte, die Versammlung wieder unter seine Kontrolle zu bringen. Er sagte: »Danke, Mrs. Judger. Ich bedaure, daß Sie die Kernpunkte der ... ah ... Beiträge verpassen mußten, die uns Mr. Prosher und auch Mr. ... ah ...«

»Pilgrim!« flüsterte Steven.

»... Mr. Pilgrim geboten haben! Doch nach diesen außergewöhnlichen Offenbarungen, und insbesondere angesichts der Tatsache, daß einige unter euch mit Gewalt ... ah ... also tätlich wurden gegen zwei amtliche Besucher — Amtspersonen, ein Verhalten, das wir übrigen, da bin ich sicher, höchlichst mißbilligen ...«

Er schwamm, und alle wußten es. Verzweifelt spähte er nach Rat und Hilfe umher. Sie kamen ihm von Vic Draycock, der aufsprang und sich die Locke aus dem Gesicht strich.

»Mr. Chairman! Mich haben diese Eröffnungen genauso überwältigt und bestürzt wie uns alle! Es ist zwar nicht gerade allgemein bekannt, aber auch ich war am Mittwoch noch spät nachts außer Haus — ich konnte nicht schlafen und unternahm einen Spaziergang den Fluß entlang — und am nächsten Morgen ... Nun, das ist nicht weiter von Bedeutung. Mag es genug sein, wenn ich anführe, daß auch ich die gleichen ... ah ... seltsamen Erfahrungen machte, die so vielen unter uns widerfuhren, jedoch in meinem Fall glücklicherweise von relativ wenigen Nachwirkungen begleitet ...«

Seine Zuhörer wurden unruhig. Vic merkte es, brach seine Bekenntnisse abrupt ab und kam zur Sache.

»Doch wenn Sie jetzt diese Versammlung beschließen wollen, möchte ich vorher noch beantragen, daß wir über eine Danksagung an Dr. Gloze und Mr. Prosher und ... ah ... unseren letzten Redner, Chris, abstimmen, die in Worte faßten, was so viele unter uns auch empfinden und oftmals nicht richtig ausdrücken können.«

Er setzte sich wieder.

Nigel hatte sich wieder völlig im Griff. Wie aus einem altgewohnten Reflex heraus sagte er: »Ich glaube, wir sollten Mr. Thummage in die Abstimmung über die Danksagung einschließen. Mit diesem Zusatzantrag lege ich den Antrag der Versammlung zur Abstimmung vor. Unterstützt jemand den Antrag?«

Es trat eine eisige Pause ein. Mrs. Judger beendete sie.

»Nein!«

Nigel blinzelte sie entgeistert an.

»Nein!« sagte sie noch einmal. »Mr. Thummage wollte mich nicht ernstnehmen, als ich ihn angerufen und um Hilfe für Mr. Phibson gebeten habe! Er war unhöflich! Er hat zu mir gesprochen, als wäre ich irgendeine dumme kleine Schnattergans! *Ich* wünsche nicht, ihm zu danken!«

»Ich unterstütze den Antrag in der ursprünglich eingebrachten Form!« schrie Tom Fidger. Und sogleich erhob sich ein Chor der Zustimmung.

»Irgendwelche weiteren Zusatzanträge?« fragte Nigel, um der Form Genüge zu tun. Aber die Opposition — bestehend aus dem Hauptkommissar, Mr. Pipton und Dr. Frass — stimmte mit den Füßen ab und verließ den Saal. Der Erzdiakon schnippte mit den Fingern zu seinem Begleiter hin und folgte ihnen nach. Keiner versuchte noch länger, ihnen den Weg zu versperren.

»In dieser Form eingebracht ... und durch Akklamation angenommen.« Nigel zog ein Taschentuch hervor und trocknete sich das schweißnasse Gesicht damit. »Damit erkläre ich die Versammlung für beendet. Mr. Prosher ...« — mit gedämpfter Stimme —, »was sagen die Amerikaner bei einem verwickelten Problem? Eine ganze Dose voller Angelwürmer? War das wirklich alles wahr, was Sie uns da gesagt haben?«

»Alles«, erwiderte Don bitter. »Und wenn Chris nicht eingesprungen wäre, hätte ich dann so ziemlich genau das gleiche gesagt wie er. Kriegen da nicht auch Sie das *Kotzen?*«

Plötzlich hieb er mit der Faust auf den Tisch; von den Türen her blickten sich einige Leute um, ließen sich aber nicht aufhalten und verzogen sich.

»Ist das nicht wirklich zum Kotzen?« wiederholte er. »Hier haben Sie eines der allerschönsten Dörfer Englands! Himmel, wie oft habe ich Fotos davon in Broschüren des Touristikamts gesehen ...!

Und nicht einmal hier kann man der abscheulichen Realität der modernen Welt entrinnen! Dieser Hundesohn Pipton möchte mich liebend gern ins Gefängnis bringen! Aber dank Jenny habe ich die Story rausgekriegt, bevor der Kerl den Deckel draufschrauben konnte. Und Wallace hat inzwischen bestimmt genau das gleiche gemacht, dem Himmel sei Dank! Ist Ihnen klargeworden, daß diese Idioten zehn Millionen Pfund für ein blödsinniges Projekt rausgeschmissen haben, das nie und nimmer funktionieren kann?«

Er blickte alle der Reihe nach an, auch die völlig verdutzten Kirchengemeinderäte.

»Und selbst wenn es ihnen gelungen wäre, das hinzukriegen, so daß es funktioniert, wäre das dann nicht nur ein weiterer Beweis dafür gewesen, wie krank unsere Gesellschaft ist?«

Dies kam von Chris. Rhoda war inzwischen herausgekommen, um ihn zu umarmen — und Cedric gleichfalls, während die übrigen Mitglieder der Hippy-Kommune vor der Plattform umherschwebten.

»Ja! Genau!« Don wandte sich Chris zu und schüttelte ihm dankbar die Hand. »Ihr Eingreifen kam zur rechten Zeit, um es mal ganz bescheiden auszudrücken! Bin Ihnen sehr dankbar ... Cedric! Sie sind doch Cedric, oder?«

»Äh — ja.«

»Ich habe Ihre Fotos im ganzen Salon verteilt gesehen, droben im Court, als Ihre Eltern mich empfingen. Himmel, ich wollte, Sie wären dort gewesen und dabei! Ich hätte ... Ach, nein, vergessen wir's!«

Er holte tief Luft.

»Ich bin völlig leer. Nicht mal als Kriegskorrespondent hab ich mich je dermaßen ausgelaugt gefühlt ... Ah, da kommt ja Wilf!«

Der rothaarige Fotoreporter drängte sich durch den

Menschenstrudel am Ausgang. Er hob die Hand und bildete aus Daumen und Zeigefinger einen Kreis.

»Hat Jenny es geschafft?« rief Don.

»Yep! Die Story ist durch und fließt wie Rührei! Läuft schon über den Draht *überallhin!*«

»Gelobt sei Gott«, sagte Don leise. »Und nun laßt mich in Frieden scheiden ... Nigel, wir müssen sofort nach London zurück, aber urplötzlich hab ich einen rasenden Hunger. Könnten wir bei Ihnen im Hotel noch irgend etwas zu essen bekommen?«

Nigel, der sich mit aufbruchbereiten Ratsmitgliedern unterhalten hatte, wandte sich um. Nach kurzem Überlegen sagte er: »Aber sicher. Mein Küchenchef ist ein Wunderknabe. Das hat er gestern abend bewiesen. Und ich meine, Sie sollten meine Gäste sein — Sie und Wilf und Steven und ... Chris, wie ist es mit Ihnen? Und Ihrer ... ah ... lieben Frau?«

Aber Rhoda schüttelte den Kopf und sagte: »Wir essen und leben nicht so. Das sollten Sie doch inzwischen wissen. Wir sind außerdem dreizehn, ein *Coven,* ein Bund.«

»Ach, um Himmels willen!« fuhr Cedric auf, der sich im Hintergrund herumgedrückt hatte. »Jede Nacht schmeißt das Hotel genug Essen weg, um eine ganze Familie sattzukriegen! Ich hab es gesehen! Geben Sie mir die Reste, und ich trag sie höchstpersönlich über die Straße rüber!«

Stick hatte heimlich mitgehört. Er sagte nichts, sondern streckte nur den langen Arm aus und tippte Cedric auf die Schulter. Als dieser sich umwandte, sah er sich einem breiten zustimmenden Grinsen gegenüber.

Und dann war Stick im Gefolge Sheilas verschwunden, samt deren Mädchen, die sich — wie Stick auch — eingebildet hatten, daß sie Jungs wären.

Der Gemeindesaal war leer, bis auf das Grüppchen auf dem Podium und die freiwilligen Helfer, die aufräumten.

Schließlich sagte Nigel: »Ich hätte Sie nur gern eingeladen, Chris, weil mir früher nie klargeworden ist, daß Leute wie ihr so viel Vernunft habt und das auch ausdrücken könnt. Möchten nicht Sie und Rhoda trotzdem mit uns essen, wenn das, was Cedric Ihren Freunden rüberbringt, nicht Abfälle sind und Reste, sondern — sagen wir mal — ein schöner großer Topf Suppe und Brot und Käse?«

»Aber nicht, wenn Fleisch in der Suppe ist!« erklärte Rhoda mit Festigkeit.

»Ach, verdammt ... also schön! Ich werd sehen, was Tim für euch tun kann ...«

»Vergessen Sie's, Mann!« mischte Chris sich seufzend ein. »Das ist es nämlich, was mit euch nicht stimmt. Mit euch Leuten allen! Und deshalb ist die Welt in einem derart beschissenen Zustand. Weil es Leute gibt, die über die Lippen bringen können, was Sie da grad gesagt haben.«

»Was soll das heißen?« rief Nigel schnaubend.

»Sie haben *nicht* gesagt: Ich werd sehen, was *ich* für euch tun kann! ... Komm, Rhoda-Love. Packen wir unsern Kram zusammen und machen wir uns auf den Weg. Ella, willst du mit uns in die Stadt zurückfahren?«

»Ja, bitte. Falls ihr Platz genug habt.«

»Wenn wir keinen haben, dann machen wir eben Platz. Komm mit!«

14. Kapitel

Die Nacht war mild und trocken. Doch als sie aus dem Gemeindesaal traten, hätten sie ebensogut auch in einen Wirbelsturm geraten sein können.

Weyharrow war in Fermentation wie ein Bräukessel. Eine Hundertschaft von Pfarrern, deren jeder für sich beansprucht hätte, von eintausend Dämonen besessen zu sein, hätte niemals ein derartiges Durcheinander hervorrufen können. Einige der Teilnehmer an der Versammlung schossen eifrig von Nachbarhaus zu Nachbarhaus, um die Botschaft zu verbreiten; andere hingen am Telefon und riefen Freunde außerhalb des Dorfes an; wieder andere waren zielstrebig auf die ›Hochzeit‹ zugesteuert oder zum ›Brückenhotel‹, auf der Suche nach etwas Trinkbarem — zur Beruhigung ihrer Nerven — und nach begierigen Ohren, um die geballte Ladung an neuem Tratsch in sie zu ergießen.

Ein paar hatten sogar behalten, wie man ›Oneirin‹ buchstabiert.

Was die Polizei betraf, so war sie im Kielwasser von Mr. Chade verschwunden und hatte auch Mr. Pipton mit sich fortgeführt; und einzig Joe Books war noch da und stand wie eine schwankende Statue in der Mitte des Dorfangers und überwachte die Hippies, während diese ihre Zelte verpackten und sie wieder auf den Bus verluden. Kurz bevor sie abrückten, kam Chris zu Joe herüber.

»Keine Feindschaft, Mann«, sagte Chris. »Nichts Persönliches. Verstanden?«

Joe nickte bedrückt, und sobald der Bus über die Brücke davongeschwankt war, machte er sich auf den

Weg zu seinem Haus. In vergangenen Tagen war er geneigt gewesen, Yvonne recht zu geben, wenn sie sich über die Lage des Polizeipostens nebst Haus beklagte, in dem zu wohnen sie gezwungen waren: Warum konnte es nicht ein Haus am Fluß mit einer anständigen Aussicht sein? An diesem Abend jedoch war er unendlich dankbar dafür, daß dies nicht der Fall war.

Was würde ein Polizist getan haben, der sich einbildete, daß seine Träume Realität sind? Etwas Übleres als ein Lehrer oder ein Schulkind — vielleicht sogar Schlimmeres als ein Pfarrer!

Heiliger Gott, möglicherweise wäre er herumgelatscht und hätte Leute wie den Stick in Haft genommen!

Angesichts dieser Vorstellung schauderte es ihn, und er schloß die Tür hinter sich und bückte sich, um seine Kleinen zu umarmen, die wegen eines verspäteten Gutenachtkusses auf ihn zustürzten.

Wallace Jantree und Lisa Jopp waren nach London abgefahren; ein, zwei Leuten hatten sie Adieu gesagt. Der Erzdiakon und sein Chauffeur waren ganz einfach fort. Keiner schien bemerkt zu haben, wann, und niemand schien sich darüber irgendwelche Gedanken zu machen. Das gleiche galt auch für Dr. Frass. Die Goodsirs waren zum Court zurückgefahren, Basil in einer ekligen Laune — und Helen vor Wut kreischend. Der einzige Punkt, in dem sie übereinstimmen zu können schienen, war die absolute Unumgänglichkeit, einen Schadensersatzprozeß gegen Helvambrit anzustrengen.

»Herzlich wenig Chancen, gegen Schweinehunde wie die zu gewinnen«, lautete Cedrics voreingenommener Kommentar.

Aber die Sache würde natürlich ein gefundenes Fressen für die Anwälte werden ...

Er hatte lange, lange an der Kirchhofmauer im Schatten gestanden, die zitternden Hände um das kalte Metall seines Fahrradlenkers gekrallt. Er fragte sich immer noch, ob er nicht doch besser Chris und Rhoda hätte bitten sollen, noch ein bißchen zu warten, damit er heimfahren und eine Tasche packen könne, um dann mit ihnen auf ihre Pilgerfahrt zu gehen.

Am Ende aber hatte er seufzend das Bein über den Sattel geschwungen und sich auf den steilen kurvenreichen Weg nach Hause gemacht.

Im nächsten Jahr vielleicht. Nächstes Jahr ...

Aber tief drinnen wußte er, was das bedeutete:

Niemals.

Moira hätte gern etwas Alkoholisches getrunken. Sie bebte von Kopf bis Fuß. Aber die Flasche mit dem Kochsherry war leer, und sie hätte es nicht über sich bringen können, den Leuten gegenüberzutreten, vor denen sie Phyllis aller möglichen Abscheulichkeiten bezichtigt hatte. Sie zog sich in das kleine Haus zurück, und dort wartete Rufus bereits auf sie und wollte sein Abendessen.

Sie mochte ihn nicht besonders. Sie hatte nie etwas für Katzen übrig gehabt. Aber sie goß mechanisch Milch in eine Untertasse und schüttelte Trockenfutter in seine Futterschüssel. Als es an der Vordertür klingelte, achtete sie nicht darauf. Als jemand an der Küchentür klopfte, konnte sie nicht mehr so tun, als habe sie nichts gehört.

Es war Jerry Blocket, und er stammelte verlegen: »Moira, ich weiß nicht, soll ich sagen, es tut mir leid ... Sollte ich das?«

Unfähig zu antworten, schüttelte sie nur den Kopf.

»Also ... ja, also, das will ich eigentlich auch nicht. Ich möchte dir lieber danke sagen ... Schau, ich hab mir gedacht, daß ich dich vielleicht drunten in der ›Hochzeit‹ finde ...«

Abwehrend hatte sie beide Hände erhoben, ehe er das nächste Wort sagen konnte. Er griff in die Jackentasche.

»… weil ich mir gedacht hab, daß du nach dem, was du durchgemacht hast, vielleicht einen kleinen Schluck brauchen könntest. Und das glaub ich noch immer. Da.«

Er stellte eine halbvolle Flasche Whisky auf den Tisch und wandte sich zum Gehen.

Tausend Bilder blitzten durch Moiras Gehirn. Wollte er sie entlöhnen für das Vergnügen der letzten Nacht wie eine billige Hure? Na, viel war es ja nicht gewesen. Oder wollte Jerry sich eine Art Pfandrecht auf ihre künftigen Gunstbezeigungen erkaufen? Wenn ja, dann konnten seine Ansprüche nicht sehr hoch sein.

Aber all diese flüchtigen Vorstellungen zerstoben so rasch wie Träume. Sie hörte sich sagen: »Geh nicht! Laß uns zusammen auf Phyllis trinken! Ich muß jemand bei mir haben, dem ich sagen kann, wie sie mir fehlen wird — *und wie scheußlich ich mich selbst finde!*«

Ernst sagte Jerry (und wieso hatte sie ihn nie so richtig bemerkt, nicht einmal gestern nacht? Er hatte ein so nettes Gesicht, viel zu jung, als daß es schon von Linien gezeichnet gewesen wäre wie das ihre, ihm war die Bitternis einer katastrophalen Ehe erspart geblieben, erspart geblieben auch das niederdrückende Wissen, daß ein befreundeter Mensch sich selbst das Leben genommen hat …) — Er sagte: »Nach dem, was du uns gestern abend im Pub erzählt hast, haben wir, glaub ich, alle angefangen, dich besser zu verstehen.«

»Was hab ich denn gesagt?« rief sie.

»Daß Declan dich geschlagen hat. Sowas hast du vorher noch nie gesagt.«

»Doch, ich hab es Phyllis gesagt!«

»Ja, aber die würde ja bestimmt niemals so etwas weiterverbreitet haben, oder?«

Nein. Gewiß nicht! Was hatte Ursula einmal gesagt? »Sie hat nicht ein Quentchen Bosheit in sich«?

Sie weinte jetzt. Jerry nahm sie in die Arme.

Es war offensichtlich, daß die Sache keine Zukunft

haben konnte. Aber es war doch sehr angenehm, auf einen Mann gestoßen zu sein, der sich Sorgen um sie machte.

Und unter einem Dach nach dem anderen über ganz Weyharrow hin sagten Menschen zueinander: »Also *das* war der Grund, weshalb ...!«

Mancherorts führte das zu Versöhnungen: »Du hast behauptet, ich sei schuld gewesen, daß die Bestellungen alle durcheinandergeraten sind!« sagte Roy Jacksett bissig zu seiner Frau, Judy. »Schön, jetzt weißt du, es war was, wogegen ich machtlos war, also, wie wär's, wenn du sagtest ...?«

Er hatte hinzufügen wollen, »daß es dir leid tut.«

Doch in diesem optimal günstigen Augenblick war von der Hintertür her ein Winseln zu hören. Gleichzeitig sprangen beide auf und rasten an die Tür, um zu öffnen.

Und da war er, Boyo, dreckverkrustet, humpelte steif auf der rechten Vorderpfote, an der eine tiefe offene Wunde um das ganze Bein klaffte. Er hinkte in die Küche und direkt zu der Wasserschüssel hin.

»Er ist in eine Falle geraten!« schrie Judy.

»Ja! Und deswegen ist er nicht heimgekommen! Es war also doch keine Hündin ...« Roy ließ sich auf ein Knie nieder und klopfte Boyo auf den Rücken. »Du armes Tier! Aber das krieg ich raus, wer da Wildererfallen aufstellt!«

Auf der Treppe ein Getrippel von Füßen. Die Kinder waren aufgewacht.

»Boyo! Bist du endlich wieder da? Wo warst du denn? Himmel! Dein *Bein!* Du armer alter Kerl!«

Als dann schließlich alles erledigt war — Boyo gefüttert, die Verletzung versorgt, die Kleinen wieder ins Bett expediert — blickten sie einander an ... dachten ein Weilchen nach ... und schließlich begannen sie zu lachen.

Arm in Arm und zufrieden stiegen sie in den Oberstock.

Manchmal allerdings bewirkte es das Gegenteil:

Carol Draycock erwartete ihn im Flur. Sie schnarrte: »Aha, hast du dich endlich entschlossen, nach Hause zu kommen!«

Auf der Schwelle sagte Vic blinzelnd: »Aber du hast ja keine Ahnung, was da los war! Die Versammlung war ...«

»Ich bin bestens über die Versammlung informiert! Die ganze letzte Stunde haben mich die Leute angerufen! Wieso bist du eigentlich nicht gleich direkt hergekommen und hast es mir erzählt? Oder hast du gedacht, es interessiert mich nicht?«

»Ich wurde aufgehalten«, murmelte Vic, während er seinen Mantel aufhängte. »Man hat mich gebeten, noch kurz mit ins Pub zu kommen und darüber zu diskutieren. Manche Leute schätzen eben meine Meinung, auch wenn du nicht zu ihnen gehörst.«

»Das stimmt!« sagte sie hitzig. »Ich gehör nicht dazu!«

Er blickte sie blinzelnd an. »Aber, Carol-Darling ...«

»Bleib mir vom Hals mit deinem ›Darling‹, du!« Mit geballten Fäusten rückte sie auf ihn zu. »Du bist weiter nichts als ein verdammter Heuchler, das bist du! Ständig auf der Suche nach jemand, der dich bemitleidet!«

»Was meinst du damit, verdammt?« fauchte Vic nun zurück.

»Genau das!« Sie richtete sich auf, ihre Brust wogte heftig. »Hör zu! Während du weg warst, ist das passiert, was du so oft befürchtet hast. Tommy hat es geschafft hoch genug zu springen und den Strick erwischt, mit dem man die Dachbodenleiter runterzieht!«

»Himmel! Hat er viel angerichtet?«

»Keine Spur. Ich war gleich hinter ihm droben; ich hörte, es *kling* machen ... Aber hast du eigentlich vergessen, daß ich vor unserer Heirat gearbeitet habe — und zwar tüchtig — in einem Büro, um mir meinen Lebensunterhalt zu verdienen? Ich war nicht bloß so 'ne Tippse, ich war die Persönliche Assistentin des Leitenden Direktors!«

»Aber bestimmt hab ich das nicht vergessen!« Vic rückte näher und legte ihr besänftigend die Hand auf den Arm. »Deswegen hab ich doch so großen Respekt vor dir. Deswegen wollte ich dich ja heiraten ...«

Sie unterbrach ihn. »Respekt? Hah! Ungefähr noch genauso viel, wie ich noch für dich übrig hab!«

»Was, um Himmels willen, meinst du?«

»Du hast mir gesagt, dieser *grandiose,* dieser *wundervolle* Artikel von dir ist auf deiner Diskette gelöscht worden!«

»Das war auch so!« schrie Vic.

»Ja, einen Dreck war er!« Wenn sie einen Spucknapf zur Verfügung gehabt hätte, Carol würde ihn benutzt haben, um ihrer Verachtung Ausdruck zu verleihen. »Da du es offensichtlich nicht besonders eilig hattest, nach Hause zu kommen, packte ich erstmal Tommy ins Bett und dann beschloß ich, deinen Wordprozessor mal zu inspizieren.«

»Wenn du mir das Ding vermasselt hast ...!« brüllte Vic.

»Ach, komm mir nicht mit sowas«, seufzte Carol. »Seit du das Ding gekauft hast, hörst du nicht auf, mir zu predigen, wie leicht zu benutzen es ist — und das immerhin stimmt sogar. Ich brauchte ganze zwanzig Minuten, um dahinterzukommen.«

Vics Gesicht war käsig bleich. Er wich vor seiner blitzäugigen Ehefrau zurück, bis er mit dem Rücken gegen die Tür prallte.

»Der Große Mann!« sagte sie spöttisch. »Du trompetest da rum, was für ein Genie du bist, weil du ein System bedienen kannst, das zu begreifen ich weniger als 'ne halbe Stunde gebraucht habe. Übrigens eine phantastische Bedienungsanweisung — die beste, die ich je gesehen hab. Und was mußte ich entdecken, als ich den Disc einlegte, auf den du deinen Artikel geschrieben hast? Daß er fein brav da war! Keine Spur von gelöscht!«

Mit einer angewiderten Grimasse wandte sie ihm den Rücken zu. Er tapste mit flehendem Blick hinter ihr her.

»Ich weiß, was da passiert sein muß!« rief er plötzlich. »Das kommt bestimmt davon, weil ich Mittwochabend noch spät draußen war und einen Schub von diesem verdammten Gift abgekriegt hab, das da bei der Helvambrit ...«

Sie beachtete ihn nicht, sondern deutete auf den Herd.

»Da steht dein Abendessen —, das was noch davon übrig ist. Es war schon vor einer halben Stunde zerkocht, und inzwischen habe ich nicht wieder nachgeschaut. Ich hab keine Lust dazu. Und ich hab auch keine Lust, dich zu sehen — du faules Ei — du, du Heuchler, du *blöder Angeber!*«

»Aber, Carol ...!«

»Und da war ich blöde Gans ...« — sie schien ihn nicht gehört zu haben — »und hab mich beschwatzen lassen, dir zu glauben, daß du Sachen tun kannst, die ich nicht kann! Wieso? Wieso kam ich bloß auf die Idee, einen Lehrer zu heiraten, sei 'ne gute Idee? Ich muß geistesgestört gewesen sein! Schließlich wußte ich ja verdammt genau in meiner ganzen Schulzeit, daß unsere Lehrer uns anlogen — oder daß sie uns mit ihren eigenen Zwangsvorstellungen fütterten ... Komm mir bloß nicht nahe! Von jetzt ab schläfst du hier unten! Wenn morgen nicht Sonntag wäre — und wenn es nicht um Tommys Schule ginge — ich würde dich verdammt *gleich-auf-der-Stelle* verlassen!«

In Tränen aufgelöst stürzte sie die Treppe hinauf und schmetterte die Schlafzimmertür hinter sich zu, und Vic konnte der leeren Luft erklären: »Aber es war doch gar nicht meine Schuld! Es war ein Alptraum, der auf einmal plötzlich Wirklichkeit geworden ist! Du weißt doch — wie der, von dem ich dir erzählt hab, wo ich mich plötzlich an einem Montagmorgen vor der Klasse befinde und merke, daß ich keine Ahnung von dem Stoff hab, den ich unterrichten soll!«

Ob es nun die Wahrheit sein mochte, oder nicht, es nutzte ihm gar nichts, daß er es sagte.

Und mancherorts bewirkten die Ereignisse nicht den leisesten Hauch von Veränderung. »Was haltet ihr denn von der Versammlung?« fragte Sheila.

Hilary und Sam tauschten Blicke. Hilary zuckte die Achseln und antwortete für beide.

»Irgendwas Böses ist neulich in der Nacht durchs Fenster gekommen. Und das hat den Stick dazu gebracht, daß er uns für Jungs gehalten hat.«

»Weiter nichts?« half Stick weiter.

»Also ...« Hilary biß sich auf die Lippe und grinste koboldhaft. »Vielleicht haben wir ja auch gedacht, wir sind Jungs. Aber bloß ganz kurz.«

»Wärt ihr das denn lieber?«

»Was? Jungs? Nein! Weil wenn wir groß sind, dann wären wir ja Männer, und Männer machen blödes Zeug.«

»Wie zum Beispiel ...?«

»Sie bauen Bomben und machen Krieg und bringen die Leute um«, sagte Sam mit höchster Bestimmtheit. »Und das ist krankhaft!«

»Wie wahr«, sagte Stick. Und fast stimmlos wiederholte er es noch einmal. »Wie wahr ... Okay, aber jetzt, ihr Trabanten! Kakao! Und ab ins Bett! Ich geh und mach eure Milch warm.«

Als Sheila danach etwas später zu ihm ins Wohnzimmer kam, um einen Joint mit ihm zu teilen, gluckste sie vor Lachen.

»Worum geht's denn bei dem Witz?« erkundigte sich Stick und reichte ihr das Streichholz.

»Weißt du, was Sam gesagt hat, als sie ihren Gutenachtkuß bekam? Sie sagte: Ist der Stick wirklich ein richtiger Mann? Ich mein, klar, ich weiß ja, er hat einen Bart, aber ist er *wirklich* ein Mann?«

Stick kicherte ebenfalls bereits, als er fragte: »Na, und was hast du ihr gesagt?«

»Ich hab gesagt: Na klar ist er einer! Wieso kommst du darauf, er könnte kein Mann sein?«

»Und ...?«

»Sie sagte: Weil er nicht rumgeht und Menschen schlägt.«

Sie schwiegen. Schließlich legte Stick ihr kameradschaftlich den Arm um den Leib, begann unter ihrem Pulli und Büstenhalter nach ihrer Brust zu fummeln und sagte: »Das ist gut. Wollen wir das weiter so lassen, ja?«

»So lang du meinst.«

Sie wandte sich zu ihm um, wühlte sich durch seinen Bart und suchte seine Lippen mit den ihren.

»Und was wird jetzt hier geschehen?« fragte Steven.

Die anderen an seinem Tisch hatten auf die Frage gewartet. Das Bridge Hotel war proppenvoll, und nicht nur von den üblichen Samstagsgästen an der Bar, sondern auch weil mehrere der Kirchengemeinderatskollegen Nigels nebst ihren Ehegemahlinnen beschlossen hatten, rasch noch einen Bissen zu essen oder ein Schlückchen zu trinken, ehe sie sich nach Hause begaben. Alle schienen von dem Zwang beseelt, möglichst noch mit anderen über die Offenbarungen zu sprechen, die ihnen an diesem Abend zuteil geworden waren. Gesprächsfetzen wehten zu ihnen herüber, und viele waren auf Nigel gemünzt.

»Man hätte den Goodsirs die Erschließungsgenehmigung für Trimborne gewähren sollen!«

»Ja, noch schöner! Hat es nicht gereicht, daß man sie

den ganzen Wald am Flußlauf hat abholzen lassen? Als ich ein Junge war ...«

»Natürlich hat diese Fäulnis angefangen, als man die Tankstelle direkt am Dorfanger gestattet hat, anstatt sie weiter drunten, in einer Seitengasse. Nimmst du noch eins?«

»Als der Ratsvorsitzende, hätte Nigel eigentlich ... Wo ist denn der hin, verdammt, grad war er doch noch da!«

Nigel war außer Hörweite. Ihn plagten andere Probleme. Jack Fidger war zwar, so gut er konnte, eingesprungen, aber leider waren mehr Tischvorbestellungen vorgebucht, als man im Restaurant bis zur Sperrstunde bedienen und abräumen und neubesetzen konnte, sondern es hatte anscheinend auch bei einem Doppelzimmer eine Doppelbuchung gegeben, und zwei Gäste beschwerten sich lautstark bei Gott und der Welt ...

Mit unendlicher Erleichterung erkannte Nigel, um welche Zimmernummer es sich handelte. »Überhaupt kein Problem!« krähte er. »Das ist das Zimmer der Leute vom *Banner*, und die sind abgereist. Wir brauchen nur Betten und Handtücher zu wechseln ... Verzeihen Sie uns bitte« — zu den Gästen —, »aber heute war ein höchst außergewöhnlicher Tag. Hat man Ihnen schon von dem Störfall in der Helvambrit-Fabrik erzählt, wo dieses Gaszeugs entwischt ist ...? Nein? Nun, Sie brauchen keine Angst zu haben! Das ist alles jetzt bereinigt! Aber hier befinden Sie sich mitten in einem Brennpunkt der Geschichte, müssen Sie wissen! Kommen Sie, ich lade Sie zu einem Drink ein und erkläre es Ihnen!«

Trotz seiner Erklärung, furchtbar hungrig zu sein, entwickelte Don Prosher kaum Appetit, als man ihm im Hotelrestaurant endlich etwas zu essen vorsetzte. Er schien Stevens Frage geradezu als Entschuldigung zu begrüßen, um seinen Teller zurückschieben und sich eine Zigarre anzünden zu können.

»Was wird jetzt hier geschehen?« wiederholte er. »Nun! Ich bin zwar geschmeichelt, daß Sie mich das fragen, doch die richtige Adresse dafür wäre eigentlich unser Wirt hier... Aber nein, der ist viel zu beschäftigt, wie? Fragen wir also jemand, der Ihr Dorf hier besser kennt als ich. Schließlich, ich hab ja weiter nichts getan, als herzukommen und nach ein paar professionellen Standardprinzipien vorzugehen, wissen Sie — und einer Inside-Information nachzugehen. Und da kommt sie ja auch schon, du liebe Güte!«

Er und Wilf, die am anderen Tischende saßen, sprangen auf. Von der Tür her kam Jenny auf sie zu, und sie strahlte. Sie umarmte Don dermaßen herzlich, daß Steven einen kurzen Stich von Eifersucht verspürte.

»Na, wie fühlt man sich, nachdem man seinen ersten internationalen Hit gelandet hat? Nein, sagen Sie's mir nicht — ich erinnere mich noch, wie es mir gegangen ist! Setzen Sie sich doch! Holt einer einen Stuhl — irgendwoher! Steve, machen Sie Platz! Ist Ihnen noch nicht aufgegangen, was für einen guten Dienst Ihre bezaubernde Freundin da heute der Sache der Meinungs- und Pressefreiheit geleistet hat?« Und er klopfte Jenny liebevoll auf das Hinterteil.

»Nun setzen Sie sich schon, Jenny — trinken Sie ein Glas Wein! Sie haben das weit mehr verdient als die meisten unter uns... Bringt ihr doch eine Speisekarte, irgendwer — aha, da haben wir sie ja. Ich hab keine Ahnung, was es so spät noch gibt...«

»Ich hab keinen Hunger — bin viel zu aufgeregt.«

»Nun, das ist verständlich. Wissen Sie, daß ich gerade über Sie gesprochen hatte? Steven fragte, wie es nun hier in Weyharrow weitergehen soll, und ich antwortete, da müsse er schon jemand fragen, der den Ort besser kennt, und damit meinte ich Sie.«

»Aber so ist es ja gar nicht«, sagte Jenny nach einem kräftigen Schluck Wein. »Steve weiß das doch.«

Pause.

Plötzlich zerknautschte Steven die Papierserviette und warf sie mitten auf den Tisch.

Er sagte: »Es war sowieso blöd von mir, daß ich gefragt habe, wie?«

»Was? Was meinen Sie?«

»Ich kenn doch die Antwort schon. Und sie lautet: Angenehme Erste Hilfsmaßnahmen und bequeme Verdrängung!«

»Das ist lächerlich!« schrie Jenny auf. »Nichts wird hier mehr so sein wie vorher! Dieser Skandal hat das Leben der Menschen verändert!«

»Ja, das würde ich auch sagen«, warf Don ein und bedachte Steven dabei mit einem bedeutsamen Seitenblick. »Es hat beispielsweise zwischen zwei verfeindeten Familien eine große Versöhnung gegeben.«

»Sie meinen Ken und Harry und so?« mischte Jenny sich ein. »Ja! Und das ist wahrscheinlich erst der Anfang von allem! Wissen Sie, seit undenklichen Zeiten haben sie in diesem Dorf die ›Pfarrhaus-Herrenhaus-Oper‹ in Originalfassung gespielt, aber als dann Mr. Phibson anfing, über den Teufel zu predigen und Basil den Strang für diesen Jungen forderte ...!«

»Und wenn erst einmal die Weltpresse sich auf diese pharmazeutische Fabrik eingeschossen hat«, steuerte Don bei, »und Tonnen von Papier mit der Story verbreitet sind, wie da Menschen in Weyharrow durch einen — Störfall zu unfreiwilligen Versuchskaninchen für das Verteidigungsministerium — oder das Kriegsministerium, wie es korrekterweise heißen sollte — gemacht wurden ... Steven ich überzeuge Sie nicht, was? Warum nicht?«

»Weil Sie mich gestern abend so schön an der Nase rumgeführt haben — *deswegen!*«

Don schwieg eine Weile. Dann zuckte er die Achseln. »In dem Punkt muß ich mich schuldig bekennen. Aber ich habe Sie nur als eine Art Prüfstein benutzt. Da ich wußte, oder genauer — ahnte, worauf ich mich da einlassen würde, wollte ich vorher testen, wie jemand wie Sie, ein rationaler Mensch, aber in Unkenntnis der Fakten, all diesen Behauptungen über Teufelsbesessenheit begegnen würde. Es tut mir leid, daß ich Sie verärgert habe. Aber sagen Sie mir eins, wieso sollte damit bewiesen sein, daß Jenny sich irrt? *Mein* Leben *ist* verändert worden! Ich hatte nie vor, auf dieser Versammlung das Maul aufzureißen! Aber nachdem ich Ursula in der Klinik gesehen hatte, konnte ich nicht anders.«

Die letzten paar Worte hatte er fast lautlos gesprochen. Er trank hastig.

»Ah, aber Sie waren ja nicht von Anfang an da droben auf der Bühne bei der Versammlung«, murmelte Steven. »Sie haben nicht gespürt wie ich, was da in diesen ehrenwerten Ratsmitgliedern vorging.«

»Aber war es nicht verblüffend, wie gut dieser Bursche, dieser Pilgrim reden konnte?« unterbrach Don. »Ich hatte dabei Cedric im Auge, der angeblich ein Freund von ihm ist, und diesen Schullehrer, wie heißt er gleich?«

»Vic Draycock«, assistierte Jenny.

»Richtig, den. Ich möchte schwören, die beiden waren genauso verblüfft wie ich.«

»Ich vermute«, sagte Steven säuerlich, »die sind diesem Chris eben noch nie begegnet, wenn er nicht high war.«

»Ach, nun machen Sie aber einen Punkt!« rief Don.

»Nein, ich rede im Ernst!« Steven holte tief Luft. »Sie halten vielleicht diese Versammlung heute abend für ein bedeutsames Ereignis — für den Beweis, daß die Demokratie in Britannien fundamentales Lebenselement ist, und Sie halten die Rolle, die Sie — und auch Jenny — dabei spielten, für einen Beweis, daß wir in einer freiheitlichen Gesellschaft leben ... die Wahrheit muß ans Licht ... und wie die schönen Sprüche so lauten! Aber wissen Sie, warum man *mich* da raufgeholt hat als Sprecher?«

Seine Stimme war lauter geworden. Überall ringsum unterbrachen die Menschen ihre Gespräche (auch mehrere Ratsherren, von denen mindestens zwei bei Nigels Verführungsversuch beteiligt gewesen waren, Steven zur Niederlassung anstelle und als Nachfolger Dr. Tripkins zu überreden).

Ihm war das äußerst recht. Die gleiche kühne Unbekümmertheit, die ihn schon mehrfach überkommen hatte, packte ihn erneut. Was er zu sagen sich vorgenommen hatte, würde vielleicht Anstoß erregen ... na, und wennschon!

»Man hat mich als Redner aufgestellt, damit ich den Leuten einreden sollte, sie brauchten nicht zu glauben, daß sich da irgend etwas Außergewöhnliches ereignet hätte! Sie haben ja das Gewäsch gehört, das ich notgedrungen von mir gegeben habe! Verflucht noch mal, Sie haben mir ja selber die Hälfte von dem Quark eingefüttert! Und ich hab dabei mitgemacht, weil ich schon immer davon geträumt hab, mal in einer Landpraxis zu arbeiten, und weil man mir sehr deutlich zu verstehen gab, daß das für mich zum Greifen nahe liegen würde, wenn ich nur brav mitspielte ...«

»... aber dann, als ich meinen Sums losgelassen hatte und sah, wie er auf die Menschen wirkte, hab ich mich geschämt! Verstehen Sie denn nicht? Ich hatte das Gefühl, gekauft und bestochen worden zu sein!«

Er leerte sein Glas und schmetterte es auf den Tisch nieder.

»Ich danke dem Himmel für Mrs. Flaken und Mr. Fidger! Wenn die beiden nicht so deutlich geworden wären, hätten sich alle mit der offiziellen Lüge abspeisen lassen, daß ja eigentlich überhaupt nichts passiert sei — und wie verdammt ernst die ganze Sache tatsächlich war, hätten sie dann erst aus Ihrer Zeitung erfahren! Sofern jemand von ihnen den *Globe* liest, versteht sich!«

»Also, um die Wahrheit zu sagen«, warf Wilf mit

sanfter Stimme ein, »wir setzen hier über zwanzig Exemplare ab. Ich hab mich erkundigt.«

Kurzfristig war Steven der Wind aus den Segeln genommen. Doch er kam schnell wieder auf Kurs.

»Und das *Banner* verkauft ein paar hundert, nehme ich an! Aber darum geht es ja wohl gar nicht, oder?«

»Worum es geht«, sagte Jenny mit klarer fester Stimme, »das ist, *daß die Wahrheit ans Licht gekommen ist.* Ein bißchen spät, aber sie ist raus ... und alle Piptons auf der ganzen Welt werden die Zahnpaste nicht wieder in die Tube zurückquetschen können.«

»Braves Mädchen!« sagte Don und drückte ihre Hand.

Steven packte die Weinflasche und goß sich den Rest ins Glas. Er sagte: »Aber das ist immer noch nicht der Kernpunkt!«

»Und, was wäre der dann?«

»Sie haben diese Versammlung heute abend einberufen, um die Sache zu ersticken, sie abzuwürgen! Sie wollten versuchen, die Leute zum Schweigen zu bringen!«

»Aber es hat ja nicht funktioniert!« rief Jenny.

»Nein ... aber das war nicht das Verdienst der Leute von Weyharrow!«

»Unsinn! Grad haben Sie gesagt, es waren Tom und Mary ... Aber, Moment mal!« Sie stemmte die Ellbogen auf den Tisch und beugte sich vor. Ihre blauen Augen spähten scharf in Stevens bedrücktes Gesicht.

»Mir fällt da grad was ein. Don? Gibt es bei diesem Oneirin irgendwelche Neben- ... ah ... Nachwirkungen?«

»Die einzigen bisher bekannten sind die, wie wir sie hier festgestellt haben ... Hmm! Ich begreife, worauf Sie hinauswollen!« Er stieß ein leises Pfeifen hervor. »Aber Sie sind doch in einer weitaus besseren Position als ich, die Frage zu beantworten. Wie fühlen Sie sich jetzt?«

Inzwischen lauschte der gesamte Speisesaal aufmerksam dem Gespräch, sogar die Bedienung. Einer seiner Mit-Kirchengemeinderäte informierte den herbeigeeilten Nigel über den neuesten Stand der Dinge im Flüsterton, und schob ihn näher heran, damit er ebenfalls kibitzen könne.

»Also ...« Jenny lief glutrot an, als sie auf einmal so im Mittelpunkt der allgemeinen Aufmerksamkeit saß. »Also, ich schämte mich scheußlich, natürlich, weil ich da beinahe was Blödes gemacht hätte. Aber ...«

»Aber — was?« forderte Don sie heraus.

»Aber das ist vorbei. Jetzt weiß ich, daß das nicht wirklich auf einen Fehler bei mir persönlich zurückzuführen war. Zunächst hab ich das aber geglaubt! Ich hab es Ihnen doch gesagt, Steven, nicht wahr? Ich erinnere mich, daß ich zu Ihnen gesagt habe ...«

»... daß Sie nicht so die richtige Antenne haben, den rechten Riecher für einen Reporter? Ja.« Seine Stimme klang rauh.

»Also — hauptsächlich fühle ich — ich weiß nicht, wie ich es ausdrücken soll — vielleicht sowas wie — Bedrücktheit ... Traurigkeit? Ja, das ist es. Kummer! Ich schäme mich nicht mehr und fühl mich auch nicht schuldig, aber es tut mir leid, daß diese Welt ist, wie sie ist, und mir tun alle leid, die in dieser Welt leben müssen. Mich selbst eingeschlossen.«

Don sagte leise: »Steven, wenn wir das als Basisinformation zugrundelegen, dann sind Sie offenbar noch im Primärstadium. Vielleicht haben Sie eine schärfere Ladung abgekriegt.«

»Ach, ich tu mir aber selber gar nicht leid!« krächzte Steven. »Das kann ich Ihnen versichern! Leid tun mir — und das verdammt schwer! — die Leute, die heute abend versucht haben zu verhindern, daß bei der Versammlung die Wahrheit rauskam!«

Er sprang auf. »Danke für das Dinner — ich hab ja nicht viel davon essen können! Ich verzieh mich nach

Hause. Ich muß mich morgen wieder um meine Patienten kümmern.«

»Am Sonntag?« rief Jenny.

Steven blieb mitten im Weggehen stehen. Er sah ziemlich töricht aus.

»Bevor Sie gehen, hätte ich eine Frage an Sie«, sagte Don und kippte seinen Stuhl nach hinten. »Hat Ihre persönliche Erfahrung mit dem Oneirin dazu geführt, daß Sie an Ihrer Kompetenz als Mediziner und Arzt zweifelten?«

Stevens Stirn schimmerte von einem Schweißfilm. Er stammelte: »Als Mr. Ratch aus der Apotheke mich anrief, ja. Aber aber bloß einen Moment lang! Als sich herausstellte, daß Mr. Cashcart glaubte, meine Verschreibung hätte ihm mehr geholfen als alle die Pillen, die er vorher eingenommen hat ...«

»Glaubte?«

Don stieß mit dem einen Wort zu, als bohrte er eine dünne Kanüle in ihn hinein.

Einen Augenblick lang sah es so aus, als wäre Don zu Steven durchgedrungen. Dann schüttelte der junge Arzt den Kopf und gab ein rauhes Lachen von sich.

»Das war kein schlechter Versuch, Don. Kein Zweifel, Sie sind ein verdammt smarter Typ. Aber ich denke wirklich in einer ganz andren Richtung. Hier, und bloß mal so als Beispiel: Was wetten Sie, daß nicht morgen *die* ihren hinreißenden Erzdiakon — oder jemand von ziemlich gleicher Bauart — hierher beordern, damit er anstelle von Mr. Phibson balsamische Beschwichtigungspredigten hält? Von jetzt an ziehe ich, glaub ich, eine von Teufeln heimgesuchte Welt der vor, in der wir leben und die von Chemikalien verseucht ist, die Menschen verrückt machen! Die Teufel kann man mit einem Exorzismus austreiben, heißt es, oder? Aber was können wir, verdammt noch mal, tun, irgendwer, wir, wir alle, gegen den Dreck, den diese fahrlässigen Sauhunde in die Welt entwischen lassen?«

Und Steven stürmte aus dem Restaurant.

»So recht wie ein Doktor geredet«, sagte Don, als der ausgebrochene Tumult sich gelegt hatte. »Der Junge hat einen guten Kopf auf den Schultern.«

Er stippte die Asche von seiner Zigarre. Und da Nigel in sein Blickfeld geriet, fügte er hinzu: »Das wäre aber verdammt blöd von euch Leuten, wenn ihr den gehen lassen würdet. Und weil wir grad vom Gehen sprechen, dürfte ich um die Rechnung bitten?«

Nigel überhörte dies und fragte: »Was meinen Sie damit? Sie haben doch gehört, was der über uns gesagt hat! Glauben Sie, wir wollen so jemand haben, hier in Weyharrow, der so über uns denkt?«

Auch Jenny starrte Don ungläubig an. Wilf allerdings saß nur breit in seinem Stuhl zurückgelehnt da und begutachtete seine Fingernägel, als befürchtete er, unter ihnen ländlichen Dreck zu entdecken.

»Ja!« sagte Don nach einer Pause. »Der ist genau das, was ihr hier braucht. Ich glaube, Sie haben einfach nicht richtig zugehört.«

Nigel wurde rot. »Also — ich bin ja erst später reingestiegen, was die Diskussion angeht, weil ich da ein Problem hatte.«

»Aber Sie haben doch gehört, wie ich sagte: So recht wie ein Doktor gesprochen, oder?«

»Eh ... ja ja, ja, das habe ich natürlich gehört.«

»Und was Ihr hier braucht, dringend, das ist ein richtiger Arzt! Glauben *Sie* an Teufel? Oder daran, daß echte wirkliche handfeste Teufel sich der Seelen der Leute bemächtigen?«

Nigel war aus der Fassung gebracht und schüttelte den Kopf.

»Na, das will ich, verdammt noch mal, hoffen! Aber andererseits — wo ihr alle doch jetzt wißt, daß es bei Helvambrit wenigstens *einen* größeren Betriebsunfall mit Freisetzung von Oneirin gegeben hat — *und* daß das Zeug Spätwirkungen hat, die tagelang und länger anhalten können, ja, da hoffe ich aber doch, daß ihr äußerst beunruhigt seid! Und genau das hat Steven nämlich gemeint! Mit einem chemischen Gift, das euch in den Knochen und im Blut sitzt, könnt ihr nämlich nicht debattieren! Das *sitzt* dann da in euch, und weil das Zeug auch noch regierungsgeheim ist, könnt ihr nicht einmal hingehen und euch in der Apotheke ein Gegenmittel kaufen! Und *das* hat Steven, Dr. Gloze, sofort erkannt — und das keinem von euch allen bisher aufgegangen zu sein scheint! Ich möchte jede Wette mit euch eingehen, daß die einzigen Personen in eurer Gegend, die überhaupt schon mal daran gedacht haben, gegen die Helvambrit gerichtlich vorzugehen, eure Herrn und Lords sind, die Goodsirs, die vor Wut darüber kochen, daß diese Firma die Mühle in Trimborne gekauft hat, anstatt daß sie dafür Miete blechen, was ihnen ein luxuriöses Leben für die unabsehbare Zukunft garantiert haben würde! Ja, hat denn niemand unter euch ihre Gesichter gesehen, als ich sagte, daß der Regierungsvertrag über Oneirin über eine halbe Million Pfund ausmacht — pro Jahr?«

Er zog an seiner Zigarre und konstatierte mit leichtem Ausdruck des Widerwillens im Gesicht, daß er sie neu zum Brennen bringen mußte.

Zitternd brachte Nigel Streichhölzer zum Vorschein und zündete eines an. Er sagte: »Aber Sie können doch nicht von uns erwarten, daß wir uns jemand herholen, der so über uns denkt, wie Steven das tut.«

Ringsum war ein Gedröhn der Zustimmung zu hören. Aber Don blies Rauch zur Decke und schüttelte nur den Kopf.

»Er würde nicht annehmen, wenn ihr das tun würdet.«

Es trat verwirrtes Schweigen ein. Schließlich schob sich einer der anderen Kirchengemeinderäte nach vorn.

»Also, schön und gut! Wahrscheinlich sollten wir Ihnen dankbar sein, daß Sie uns gesagt haben, was da wirklich los war — auch wenn ich Ihre Zeitung und Ihre rosa angehauchte Politikrichtung nicht mag! Aber Sie haben nicht das mindeste Recht, uns vorzuschreiben, was wir tun sollen! Sie kommen da aus London rüber — oder sonstwoher —, und dann fangen Sie an, uns rumzukommandieren, als gehörte Ihnen das hier, verdammt noch mal, alles!«

Don fixierte ihn mit einem festen Blick. Er sagte: »Ich glaube, Sie haben nicht ganz begriffen, was ich meinte. Das war nämlich folgendes: Wenn Sie Dr. Gloze hier rausekeln, dann landen Sie früher oder später bei einem anderen Arzt, der Ihren Dr. — wie war der Name? — Tripkin ablösen wird. Und dieser Mann wird entweder nicht wissen oder nicht glauben wollen, daß ein Teil der nervösen Erkrankungen, mit denen er es zu tun bekommen wird, auf Leckagen bei Helvambrit zurückzuführen sind. Er wird einfach brav weiter Beruhigungsmittel verteilen, genau wie die Bauern bei euch die Sprühmittel anwenden, über die sich Mr. Pecklow so seine Gedanken macht!«

Er schob heftig den Stuhl zurück und stand auf.

»Und weil ich grad von ihm sprach! Ist es nicht ziemlich seltsam, daß *ich*, der erst seit gestern bei Ihnen hier ist, bemerkt habe, wie unglaublich erstaunlich es war, daß er sich auf die Seite von Mr. Vikes gestellt hat?«

Er schmetterte eventuelle Antworten von vornherein mit strengem Blick ab und sprach weiter: »Ich will es Ihnen sagen! Weil Dr. Gloze es bemerkte! Und der hatte die beiden zum ersten Mal gesehen, als er ihnen gestern früh die Wunden versorgen mußte, die sie bei ihrer Schlacht davongetragen hatten! Glauben Sie wirklich, daß ein Reporter von auswärts so schnell — wie ich — die ganzen Zusammenhänge aufschnappen kann? — Quatsch! Mir blieb weiter nichts übrig, als das Gesicht von Dr. Gloze während dieser Versammlung zu beobachten ... und aus seiner Mimik habe ich mir abgeleitet, was ich grad gesagt habe. Und ich irre mich ja nicht, oder? Auch Sie alle waren doch ehrlich erstaunt, als die Vikes' und die Pecklows auf einmal Verbündete waren, *obwohl Sie selber ja ebenfalls eine geschlossene Front bildeten!«*

»Was meinen Sie damit?« fragte der Mann, der zuvor gesprochen hatte, etwas unsicher.

»Gegen ihn! Gegen mich! Gegen alle und jeden, die es wagten, Ihnen zu erklären, daß diese Vorgänge hier in Ihrem Ort eben eine andere teuflische Ursache haben als die Einwirkung *des* Teufels!«

Wieder trat eine Pause ein und Stille. Don beendete dies, indem er auf die Uhr blickte.

»Nigel. Ich bat um unsre Rechnung. Wo bleibt sie denn!«

Es dauerte einige Sekunden, ehe die Antwort kam.

»Oh! Ah! Ich dachte, Sie wissen, daß Sie eingeladen waren ...« Nigel richtete sich hoch auf und warf seinen Mit-Honoratioren einen vorwurfsvollen Blick zu.

»Und, Sie müssen wissen, ich sag ja schon die ganze Zeit, daß er ein prima Arzt wäre für Weyharrow ...«

Und da er merkte, daß dies nicht so glatt runterging, fügte er hastig hinzu: »Natürlich nicht aus dem Grund, den Sie uns da grad auseinanderklabüsert haben. Sondern bloß weil ... also, weil ich eben das Gefühl hatte, daß er einfach *richtig* ist und einen gesunden Menschenverstand hat!«

Richtig erwies sich als eine gute Wortwahl, und es wurde mit beifälligem Nicken begrüßt.

»Soweit mein Wort hier zählt, bin ich ganz Ihrer Meinung«, sagte Don seufzend. »Danke für Ihre großzügige Gastfreundschaft; und ich hoffe, wir konnten uns bereits revanchieren, denn ich habe mir erlaubt, Ihr Hotel in meinem Bericht besonders lobend zu erwähnen, und das ist immerhin ein bißchen kostenlose Werbung, obwohl ich keine Verantwortung dafür übernehme, was die Redakteure eventuell mit meinem Text angestellt haben ... Wilf, bist du soweit? Ich möchte im Wagen noch einen aktualisierten Nachschub durchgeben.«

Der Rotschopf spreizte die Hände, als wollte er sagen: Je eher, desto lieber ist es mir ...

»Und nochmals — danke, Jenny«, sagte Don abschließend, beugte sich nieder und wollte ihre Wange küssen.

Aber sie wandte den Kopf weg und schaute in eine andere Richtung. Sie sagte: »Wissen Sie, da ist immer noch eine Sache, die ich nicht so recht kapiere. Wir leben im Zeitalter der Informationsrevolution, richtig? Jeder Mensch hat jederzeit alle möglichen Informationen in Griffweite! Es gibt mehr Druckmedien, mehr Zeitungen werden verkauft — es gibt mehr Fernsehprogramme mit Nachrichten — immer mehr Menschen haben Schreibmaschinen und Fotokopiergeräte und Wortprozessoren, viel mehr als je zu vor ... Und trotzdem haben *diese* Leute hier ...« — plötzlich schaute sie herausfordernd zunächst Nigel, dann alle die anderen im Saal an — »es zugelassen, daß sich ein solch *verdammter* beschissener Skandal direkt unter ihren *verdammten* Nasen ereignen kann! Warum? Und warum muß da erst so jemand wie *Sie* kommen, Don, um das ans Licht zu bringen?«

Und plötzlich standen ihre großen blauen Augen voller Tränen.

Während die Zuschauer noch versuchten, sich von dem Schock zu erholen, daß da vor ihren Ohren eine hübsche junge Frau Vulgärausdrücke gebraucht hatte, die sie bei nahezu jedermann sonst freundlich grinsend nicht zur Kenntnis genommen haben würden, legte Don Jenny freundschaftlich die Hand auf die Schulter. Und seine Antwort war fast ein Flüstern, auch wenn keiner im Saal sie nicht verstand.

»Ich bin schon länger in diesem Gewerbe, als sie am Leben sind ...«

Er war plötzlich wieder alert und geschäftsmäßig. »Schön! Nochmals danke! Wilf, hast du die Wagenschlüssel? Na fein! Ach ja — es wird sich doch jemand um die Ellerford-Jungs kümmern, ja? Paßt ein bißchen auf, daß die nicht irgendeinen Blödsinn anrichten, etwa das Haus anzünden oder so? Wissen Sie, ich hab ihre Eltern in Hongkong gekannt, und wenn es irgendwas gibt, wie ich den Jungs helfen kann, will ich das gern tun.«

Während er Don und Wilf ins Foyer folgte und der Garderobenfrau Zeichen gab, die Mäntel bereitzulegen, sagte Nigel desinteressiert: »Ach, dafür ist gesorgt. Morgen — nein, morgen nicht, da ist ja Sonntag —, also in der nächsten Woche wird ein Anwalt, den ich kenne und der sich um die Angelegenheiten von einer ganzen Reihe von Leuten hier kümmert ...«

»Ralph Haggledon?« — mit einem argwöhnischen Kopfzucken.

»Irgendein Grund, warum nicht?«

»Weil *der,* wenn ich nicht völlig verblödet bin, in der nächsten Zeit vollauf damit beschäftigt sein wird, die Klageschrift für den Prozeß aufzustellen, den die Goodsirs bestimmt gegen Helvambrit anstrengen werden. Ich werde mich erkundigen, ob mein Londoner Anwalt einen befreundeten Kollegen hier in der Nähe hat. Ich werde Ihnen das dann im einzelnen mitteilen. Falls Ihr Küchenchef sich entschließt, Klage zu erheben, wird er sich einen unabhängigen Anwalt nehmen müssen ...«

Auf einmal wurde ihm bewußt, daß anscheinend die meisten der Gäste im Speisesaal beschlossen hatten, diese ideale Gelegenheit zu nutzen und ihr Dinner zu beenden, und ihm ins Foyer gefolgt waren. Er wirbelte auf dem Absatz zu der Menschengruppe herum und schrie: »Ja, genau! Ich rede von euren Goodsirs, die die ganzen Wälder im Chap-Tal für Bauholz haben schlagen lassen, die die Mühle in Trimborne an Helvambrit verkauft haben, und die jetzt höchstwahrscheinlich bereits schwer in den Startlöchern kauern, um ihre Rechtsansprüche einzuklagen, bevor auch nur einer von euch an sowas gedacht hat, und das, obwohl man euch auf derart — übelriechende — Art mitgespielt hat! Mr. Draycock hat mich darüber unterrichtet, daß in dieser Gegend ›Goodsir‹ ein Spottname ist für den ›Teufel‹! Wenn ich Ihnen was raten darf, dann suchen Sie nicht weiter herum, wo die Kräfte des Bösen in Ihrem Dorf liegen! Egal, was der Pfarrer dazu sagt! Gute *Nacht* allerseits!«

Kurz nachdem die Tür hinter Don und Wilf zugefallen war, löste sich die Runde auf, in ihrer ganz andersgearteten Zusammensetzung ebenso bedeppert und trübselig wie vorher jene Gruppe, die von den Dämonen bedroht aus dem Pub ›Marriage‹ entwichen war.

Und wie um der allgemeinen Stimmung gerecht zu werden, hatten sich seit dem Schluß der Öffentlichen Bürgerversammlung vom Westen her Wolken über das Tal gebreitet.

Droben im Court, auf der Terrasse über dem Flußhang, schaute Marmaduke Goodsir zu, wie die Wolken das Sternenfirmament auszulöschen begannen. Er saß auf einer Steinbank, die trotz des Plaids, in das er gehüllt war, ihm die Wärme aus den verdorrten alten Hinterschinken zu saugen schien. Und als er Basils Wagen die Auffahrt heraufkommen hörte, spürte er, daß er zu müde war, um sich zu erheben.

Ja, er war erschöpft, aber er war nicht unzufrieden. Sämtliche Vorkehrungen, die zu treffen in seinen Möglichkeiten gewesen war, hatte er inzwischen getroffen. Diese tröstliche Erkenntnis blieb ihm und beruhigte ihn sanft, als ihm bewußt wurde, daß es noch etwas anderes war als die Wolken, was ihm die Sicht auf die Sterne beschnitt.

Bis zuletzt kämpfte er darum, die Augen offenzuhalten. Und sie waren starr und weit geöffnet, als er zu atmen aufhörte.

15. Kapitel

Vor dem Doktorhaus war Lärm zu hören gewesen: vielleicht vorbeirasende Autos — dachte Steven bitter —, deren Fahrer und Mitfahrer sich länger als er im Hotel oder Pub aufgehalten hatten.

Er hatte die Horsd'œuvres von seinem Dinner verzehrt und ein paar Bissen dessen, was darauf folgte. Außerdem hatte er höchstens noch zwei Glas Weißwein getrunken. Und doch, er konnte sich nicht erinnern, woraus der Hauptgang bestanden hatte; er hätte auch ebensogut bis zur Sinnlosigkeit betrunken gewesen sein können!

Wenn ihn das nächstemal jemand fragte: Sind in Weyharrow böse Kräfte am Werk? — er würde antworten müssen und war entschlossen, es zu tun: JA!

Dieses verdammte Dorf war unerträglich!!!

Er war in dem spärlich möblierten Gästezimmer in seinen Schlafanzug gestiegen, nachdem er sich gewaschen und die Zähne geputzt hatte, eben das übliche abendliche Ritual, als ihm aufging, daß er hungrig war. Die Ausarbeitung seiner Rede hatte ihn viel Energie gekostet — auch, als er sie dann gehalten hatte, so gut oder schlecht sie war — und als er den Vorsitz von Nigel übernehmen mußte, als der unter dem Druck zusammenklappte …

Er was tat?

Er war bereits auf der Treppe — er hatte sich eine große Tasse heißer Rinderbrühe — ›Bovril‹ — und eine Scheibe Toast gegen die Leere in seinem Bauch bereitet und sich diese kärgliche Mahlzeit bereits einverleibt … als er stehenblieb und erneut nachdachte.

Und das Wort, das ihm durch den Kopf geisterte, lautete: *Nachwirkungen.*

Plötzlich schüttelte er den Kopf. Er stand in der Küche, vor ihm die leere Tasse und ein Teller vertrockneter Krumen. Er stand auf, blickte auf seine Uhr, sah bestürzt, wie spät es war, und stellte das Geschirr in die Spüle.

Draußen fuhr ein Auto vor.

Mechanisch ließ er Wasser über die Tasse und den Teller.

Jemand klopfte an die Haustür.

Er überhörte es.

Dann schrillte die Klingel.

Und die war laut genug, daß man es im Nebenhaus hören konnte. Ärgerlich stapfte er in den Flur, den Spruch auf den Lippen: »Dr. Hastoby hat dieses Wochenende Notdienst!«

Doch er sagte statt dessen blinzelnd: »Jenny?«

Sie baute sich vor ihm auf, die Hände in die Hüften gestemmt, und funkelte ihn an. »Ja, ich bin's!« Und sie stieß die Tür mit dem Absatz zu. »Und du wirst mich — verdammt noch mal — nicht vor die Tür setzen! Komm her!«

Und wieder einmal ließ er sich von seiner Waghalsigkeit überwältigen.

»Warum bist du denn nicht geblieben?« Feuchte Lippen murmelten an seinem Hals. »Don hatte recht! Und er macht seinen Job schon länger, als ich auf der Welt bin!«

Was mache ich denn hier? Ich liege im Bett — aber nicht alleine! — Das ist unglaublich! Wo sind meine Pyjamas — und wo sind ihre *Kleider?*

Doch er wußte es ja, wenn auch nur sehr verschwommen. Wenn er sich anstrengte, konnte er sich erinnern, wie seine Hände die Seidenglätte ihrer Innenschenkel berührt hatten, als er ihr die Jenas herunterstreifte.

Wer? Es konnte doch unmöglich Jenny sein ...

Und sie *war* es.

Aber was sagte sie da eigentlich? Es hatte irgendwas

mit den Nebenwirkungen — Nachwirkungen nach dem Einatmen dieses Oneirin zu tun …

»Ich bin kein Traum! Verfluchter Kerl! Ich bin *wirklich — wirklich — wirklich!*«

Und sein Mund erinnerte sich und stammelte törichte sinnlose Worte.

Aber sein restlicher Körper erinnerte sich noch genauer an sie.

»Ich wußte, wenn da nicht sofort jemand was unternahm, würde es zu spät sein, ein für allemal, und ich bin so froh, daß ich mir das richtig ausgedacht habe, weil ich dermaßen viele dumme Fehler gemacht habe …«

Es war Sonntagmorgen. Draußen vor den dichtgeschlossenen Vorhängen schimmerte graues, trübes Licht. Steven räkelte sich, wälzte sich herum und gewann die Überzeugung, daß da eine reale Person zu ihm redete.

Er hatte alles zunächst für bloße Einbildung gehalten.

Aber sie rollte ihn wieder auf den Rücken, und ihre Hand begab sich auf Forschungsreise zwischen seinen Beinen, sie richtete ihn auf und hockte sich über ihn und sprach sozusagen mit ihren beiden Mündern, während ihre Brüste hüpften. Sie sagte noch einmal: »Ich wollte, du wärst dortgeblieben und hättest gehört, was Don über dich gesagt hat! Er hat recht damit! Wenn ein Ort wie der hier nicht einen Arzt hat, der den Unterschied zwischen dem Teufel und einem Störfall in einer Chemiefabrik erkennen kann …«

Er stöhnte auf. Die Explosion nach überlanger Enthaltsamkeit schüttelte ihn. (In der Nacht …? Aber die Nacht lag wie unter einem Traumschleier …)

Sie ließ sich neben ihn sinken, kuschelte sich zufrieden an ihn, schob ihm einen Arm über die Brust und redete weiter mit dem, was sie ihm zu sagen begonnen hatte.

»*Und* wenn so ein Ort dann nicht jemand hat wie mich, die es sich zur Aufgabe macht, aufzupassen und zuzuhören und Dinge zu merken, dann können so Leute wie dieser Frass glatt einen Mord begehen und damit ungeschoren durchkommen!«

Er gähnte furchtbar. Als er wieder in der Lage war, sagte er: »Ich bin nicht ganz sicher, daß ich dir folgen kann.«

»Kapierst du denn nicht?« Sie setzte sich auf und schlang die Arme um ihre Knie. Ihr Kopf war von ihm weggewandt. »Wir hätten nicht solang warten dürfen, bis Mr. Phibson durchgedreht ist, ehe wir uns wirklich bemühten rauszukriegen, was tatsächlich da vorging. Don hat das auch so etwa gesagt, ganz zuletzt, ehe er mit Wilf in den Wagen stieg und wegfuhr. Er hat gesagt — und ich bin vollkommen sicher, er hat recht damit —, also, daß nur durch den glücklichen Zufall, daß da ein Reporter zur Stelle war, der ... Nein, das übrige sollte ich besser nicht wiederholen.«

Er streichelte ihren Rücken. »Sprich weiter!«

»Also ...« — sie biß sich auf die Lippe — »er hat es so klingen lassen, als hätte ich was Besonderes vollbracht. Dabei habe ich weiter nichts getan, als ein paar Telefonanrufe zu machen.«

»Und meine Einladung zum Abendessen abzulehnen«, murmelte Steven. Er wachte allmählich auf und entdeckte, daß er sich sehr viel besser fühlte als während der letzten paar Tage. Auch sein Kopf kam ihm normal und hellwach vor.

»Ja. Und es tut mir leid ... Aber verstehst du, ich hab das alles meinetwegen gemacht, nicht für die Leute hier. Verstehst du, was ich meine?« Sie warf ihm einen bekümmerten Blick zu.

»Aus genau dem gleichen Grund hab ich meine bescheuerte Rede gehalten.«

»Ja, vermutlich.«

Sie schwiegen eine Weile. Schließlich setzte Steven

sich auf und sagte: »Immerhin, es ist dann ja doch besser gekommen, als ich erwartet hätte.«

»Ich weiß. Aber ich glaube, Don hatte schon recht, als er sagte ... Aber natürlich warst du ja schon weg, als ich meine kleine Predigt über die Informationsrevolution gehalten habe. Ich sagte da so ungefähr, daß zwar alle Leute heute besser informiert sind als je zuvor in der Geschichte, daß es aber anscheinend keinen großen Unterschied macht. Und kurz ehe er und Wilf abfuhren, sagte Don, das kommt daher, daß wir keinen Gebrauch davon machen. Leute, die Reporter sein wollen — und damit zielte er auf mich, und ich garantier dir, ich hab kapiert, was er meinte —, glauben, sie müßten nach London oder in andere große Städte gehen, oder an Orte, wo es Aufstände oder Verbrechen gibt, weil bloß dort sich interessante berichtenswerte Dinge tun. Er sagte, das ist heute nicht mehr die richtige Methode, an die Dinge ranzugehen. Er sagt, das ist ein Überbleibsel der alten zentralistischen Struktur, die sich ergab, als die Eisenbahn erfunden wurde, aber diese Struktur sei im Wandel begriffen, so daß eine bedeutende Zeitungs- oder sonstige Medienstory sich auch in einem Ort wie hier ereignen kann — am ... Absatz der Welt. Und das, was sich hier getan hat, wird Auswirkungen auf das ganze Land haben, und das sei typisch für die wahrscheinlichen Zukunftsentwicklungen. Jedenfalls«, schloß sie zweifelnd, »das ist es mehr oder weniger, was er gesagt hat. Glaub ich.«

»So schwere profunde Gedanken dermaßen früh am Morgen waren noch nie meine starke Seite«, seufzte Steven. Er drehte sich zur Seite, um einen Blick auf die Nachttischuhr zu werfen, und entdeckte, daß es bei weitem nicht mehr so früh war, wie er sich eingebildet hatte. Er setzte sich auf.

»Himmel! Wir werden meilenweit keinen *Globe* mehr auftreiben können! Sind bestimmt längst ausverkauft!«

»Das geht schon klar, ist schon okay! Mir heben sie

täglich sämtliche Blätter auf! Aber …« — ihr Ton veränderte sich — »wir sollten feststellen, wieviel von der Sache jetzt wirklich gedruckt wurde.«

Sie schwang die Beine auf den Boden und spähte nach ihren Kleidern umher. Auch er entstieg dem Bett.

»Ich geh uns Kaffee machen.«

»Ja, mach das!«, während sie ihr Höschen anzog. »Ich hol inzwischen die Zeitungen.« Die Jeans — den Sweater (sie machte sich nicht die Mühe, den Büstenhalter anzulegen) — die Schuhe. »Bin in fünf Minuten zurück!«

»Gut so!« Er holte den Bademantel vom Haken hinter der Tür. Während er den Gürtel knotete, fiel ihm plötzlich etwas ein.

»Äh — weiß irgendwer, daß du hier bist? Ich meine, ich nehme an, deine Wirtsleute haben gemerkt, daß du die Nacht außer Haus verbracht hast …«

»Ach, Steve!« Von der Tür her hauchte sie ihm einen Kuß zu. »Wie Don so schön sagte, die alten Muster verändern sich! Sogar in Weyharrow!«

Während er in der Küche den Wasserkessel füllte und aufsetzte, überdachte Steven, welche Konsequenzen sich aus den letzten paar Tagen ergeben könnten. Am vergangenen Abend hatte er — wie er sich erinnerte — mit heftiger Erbitterung über die Entschlossenheit des ortsansässigen Establishment gewettert, das den Leuten vormachen wollte, daß sich wirklich nichts von schwerwiegender Bedeutung ereignet habe — daß das Ganze nichts weiter sei als ein Sturm im Wasserglas.

Trotzdem, es war ein Wirbelsturm daraus geworden.

Don hat recht. Heutzutage braucht jedes Gemeinwesen einen Berichterstatter — oder doch wenigstens jemanden, der garantiert den Schwindel auffliegen läßt. Jede Gemeinschaft braucht einen Menschen, der über die bequemen eingefahrenen Gewohnheiten der Vergangenheit hinausblicken kann und sagt: Dies könnte gefährlich sein — das könnte tödlich sein!

Und wie um seine Gedanken zu unterstreichen, begann vom Kirchturm die Glocke zum Frühgottesdienst zu läuten. Er fragte sich, ob seine Prophezeiung eintreten würde, daß der Erzdiakon — oder einer seiner Sendlinge — leere Trostworte und verlogene Beschwichtigungen predigen würde, wie gehabt.

Das darf so nicht weitergehen! Die alten Schablonen — oh, ja! — waren brüchig und zerfielen.

Er begann sich vorzustellen, daß er bei der Übernahme der Praxis Dr. Tripkins dem *Chapminster Chronicle* ein Interview gab. Da es nun herausgekommen war, daß das Mißgeschick, von dem Menschen im Dorf betroffen worden waren, indirekt auf die Familie Goodsir und ihre Habgier zurückzuführen sei, war es recht unwahrscheinlich, daß die Bevölkerung hier in künftigen Zeiten noch großen Respekt für die alte ›Squirearchy‹ — diese ehrwürdige Herrschaft der Landjunker — übrighaben würde. Und nach dem Zusammenbruch Mr. Phibsons hatte zweifellos wohl auch der Respekt vor der Geistlichkeit abgenommen. Wer sollte diese Lücken schließen, wenn nicht der Doktor, der Landarzt, mit seiner Fachkenntnis und der Reporter, wegen seines Kontaktes mit der weiten Welt außerhalb der Enge des Dorfes? Es war eine Parallele ...

Natürlich, sie paßte nicht ganz genau. Doch es war eine höchst aufregende Vorstellung. Weyharrow konnte vielleicht sogar einen nützlichen Trend in die Wege leiten.

Ein Pochen an der Tür: zweifellos Jenny. Er ging öffnen.

Sie war es, die Arme voller Zeitungen, doch der Gesichtsausdruck niedergeschlagen.

»Was stimmt denn nicht?« fragte er besorgt. »Haben sie die Story nicht gebracht?«

»Oh, doch. Über die ganzen Titelseiten«, murmelte sie und schob sich an ihm vorbei. »Es wird höchstwahrscheinlich Anfragen im Parlament geben — Beamte des

Verteidigungsministeriums werden auf glühenden Kohlen gegrillt werden für die Vergeudung öffentlicher Gelder — alles, was ich mir erträumt hab, trifft jetzt ein.«

»Ja, aber, was stimmt denn dann nicht?« wiederholte er, während er ihr in die Küche folgte, wo sie den Zeitungsstapel auf den Tisch warf.

»In der Nacht ist Marmaduke gestorben. Marmaduke Goodsir. Ich glaub, du bist ihm nie begegnet. Ich schon, zwei- oder dreimal. Er war der einzige in dieser gräßlichen Familie, der ein Körnchen Salz im verdammten Ozean wert war. Anscheinend haben Basil und Helen ihn gestern abend tot an seinem Platz auf der Terrasse gefunden, als sie nach Hause kamen. Und weißt du, was das bedeutet?« Sie fixierte ihn mit blauem Augenfunkeln. »Daß Basil jetzt tun und lassen kann, was er will — er kann die Bibliothek zerstückeln und sie nach Amerika verscherbeln — er kann aus dem Court ein ›Schloßhotel‹ machen — alles kann jetzt passieren! Sämtliche Leute im Dorf, die von den Goodsirs ein Haus oder Land gepachtet haben, machen sich vor Schreck in die Hosen! Es ist *grauenhaft!*«

Automatisch reichte er ihr die versprochene Tasse Kaffee; mechanisch nahm sie sie entgegen und wollte trinken, doch er war noch zu heiß.

Am Ende sagte er: »Weißt du was?«

»Was?«

»Ich hab den Verdacht, dir liegt wirklich was an Weyharrow.«

Die Hand bereits wieder am Tassenhenkel, hielt sie inne. Sie dachte kurz nach und sagte dann: »Ich glaub, du hast recht. Und ich glaub außerdem, es muß dir genauso gehen.«

»Ja. Mir ist grad erst aufgegangen, daß es so ist. Setz dich hin! Ich will dir erzählen, woran ich gedacht hab, während du weg warst ... Eier mit Schinken? Du hast gestern abend gar nichts gegessen.«

»Bitte führ mich nicht in Versuchung. Ich bin auf Diät,

wie üblich ... Ach, verdammt: ein Ei. Aber pochiert, nicht gebraten. Trocknes Brot.«

»Als Mediziner muß ich dich loben.« Er suchte in den Küchenschränken nach einer Pochierpfanne, fand eine und goß Wasser hinein. Über die Schulter fragte er: »Der Tod des alten Mr. Goodsir ist ebenfalls Teil des sich auflösenden Musters, nicht wahr? Das Leben in einem solchen Dorf muß früher einmal sehr festumrissen, sehr vorhersehbar gewesen sein, sehr sicher. Ich meine, hier hat es ja seit Jahrhunderten keinen Bürgerkrieg gegeben und schon gar keine feindlichen Invasionen.«

»Invasionen schon«, sagte sie geistesabwesend, während sie prüfend den *Globe* überflog. »Chris-den-Pilger und seine Horde.«

»Hmm! Richtig. So hatte ich das noch gar nicht gesehen. Aber es unterstützt eigentlich nur die Schlagkraft meiner Behauptung.«

»Du hast mir bisher noch nicht gesagt, worin die besteht ... Oh, schau nur, was Don über dich geschrieben hat!«

Er neigte sich über ihre Schulter, zerzauste ihr mit einer Hand die Haare und folgte mit den Augen ihrem wandernden Zeigefinger. Sie las laut: »Dr. Stephen Gloze, 28, der junge Praktische Arzt, der während dessen Auslandsurlaub den ortsansässigen Doktor vertritt, brachte die Dinge auf einen Nenner, indem er sagte: ›Ich hätte Teufel vorgezogen, denn die kann man durch Exorzismus vertreiben, wohingegen wir überhaupt kein Mittel kennen, das dieses Gift aus unserem Blut und aus unseren Knochen wieder vertreibt.‹ Oh, Steve, das ist wunderbar!«

»Er hat meinen Namen falsch geschrieben«, knurrte Steven und wandte sich wieder dem Herd zu. »Ich schreibe mich mit ›v‹!«

»Daran ist wahrscheinlich die Redaktion schuld ... Ach, du machst dich über mich lustig!« Und sie sprang auf und umarmte ihn. »Aber bist du denn nicht stolz?«

Das Telefon klingelte.

»Ich geh ran!« rief Jenny und war schon im Flur, ehe er sie bremsen konnte.

Bitte, lieber Gott, mach, daß es kein ärztlicher Notfall ist ...

Es war keiner. Rot vor Aufregung kam sie zurück.

»Es ist Nigel Mender! Er sagt, schon den ganzen Morgen über haben ihn die übrigen Ratsmitglieder angerufen, und er würde gern ein Wort mit dir sprechen, und möchtest du vielleicht die Freundlichkeit haben und so gegen Mittag mal im Hotel vorbeischauen? Er sagt, alle Leute, mit denen er geredet hat, sagen, du warst wundervoll gestern abend. Und ... und er hat auch gesagt ...«

»Was über *dich?*«

Sie nickte, ihre Augen glänzten. »Er hat gesagt, wenn mir nicht eingefallen wäre, die überregionalen Zeitungen ranzuholen, hätte es Ewigkeiten dauern können, bevor wir irgendwas über den Störfall bei der Helvambrit erfahren hätten.«

»Hat der — wie war noch gleich sein Name? — der Wallace — seine Story auch in seinem Blatt?«

»Hab ich noch nicht nachgesehen ... Was soll ich Nigel sagen?«

Steven warf einen Blick zur Küchenuhr. »Sag ihm — um ein Uhr.«

»Aber die machen um zwölf auf!«

»Ja, aber so haben wir Zeit, uns noch mal zu lieben, und für ein gemeinsames Bad ...«

Sie starrte ihn lange an, als könnte sie ihren Ohren nicht trauen. Dann grinste sie breit und schoß wieder in den Flur hinaus.

Als er ihr dann eine Minute später ihr Frühstück vorsetzte, sagte er versonnen: »Landjunker und Pfarrer ... Doktor und Reporter wären vielleicht 'ne verdammt gute Ablösung.«

»Was?« Sie hob verständnislos den Blick.

»Ach, nur sowas, das mir durch den Kopf gegangen ist. Ich erklär's dir später. Iß auf!«

»Okay.«

Als er dann endlich Gelegenheit fand, es ihr zu erklären — auf dem Weg zum Hotel —, hörte sie angespannt zu und nickte schließlich nachdrücklich.

»Du hast natürlich recht. Da ist nur eins, was mir dabei nicht gefällt.«

»Und das wäre?«

»Ich war noch nie jemand, der gern Verantwortung übernimmt.«

»Genau wie ich. Ich wollte noch nie ein Facharzt werden oder Chef in einem medizinischen Lehrbereich. Ich will weiter nichts, als ein ordinärer Rundumpraktiker in einer Landpraxis sein, mehr nicht ... Aber du willst doch ein Starreporter in der Fleet Street werden.«

»Nicht mehr. Wie ich dir schon gesagt hab, ich verfüge nicht über das richtige Gespür, die richtigen Antennen. Das hab ich gestern abend herausgefunden. Was *ich* gern sein möchte, ist, was am allerdringlichsten gebraucht wird.«

»Sag es!« Er drückte ihr die Hand.

»Ein Kommunikator. Ein vermittelndes Bindeglied zwischen einem Ort wie dem hier und allem andern, überall. Damit das, was sich in der Welt ereignet, künftig nicht so abscheulich wird, und damit das, was sich hier tut, niemals wieder zu einem landesweiten Skandal werden muß.«

»Das wollen wir mal dem Nigel und den anderen ehrenwerten Honoratioren sagen. Und wenn die kapieren, worauf wir hinauswollen, dann spielen wir mit.«

»Abgemacht.«

Zufrieden hakte sie ihn unter. Mit dem anderen Arm winkte sie Stick und Sheila zu, die gerade von einem sonntäglichen Mittagsschoppen aus der ›Hochzeit‹ kamen. Stick entschuldigte sich bei seiner Lady und kam herübergeschossen.

»Habt ihr das vom Marmaduke gehört?«

»Ja!« Jennys sonnige Stimmung überwölkte sich wieder. »Ist es nicht scheußlich? Wenn man sich vorstellt, was Basil jetzt alles anrichten kann ...«

»Aber, das ist's ja gerade! Er *kann* nicht! Grad vorhin war Cedric da und hat es uns erzählt!«

Steven und Jenny blinzelten ihn beide ungläubig an. Steven fragte: »Was meinen Sie damit?«

»Der Besitz geht an Cedric in Treuhänderschaft! Basil und Helen können weiter im Court wohnen, aber sie können nichts davon verkaufen — weder die Bibliothek, noch das Haus, noch das Land — es sei denn, sie wollen ein Vermögen für Anwälte rausschmeißen, indem sie Marmadukes Testament anfechten lassen! Das behauptet jedenfalls Cedric.«

»Oh, *wow*«, flüsterte Steven. »Ich kann nur hoffen, daß das wahr ist!«

»Und ich auch!« sagte Jenny hitzig.

»Für Ced wird das ja nicht grad eine Freudensause werden«, bemerkte Stick. »Ich mein, wenn er da mit diesen Mistkretins leben muß, die er nun mal als Eltern hat, und wenn die ihn ständig mit Forderungen bombardieren — *haben-haben-haben-, gib her-gib her-gib her* — wie wenn die die Kleinen wären — und er der Pappi! Aber wißt ihr was?«

Er schaute sie ernst unter seinen buschigen Augenbrauen hervor an.

»*Wenn* irgendwas diesen Burschen dazu bringt, erwachsen zu werden, dann das jetzt. Und er hat viel mehr Leute auf seiner Seite, als er sich vorstellen kann ... Also, aber jetzt zieh ich mal besser heim. Ich habe Sheila und den Kleinen was Besonderes zum Lunch versprochen, und das steht noch im Ofen. *Au revoir!*«

Urplötzlich machte Weyharrow den Eindruck, als sei es ein Ort, an dem es sich denn doch wirklich einigermaßen angenehm leben ließ.

Allerdings, man würde bald etwas unternehmen müssen, was die Klassenspaltung zwischen Pub-Stammkunden und den gewohnheitsmäßigen Gästen des Hotels betraf ...

Aber dafür blieb später noch genug Zeit. Zeit genug — vorausgesetzt, man bekam die Chance und konnte in dieser Welt der explodierenden Informationsflut genug Menschen oft genug sagen, was da für Schreckensszenarios jenseits ihres privaten Lebens und ihres persönlichen Horizontes ausgekocht würden, so daß sie sich auf die Hinterbeine stellten und laut genug brüllten: »Damit hört ihr auf! Schluß damit! Sofort! Und wir meinen: STOP IT NOW!«

Nachspiel

Später wurde das Wetter in Weyharrow wieder kalt. Im ›Wearystale Flat‹ beklagte sich Sheila gegenüber Stick, weil dieser die Fenster zum Fluß hin weit offen stehen lasse. Es ziehe so kalt vom Chap herauf, sagte sie, daß sie bis in die Knochen zittre; und die Kleinen ebenfalls.

Seufzend, aber ergeben, schloß er die dichten Herbstnebelschwaden aus, die sich durch das Flußtal schoben.

»Affenschande ...«, brummte er in seinen Bart.

»Was soll das heißen?« fuhr Sheila ihn an.

»Na, sie sagen, es wird keine weiteren Leckagen mehr geben.«

»Und du hältst das für 'ne Schande?«

»Also, es war schließlich billiger als Pot, oder? Und man brauchte sich nicht so abzuplagen, das zu pflanzen und so. Und außerdem auch keinerlei Ärger mit den Bullen!«

Sheila platzte los, es war ein Geräusch zwischen Kichern und Gurgeln; sie lag im Bett und trank kleine Schlucke aus einer großen Tasse voll Ovomaltine.

»Stick, wie oft muß ich es dir denn noch sagen? Du sollst mich nicht zum Lachen bringen, wenn ich esse — ich meine trinke!«

»Ach, das kommt bloß davon, weil ich deine Abschaffung zu planen beginne, damit ich meine böse fleischliche Lust an deinen zwei lieblichen, wenn auch noch keineswegs geschlechtsreifen Töchtern austoben kann!«

Die Stiefel hatte er bereits ausgezogen und in die Ekke gefeuert; jetzt schälte er sich aus seinem Sweater. Er schob sich gerade die Jeans von den Hüften, als ihm bewußt wurde, daß Sheila ihn ganz merkwürdig anstarrte.

»Hast du grad gesagt *Töchter?*«

»Ja, Sam und Hilary, wer sonst?«

»*Töchter?*« Sie stellte die leere Tasse weg.

»Na, aber ja doch, sicher!«

»Aber Hilary und Sam sind doch Jungs ... Stick, wieviel hast du in letzter Zeit gekifft?«

Er grinste sie nur an und kroch ins Bett. Und während sie ihm ihren Mund bereitwillig entgegenhob und seine Lippen ihn fanden, dachte Stick: *Keine Lecks mehr, hmmm? Fast hättest du mich jetzt aufs Kreuz gelegt!*

Ich frag mich, was uns morgen blühen wird!